여행은 꿈꾸는 순간, 시작된다

안전여행 가이드

안전여행 기본 준비물

☐ 마스크

체코에서는 마스크를 쓰지 않아도
된다. 하지만 사람이 많은 곳에서
는 착용하길 권장한다.

☐ 손 소독제

소독제나 알코올 스왑, 소독 스프
레이 등을 챙겨서 자주 사용한다.

☐ 여행자 보험

코로나19 확진 시 격리 및 치료에
들어가는 비용이 보장되는 여행자
보험에 가입한다.

☐ 휴대용 체온계

발열 상황에 대비해 작은 크기의
체온계를 챙긴다. 아이와 함께 여
행한다면 필수로 준비하자.

☐ 자가 진단 키트

발열과 기침, 오한 등 코로나19로
의심되는 증상이 나타날 때 감염
확인을 위해 필요하다. 여행 기간
과 인원을 고려해 준비한다.

☐ 재택 치료 대비 상비약

코로나19 확진 시 증상에 따라 필
요한 약을 준비한다. 해열진통제,
기침 감기약, 지사제 등을 상비약
으로 챙긴다.

여행 속 거리두기 기본 수칙

☐
활동 전후
30초 이상 손씻기

☐
타인과 안전 거리
유지하기

☐
손 소독제
적극 사용하기

☐
밀집 지역은
특히 주의하기

여행 일정

- ☐ 여행지에 따른 방역 지침 준수하기
- ☐ 여행지 주변 의료 시설 확인하기
- ☐ 자가격리 기준 및 출입국 방법 사전에 조사하기

여행지

- ☐ 여행지에 따른 방역 수칙 준수하기
- ☐ 환기가 잘 되는 여행지 위주로 방문하기
- ☐ 오픈 시간 및 휴무일은 자주 변동되므로 방문 전 확인하기

식당·카페

- ☐ 사람이 많으면 포장 주문도 고려하기
- ☐ 매장 내에서 취식한다면 손 소독 및 거리두기 준수하기

렌트 차량

- ☐ 손잡이 소독하기
- ☐ 주기적으로 환기시키기

대중교통

- ☐ 탑승객과 일정 거리 유지하기
- ☐ 공용 휴게 공간 조심하기
- ☐ 좌석 외 불필요한 이동 자제하기
- ☐ 내부에서 음식 섭취 자제하기

출입국

- ☐ 공항과 기내에서 방역 수칙 준수하기
- ☐ 한국 입국 전 큐코드 사전 등록하기

숙박

- ☐ 예약 숙소의 방역 및 소독 진행 여부 확인하기
- ☐ 앱이나 유선으로 비대면 체크인 활용하기
- ☐ 개인 세면도구 적극 사용하기
- ☐ 객실 창문을 열어 자주 환기하기

박물관·미술관

- ☐ 시간대별 인원 제한 여부 확인하기
- ☐ 홈페이지 또는 인터넷 예매 활용하기

방역 지침 확인 및 긴급 상황 대처

- ☐ 여행 중 건강 상태를 수시로 확인하고 필요하면 검진받기
- ☐ 빠르게 바뀌는 현지 방역 대책은 관광청 등의 홈페이지에서 확인하기
  - 체코관광청 www.visitczechrepublic.com/ko-KR
- ☐ 긴급 상황이 발생하면 현지 재외공관에 연락하기
  - 주체코 대한민국 대사관
    - ·대표 전화 +420-234-090-411
    - ·긴급 전화 +420-725-352-420
    - ·영사콜센터(서울, 24시간) +82-2-3210-0404
    - ·홈페이지 overseas.mofa.go.kr/cz-ko/index.do

리얼
프라하

여행 정보 기준

이 책은 2023년 3월까지 취재한 정보를 바탕으로 만들었습니다.
정확한 정보를 싣고자 노력했지만, 여행 가이드북의 특성상
책에서 소개한 정보는 현지 사정에 따라 수시로 변경될 수 있습니다.
변경된 정보는 개정판에 반영해 더욱 실용적인 가이드북을 만들겠습니다.

한빛라이프 여행팀 ask_life@hanbit.co.kr

리얼 프라하

초판 발행 2023년 4월 26일

지은이 안지선 / **펴낸이** 김태헌
총괄 임규근 / **책임편집** 고현진 / **편집** 박선영 / **디자인** 천승훈 / **지도·일러스트** 조민경
영업 문윤식, 조유미 / **마케팅** 신우섭, 손희정, 김지선, 박수미, 이해원 / **제작** 박성우, 김정우

펴낸곳 한빛라이프 / **주소** 서울시 서대문구 연희로 2길 62 한빛빌딩
전화 02-336-7129 / **팩스** 02-325-6300
등록 2013년 11월 14일 제25100-2017-000059호
ISBN 979-11-90846-61-5 14980, 979-11-85933-52-8 14980(세트)

한빛라이프는 한빛미디어(주)의 실용 브랜드로 우리의 일상을 환히 비추는 책을 펴냅니다.

이 책에 대한 의견이나 오탈자 및 잘못된 내용에 대한 수정 정보는 한빛미디어(주)의 홈페이지나 아래 이메일로
알려주십시오. 잘못된 책은 구입하신 서점에서 교환해 드립니다. 책값은 뒤표지에 표시되어 있습니다.

한빛미디어 홈페이지 www.hanbit.co.kr / 이메일 ask_life@hanbit.co.kr
페이스북 facebook.com/hanbit.pub / 포스트 post.naver.com/hanbitstory

지금 하지 않으면 할 수 없는 일이 있습니다.
책으로 펴내고 싶은 아이디어나 원고를 메일(writer@hanbit.co.kr)로 보내주세요.
한빛라이프는 여러분의 소중한 경험과 지식을 기다리고 있습니다.

프라하를 가장 멋지게 여행하는 방법

리얼 프라하

안지선 지음

한빛라이프

많은 사람들에게 체코는 곧 프라하다.

살면서 프라하를 한 번쯤 가고 싶어 하는 사람은 많지만, 체코라는 국가에 의미를 두고 여행하는 사람은 그보다 훨씬 적다. 프라하 하면 흔히 떠올리는 로맨틱한 야경, 예스러운 분위기가 고스란히 남아있는 중세풍 건물, 저렴한 물가는 매력적이지만 프라하만을 위해 긴 여행 일정을 잡는 건 망설여진다는 사람이 많다. 주요 관광지를 제외하면 정보가 많지도 않기에 프라하는 유럽을 여행하는 중 이틀 정도만 시간을 내어 가볍게 둘러보는 여행지로 생각할지도 모른다.

하지만 프라하, 그리고 체코는 볼거리는 물론이고 이야깃거리마저 풍성한 매력적인 여행지다. 우아하고 웅장한 건축물마다 오랜 역사가 배어 있고, 프라하 쇼핑리스트 마리오네트 인형은 식민 지배 속에서 민족정신을 유지할 수 있게 해준 소중한 문화유산이다. 음악과 미술 등 예술적인 측면에서도 결코 여느 나라에 뒤처지지 않을 인물과 작품이 가득하다. 그러면서도 저렴한 물가 덕분에 한결 부담을 덜고 즐길 수 있는 다이내믹한 액티비티와 트렌디한 스폿, 우리 입맛에도 크게 어렵지 않은 맛있는 음식과 가성비 좋은 숙소는 프라하가 아니라면 유럽 어디에서도 누리기 쉽지 않은 특혜다. 눈길 닿는 곳마다 시간과 함께 켜켜이 쌓인 체코의 이야기를 알고 나면 헤어날 수 없는 매력에 빠지겠지만, 발걸음 바쁜 여행자가 이 모든 것을 파악하기란 쉽지 않다.

그래서 이 책을 읽는 여행자는 프라하, 그리고 체코 곳곳에 살아 숨 쉬는 이야기를 함께 즐길 수 있었으면 하는 바람으로 작업했다. 물론 책에 소개한 이야기보다 훨씬 깊이 있는 역사와 스토리가 존재하지만, 어디까지나 여행서의 본질을 잃지 않는 가이드북이 될 수 있도록 꼼꼼한 정보를 담으려고 노력했다. 프라하, 그리고 체코를 찾는 독자들에게 이 책이 조금이나마 도움이 되어 소중한 인생 여행지로 남을 수 있기를 바란다.

Thanks to

책을 만드는 기쁨을 알게 해 주신 의미와 재미 박선영 대표님, 고현진 팀장님 감사합니다. 그리고 체코 구석구석을 누빌 수 있도록 차량을 지원해 주신 Hertz 최준혁 지사장님, 여러 가지 도움을 주신 체코 관광청 권나영 실장님, 멋지게 책을 만들어 주신 천승훈 디자이너님, 꼼꼼한 지도와 생동감 있는 일러스트로 페이지마다 숨결을 불어넣어 주신 조민경 일러스트레이터님 덕분에 이 책이 나올 수 있었습니다. 그리고 어디서나 잘 먹고 잘 걷는 튼튼한 몸을 주신 부모님, 그리고 사랑하는 동생에게도 고마운 마음을 전합니다. 무엇보다도 이 책을 완성하기까지 격려와 지원을 아끼지 않고 누구보다도 책이 나오는 날을 손꼽아 기다리며 저를 채찍질한, 사랑하는 토토 아빠 박성욱님 덕분에 포기하지 않고 책을 마무리할 수 있었습니다.

안지선　타고난 길치지만, 자유로운 게 좋아서 패키지여행 대신 배낭 하나 메고 다섯 대륙의 19개국 87개 도시를 헤매고 다녔다. 어린 시절, 주말 아침이면 반쯤 뜬 눈으로 아빠 무릎에 누워 TV로 보던 세계의 이국적인 모습을 두 눈에 모두 담는 게 일생의 꿈이라 배낭여행부터 해외봉사, 유학, 외국인 노동자에 이르기까지 다채롭게, 그리고 무모하게 말도 안 통하는 낯선 나라로 떠나곤 했다. 책과 여행이 좋아 멀쩡히 다니던 회사도 그만둔 채 여행하며 책을 번역하고, 만드는 즐거움에 흠뻑 빠져 있다.

이메일 anjisun13@gmail.com

마음에 남을 인생 여행지, 프라하

일러두기

- 이 책은 2023년 3월까지 취재한 정보를 바탕으로 만들었습니다. 정확한 정보를 수록하고자 노력했지만, 여행 가이드북의 특성상 책에서 소개한 정보는 현지 사정에 따라 수시로 변경될 수 있습니다. 여행을 떠나기 직전에 한 번 더 확인하시기 바라며 변경된 정보는 개정판에 반영해 더욱 실용적인 가이드북을 만들겠습니다.

- 체코어의 한글 표기는 현지 발음에 최대한 가깝게 표기했으며, 단어와 인명 등은 국립국어원의 외래어 표기법을 따랐습니다. 우리나라에 입점 된 브랜드의 경우에는 한국에 소개된 브랜드명을 기준으로 표기했습니다. 그 외 영어 및 기타 언어의 경우 국립국어원의 외래어 표기법 을 따랐습니다.

- 대중교통 및 도보 이동 시의 소요 시간은 대략적으로 적었으며 현지 사정에 따라 달라질 수 있으니 참고용으로 확인해 주시기 바랍니다.

- 이 책에 수록된 지도는 기본적으로 북쪽이 위를 향하는 정방향으로 되어 있습니다. 정방향이 아닌 경우 별도의 방위 표시가 있습니다.

주요 기호

🏃 가는 방법	📍 주소	🕐 운영 시간	✖ 휴무일	Kč 요금	📞 전화번호
🏠 홈페이지	🏃 명소	🛍 상점	🍷 와이너리	ⓘ 인포메이션센터	Ⓜ 메트로역
🚆 기차역	🚋 트램역	🚌 버스 정류장	🚃 푸니쿨라	⛴ 페리	

구글 맵스 QR코드

각 지도에 담긴 QR코드를 스캔하면 소개된 장소들의 위치가 표시된 구글 지도를 스마트폰에서 볼 수 있습니다. '지도 앱으로 보기'를 선택하고 구글 맵스 앱으로 연결하면 거리 탐색, 경로 찾기 등을 더욱 편하게 이용할 수 있습니다. 앱을 닫은 후 지도를 다시 보려면 구글 맵스 애플리케이션 하단의 '저장됨' – '지도'로 이동해 원하는 지도명을 선택합니다.

리얼 시리즈 100% 활용법

PART 1
여행지 개념 정보 파악하기

프라하에서 꼭 가봐야 할 장소부터 여행 시 알아두면 도움이 되는 국가 및 지역 특성에 대한 정보를 소개합니다. 기초 정보부터 추천 코스까지, 프라하를 미리 그려볼 수 있는 다양한 개념 정보를 수록하고 있습니다.

PART 2
테마별 여행 정보 살펴보기

프라하를 가장 멋지게 여행할 수 있는 각종 테마 정보를 보여줍니다. 프라하를 좀더 깊이 들여다볼 수 있는 역사, 인물, 언어, 축제는 물론이고, 프라하에서 놓칠 수 없는 맥주에서 나만의 쇼핑 리스트까지, 자신의 취향에 맞는 키워드를 찾아 내용을 확인하세요.

PART 3, 4
지역별 정보 확인하기

프라하에서 가보면 좋은 장소들을 프라하 시내와 근교로 나누어 소개합니다. 볼거리부터 쇼핑 플레이스, 맛집, 카페 등 꼭 가봐야 하는 인기명소부터 저자가 발굴해 낸 숨은 장소까지 프라하를 속속들이 소개합니다.

PART 5
실전 여행 준비하기

여행 시 꼭 준비해야 하는 정보만 모았습니다. 여행 정보 수집부터 현지에서 맞닥뜨릴 수 있는 긴급 상황에 대한 대처방법까지 순서대로 구성되어 있습니다. 아울러, 프라하에서 실패 없이 선택할 수 있는 숙소 리스트를 수록하여, 휴식까지 편안한 여행의 일부가 되도록 돕고 있습니다.

차례

Contents

PART 1

한눈에 보는 프라하

PART 2

한발 더 다가가는 프라하

PART 3

진짜 프라하를
만나는 시간

PART 4

취향저격
프라하 근교 여행

보헤미아

모라비아

리얼 가이드

●

PART 5

실전에 강한
여행 준비

PART 1

한눈에
보는
프라하

한눈에 보는 프라하 노선

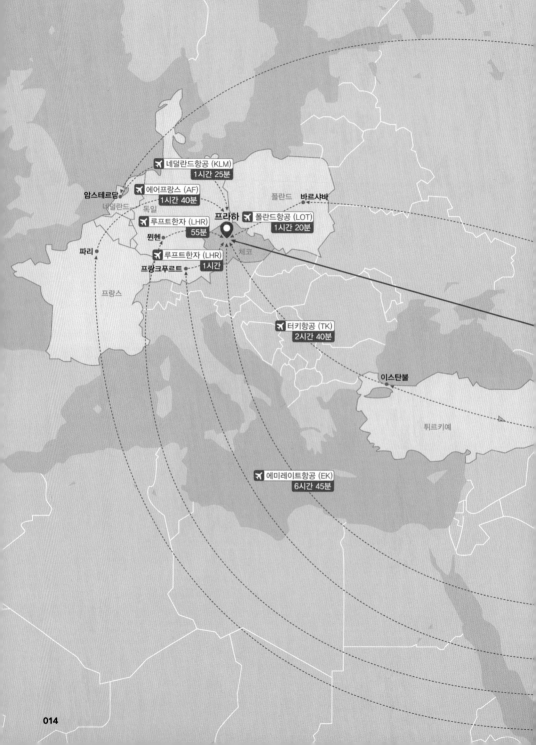

✈ 네덜란드항공 (KLM)
1시간 25분

✈ 에어프랑스 (AF)
1시간 40분

✈ 루프트한자 (LHR)
55분

✈ 폴란드항공 (LOT)
1시간 20분

✈ 루프트한자 (LHR)
1시간

✈ 터키항공 (TK)
2시간 40분

✈ 에미레이트항공 (EK)
6시간 45분

암스테르담
네덜란드
독일
파리
프랑스
뮌헨
프랑크푸르트
프라하
체코
폴란드
바르샤바
이스탄불
튀르키예

서울에서 프라하로

- **직항** 팬데믹 기간에 중단했던 대한항공 직항 노선이 2023년 3월 27일부터 재개되었다. 매주 월·수·금 운항하며 소요 시간은 약 11시간 10분(6월부터 주 4회 운항).
- **경유** 에미레이트항공, 터키항공, KLM(네덜란드), LOT(폴란드), 루프트한자(독일), 에어프랑스 등의 다양한 외항사가 있으며, 경유지와 경유 시간에 따라 총 소요 시간이 결정된다.

유럽 타 국가에서 프라하로

유럽 한복판에 위치한 체코는 특히 헝가리 부다페스트, 오스트리아, 독일에서의 접근성이 좋아서 보통 이 지역의 항공사를 이용하거나 렌터카로 프라하까지 이동한 뒤 여행하는 경우가 많다.

- **독일 드레스덴 ▷ 프라하** 버스 2시간
- **헝가리 부다페스트 ▷ 프라하** 열차 6~7시간, 버스 7시간 30분
- **오스트리아 빈 ▷ 프라하** 버스 4시간

015

프라하 기본 정보

정식 국가명

체코 공화국
Czech Republic
Česká Republika

언어

체코어

비행 시간

인천-프라하
약 11시간 10분

시차

-8시간

- 한국 1월 1일 저녁 10시=체코 1월 1일 오후 2시
- 서머타임(3월 마지막 일요일~10월 마지막 일요일) 시행 시: -7시간

비자

최대 90일

무비자 체류 가능

화폐

동전 6종

(1, 2, 5, 10, 20, 50)

통화

체코 코루나(CZK, Kč)

지폐 6종 (100, 200, 500, 1000, 2000, 5000)

환율 (2023년 3월 현재 매매기준율)

1코루나
= 약 59원

전압

220~230V

우리나라 대부분의 전기제품 콘센트를
꽂을 수 있지만 모양이 다른 경우도 있으니
여행용 어댑터 챙기기!

전화

국가번호 +420

물가 비교 ★프라하 vs 서울

· 편의점 생수(500㎖)

5코루나(약 300원)
vs
950원

· 생맥주(500㎖)

45코루나(약 2,700원)
vs
4,000원

· 스타벅스 아메리카노 Tall

105코루나(약 6,300원)
vs
4,500원

긴급 연락처

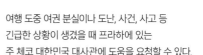

여행 도중 여권 분실이나 도난, 사건, 사고 등
긴급한 상황이 생겼을 때 프라하에 있는
주 체코 대한민국 대사관에 도움을 요청할 수 있다.

주요 업무
· 해외 재난 및 사건, 사고 접수
· 해외여행 중 긴급 상황 시 7개 국어 통역서비스 제공
· 신속해외송금 지원
· 해외안전여행 지원

주 체코 대한민국 대사관
· **위치** Pelléova 83/15, Praha 6- Bubenec
· **가는 길** 지하철 A선 또는 트램으로 Hradcanska에서
　　　　　 하차 후 도보 8분
· **운영** 월~금요일 09:00~17:00(12:00~13:00 점심시간)
· **대표전화(근무시간 중, 무료)** +420)234-090-411
· **긴급전화 (24시간)** +420)725-352-420
· **영사콜센터(24시간)** +82-2-3210-0404(유료)
· **메일** czech@mofa.go.kr
· **홈페이지** overseas.mofa.go.kr/cz-ko/index.do

스마트폰에서 '영사콜센터' 또는 '영사콜센터 무료전화' 앱 설치
시 무료통화 가능하며, 카카오톡이나 라인으로 24시간 연중무
휴 상담서비스를 제공하고 있다.

외국어 지원 병원

여행 중 갑작스런 질병이나 부상으로
병원을 찾아야 할 경우가 발생할 수 있다.
이때 한국어와 영어를 지원하는 병원을 이용하면
효율적으로 의료 서비스를 제공받을 수 있다.

Unicare Medical Center(한국어 상담도 가능)
· **주소** Na Dlouhem lanu 11, Praha 6
· **홈페이지** www.unicare.cz
· **전화번호** +420 235-356-553(영어),
　　　　　　 +420 602-201-040(한국어)

지도로 먼저 보는 프라하

구시가지(스타레 메스토)
Staré Město

12세기에 조성된, 프라하에서 가장 오래된 동네다. 중세 천문시계와 옛 건축 양식이 고스란히 남은 광장, 클래식한 극장 등이 옛 모습 그대로 여행자를 기다리고 있는 곳.

프라하 성과 흐라드차니
Pražský hrad a Hradčany

프라하의 랜드마크. 언덕에 있는 프라하 성 단지와 흐라드찬스케 광장을 중심으로, 프라하의 탁 트인 전망을 볼 수 있다. 건축 박물관을 방불케 하는 다양한 양식의 건축물도 감상 포인트.

말라 스트라나(소지구)
Malá Strana

프라하에서 두 번째로 오래 된 구역으로, 옛 귀족들의 저택이 남아있다. 프라하 성으로 오르기 전에 만날 수 있는 아기자기한 골목과 카페가 가득한 곳.

스미호프
Smíchov

근교 도시를 오고 갈 때 주요 거점이 되는 안델 역과 업무 지구가 있어 프라하 시민들의 평범한 생활상을 만날 수 있는 곳.

홀레쇼비체
Holešovice

레트나 공원 오른편에 위치한 지역. 현대 미술관과 힙하고 독특한 카페, 숍 등이 있어 모던한 프라하를 느낄 수 있는 지역.

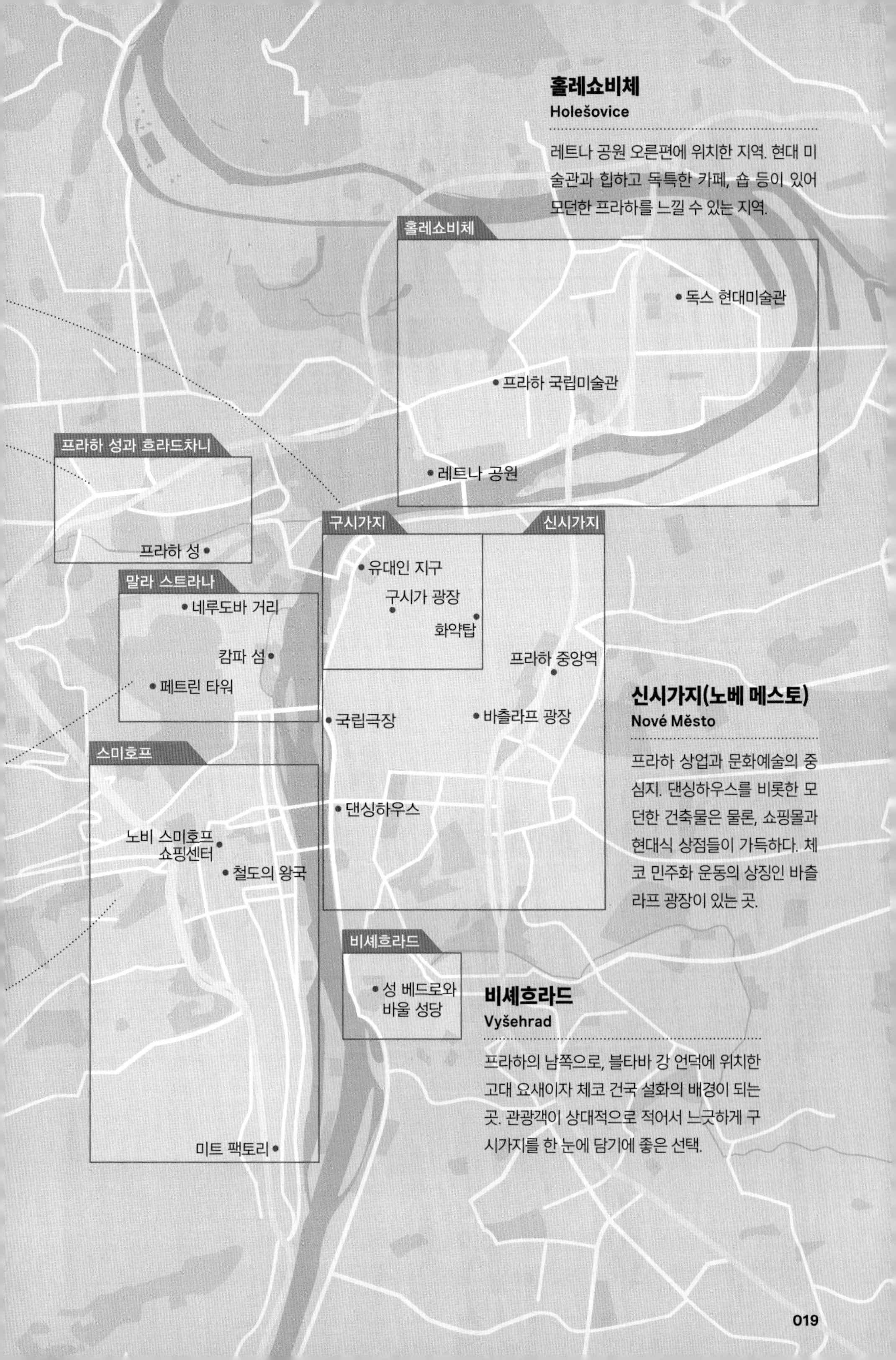

홀레쇼비체

● 독스 현대미술관

● 프라하 국립미술관

● 레트나 공원

프라하 성과 흐라드차니

프라하 성 ●

구시가지　　　신시가지

● 유대인 지구
　구시가 광장 ●
　　　　화약탑 ●

● 프라하 중앙역

말라 스트라나

● 네루도바 거리

캄파 섬 ●
● 페트린 타워

● 국립극장　　● 바츨라프 광장

신시가지(노베 메스토)
Nové Město

프라하 상업과 문화예술의 중심지. 댄싱하우스를 비롯한 모던한 건축물은 물론, 쇼핑몰과 현대식 상점들이 가득하다. 체코 민주화 운동의 상징인 바츨라프 광장이 있는 곳.

스미호프

● 댄싱하우스

노비 스미호프
쇼핑센터 ●
● 철도의 왕국

비셰흐라드

● 성 베드로와
　바울 성당

비셰흐라드
Vyšehrad

프라하의 남쪽으로, 블타바 강 언덕에 위치한 고대 요새이자 체코 건국 설화의 배경이 되는 곳. 관광객이 상대적으로 적어서 느긋하게 구시가지를 한 눈에 담기에 좋은 선택.

미트 팩토리 ●

프라하가 낯선
당신을 위한
시시콜콜 Q&A

Q 프라하를 여행하기 좋은 시기는 언제인가요?

A 우리나라처럼 사계절이 뚜렷한 편이라 각 계절의 매력을 느껴보는 것도 좋지만, **가장 좋은 시즌을 고르자면 5~6월인 봄과 9~10월인 가을을 추천합니다.** 봄꽃과 가을 단풍이 가득한 동유럽을 즐길 수 있고, 곳곳에서는 축제가 열려서 특별한 시간을 보낼 수 있습니다. 여름의 프라하는 우리나라보다 온도와 습도가 낮고 일교차가 큰 편이므로 뜨거운 한낮에는 야외활동을 피한다면 시원한 맥주를 제대로 즐길 수 있는 계절이기도 합니다.

11월 말부터 3월 초까지는 여행하기엔 다소 춥습니다. 기온으로만 봤을 때 우리나라보다는 따뜻해도, 잦은 눈과 비로 습도가 높아 체감상 더 춥고 오후 4시만 되어도 어둑해집니다. 무엇보다도 비수기가 되면 각종 관광지가 보수작업에 들어가므로 여행하는 데 제약이 있을 수 있습니다. 그렇지만 아기자기한 크리스마스 마켓을 둘러보거나 고독과 낭만이 풍기는 동유럽의 정취를 느낄 수 있고, 프라하에서 두 시간이면 닿는 카를로비바리에서 온천을 제대로 즐기기에는 겨울 만한 계절도 없지요. 체코의 난방 시스템이 우리나라만큼 발달하지는 않았으니, 겨울의 프라하를 찾게 된다면 보온이 잘 되는 옷과 작은 전기 담요를 가져 가세요!

Q 체코어를 모르는데 여행이 가능한가요?

A **체코는 영어를 공용어로 쓰는 국가는 아니지만, 관광도시인 프라하에서는 영어로 어느 정도의 의사소통은 가능합니다.** 하지만 영어를 못하는 체코인도 물론 있고, 거리에 있는 대부분의 이정표가 체코어로 쓰여 있으며 특히 소도시로 가면 영어로 의사소통이 쉽지 않은 곳이 많습니다. 그렇다고 너무 걱정하지는 마세요. 번역기 앱과 〈리얼 프라하〉를 참고해서 체코어로 기본적인 표현과 숫자 등을 미리 체크해 두면 요긴하게 쓸 수 있습니다.

Q 체코 사람들이 그렇게 불친절한가요?

A 유럽 여행 커뮤니티를 보면 체코 사람들이 불친절하다는 후기가 제법 있습니다. 눈만 마주치면 윙크하고 웃어주는 서유럽이나 북미와는 다르게, 체코는 낯선 사람에게 적극적으로 인사를 해주는 도시는 아닙니다. 그렇다고 해서 동양인을 싫어하거나 무시하기 때문이라고 오해할 필요는 없습니다. **길을 묻거나 도움을 요청하면 무뚝뚝하지만 최선을 다해 도와주려는 따뜻한 체코인들을 만나실 수 있을 겁니다.**

Q 치안이 좋다던데 여행자보험을 꼭 들어야할까요?

A 여행자보험은 여행 시작부터 마칠 때까지 발생한 예기치 못한 사고나 질병, 도난, 손해에 대해 보상해 줍니다. **체코는 대사관은 모든 해외 여행자들에게 3만 유로 이상의 보상 금액이 명시된 여행자보험에 가입할 것과 그 영문 보험증서 소지를 강제하고 있습니다.** 실제로 여행 중 이 증서 검사를 당한 사람은 별로 없지만 원칙적으로는 여행자보험이 필수인 국가로, 영어로 된 여행자보험증서를 소지하지 않으면 약 15만 원 가량의 벌금이 부과됩니다. 평소에 기저질환이 있거나 연착이 잘 되는 항공사를 이용하는 등 불안요소가 있다면 보험 가입은 필수이며, 꼭 그렇지 않다 해도 가입하는 것을 추천합니다. 항공사의 실수로 캐리어에 손상이 가거나 항공기 출발 지연 등에 대한 보상, 도난 및 분실에 대한 보상 등 보장 범위가 보험료에 비해 훨씬 크기 때문입니다. 소매치기나 물품 분실에 대한 보상은 물론이고, 갑작스럽게 몸이 좋지 않을 경우에 대한 의료비 등 생각보다 보험은 많은 범위를 커버합니다. 최대보상금액과 본인부담금, 특약의 내용을 살펴 본인에게 적합한 항목이 있는 보험을 찾는 것이 좋습니다.

A **추천하는 조합은 확장이 가능한 기내용 캐리어와 작은 사이즈의 배낭 또는 사이드백입니다.** 숙소에 큰 짐을 두고 작은 가방에 필요한 것만 챙겨 나가기 좋기 때문입니다. 너무 큰 캐리어는 생각해 볼 필요가 있습니다. 프라하의 돌바닥을 장시간 걷는 것조차 발목과 허리에 무리가 가는데 집채만한 캐리어까지 함께라면 고행길이 따로 없습니다. 숙소를 매번 옮기는 등 이동이 잦을 경우 감당하기 어려운 캐리어를 가져가면 캐리어도 부서지고 내 온몸도 부서지는 경험을 할 수도 있습니다. 특히 체크인 전 또는 체크아웃 후 짐을 맡겨둘 수 없는 숙소라면 캐리어를 들고 관광지에 가야하는 경우가 생길 수 있다는 상황도 염두에 두어야 합니다. 캐리어를 선택했다면 바퀴가 4개 달린 캐리어를 선택하고, 쉽게 부서지는 재질은 피해야 합니다. 방수가 되는 재질이거나 방수 커버를 챙기고, 손수건이나 네임택 등으로 나만의 것을 표시하는 것이 좋습니다.

큰 배낭 하나 짊어지고 자유롭게 돌아다니는 꿈을 꾸었다면 두말할 것 없이 배낭이겠지만, 사실 배낭을 메고 여행하는 것은 쉬운 일이 아닙니다. 무거운 배낭을 오래 매면 허리와 어깨에 무리가 많이 가는 것은 물론, 우선 배낭에서 필요한 짐이 아래에 놓여있다면 매번 가방을 뒤엎어야 합니다. 하지만 이동시 편의성 만큼은 최고죠. 아주 작게 접어 넣을 수 있는 에코백 등을 챙겨 두면 필요할 때 요긴하게 쓸 수 있으니 한두 개씩 챙기는 것도 좋습니다.

A 팁에 관해서는 의견이 분분합니다. **원래 체코는 팁이 필수인 문화권이 아니지만, 관광객에게 오랫동안 사랑받으면서 중심가 레스토랑에서는 자연스럽게 10% 정도의 팁을 요구합니다.** 의무는 아니지만 주문할 때부터 10% 정도 더 나오겠거니 생각하는 게 마음은 편하지요. 계산서에 팁이 포함되어 최종 금액에 적혀 있을 수도 있고, 서버가 영수증을 갖다 주며 팁이 포함되지 않았다고 강조해 은근히 팁을 요구하기도 합니다. 그럴 땐 적당한 금액을 직접 말하거나 거스름돈의 일부를 팁으로 남겨도 됩니다. 그러나 간혹 큰 액수의 지폐를 주었을 때 거스름돈 모두를 팁으로 주는 줄 알았다며 잡아떼는 서버도 있고 카드로 계산할 때 카운터에서 임의로 팁을 포함한 후 최종 금액을 결제해버리는 경우도 있으니 영수증을 잘 체크해야 합니다. 음식을 포장하거나 서버가 특별하게 테이블을 담당하는 개념이 아닌 곳에서는 굳이 팁을 줄 필요가 없습니다.

Q 와이파이 가능한가요?

A 식당, 카페나 숙소에서는 대부분 와이파이를 이용할 수 있습니다. 그러나 구글맵이나 맛집 검색 등의 정보를 시시각각 체크하려면 와이파이 공유기나 유심을 준비하는 것이 편리합니다. 와이파이 공유기는 여러 명이 동시에 쓸 수 있어 가격적인 부담이 덜하지만 서로 간격이 벌어지면 잘 끊기고, 부피가 크며 배터리를 늘 신경 써야 한다는 단점이 있습니다. 한국에 연락을 주고 받을 일이 없다면 유심칩을 사용하는 것이 여러 면에서 편리합니다. 유심칩 사용법은 반드시 숙지해야 현지에서 당황하지 않으니 설명서를 꼼꼼히 읽고 사진으로 찍어 두는 것이 좋습니다. 최근에는 e-Sim의 사용도 늘고 있으니 본인에게 잘 맞는 방법을 택하면 됩니다.

Q 지금 이 상황, 인종차별인가요?

1. 식사가 끝나자마자 빈 그릇을 치울래, 내쫓기다시피 나왔어요.

A. **체코에서는 빈 접시를 빨리 치워주는 것이 좋은 서비스라고 생각합니다.** 빨리 나가라는 뜻이 전혀 아니니 디저트를 추가로 주문해 분위기를 더 즐겨도 좋고, 충분히 배부르다면 여유롭게 시간을 보내다 나가도 괜찮습니다.

2. 아무리 부르고 손짓해도 주문을 안 받아요.

A. **체코에서는 손짓을 하거나 큰 소리로 종업원을 부르면 매우 불쾌해합니다.** 자신을 재촉하는 매우 성급하고 성가신 사람 취급을 하죠. 보통 테이블이나 구역에 따라 담당 서버가 있으니 가까이 지나가는 직원과 눈을 마주쳐 사인을 주거나 살짝 고개를 끄덕여 보고, 정말 기다리기 힘들 때는 아주 살짝 손 드는 시늉만 해도 금방 올 겁니다. 무엇보다도 체코는 우리나라처럼 직원들이 빠르게 알아서 척척 움직이지 않습니다. 음식이 준비되는 속도 역시 우리나라만큼 빠르지는 않으니 맥주로 시원하게 목을 축이며 기다려 봅시다.

3. 자리가 많은데 굳이 구석 자리를 줘요. 갔더니 동양인만 가득해요.

A. 많은 레스토랑이나 유명한 카페에는 예약 시스템이 활성화되어 있습니다. 내가 찾아간 시점에는 자리가 있더라도 곧 누군가가 앉게 될 예약된 자리일 수 있지요. 여행자들은 보통 일정을 소화하다가 배가 고파지면 근처의 괜찮은 식당을 찾아가므로 예약하지 않은 여행자끼리 몰리는 경우가 있습니다. 또는 **식당에 외국인을 상대하는 영어 가능한 직원이 해당 구역을 담당할 수 있도록 모아서 자리배치를 하기도 해요.**

① 흘레비츠키

체코식 오픈샌드위치인 흘레비츠키와 따뜻한 커피
한 잔으로 여유로운 아침 즐기기

② 카를교

세계에서 가장 아름다운 다리인 카를교에서
프라하 성을 배경으로 인생샷 남기기

⑤ 꼴레뇨

겉바속촉 꼴레뇨와 생맥주 즐기기

프라하
버킷리스트 10

⑦ 블타바 강 야경

트램 타고 블타바 강을 건너며 노을과 야경 감상하기

⑧ 클래식 공연

멋진 옷 차려 입고 바로크풍 극장에서 공연 관람하기

천문시계 ③

천문시계의 '사도들의 행진'을 보고 전망대에 올라
구시가지 전경 감상하기

로컬 마켓 ④

강가에 있는 로컬마켓에서 신선한 과일과
달콤한 디저트로 당 충전하기

로맨틱한 야경과 세상에서 제일 맛있는
맥주 말고는 프라하에 대해 딱히 떠오르는 게
없었다면 이 페이지를 눈 여겨 보자.
놓치기엔 너무나도 아쉬운 특별한 경험을
선사할 열 가지 버킷리스트만 잘 따라가도
풍성한 여행이 될 것이다.

근교 여행 ⑥

기차나 버스로 근교 도시에 가서 여유로운 체코 즐기기

비어스파 ⑨

비어스파에서 피곤에 지친 다리 풀어주기

모라비아 와인 ⑩

체코에서만 맛볼 수 있는 모라비아 화이트와인 맛보기

프라하
뷰 포인트 BEST 10

① 프라하 성
프라하의 대표 명소로 언제나 붐빈다. 사람이 덜 붐비는 오전에 가면, 아침 햇살을 받아 빛나는 프라하를 만날 수 있다. 지대가 높은 곳에 있기 때문에 성문 앞 광장이나 정원에서도 얼마든지 전망을 감상할 수 있지만 더 높은 곳을 원하면 성 안에 있는 성 비투스 성당 종탑의 273개 계단을 올라 보자. **P.144**

② 구시청사 전망대
구시가지와 프라하 성이 한눈에 보이는 프라하의 대표 전망 명소다. 수백 개의 계단을 올라야 하는 다른 전망대와는 달리 완만한 경사면으로 오를 수 있고 유료지만 엘리베이터로 간편하게 오를 수 있어 노약자나 어린이와 함께라면 이곳이 딱이다. **P.099**

뾰족한 탑이 많아 '백탑의 도시'라고도 불리는 프라하는 높은 곳에서 볼 때
또다른 매력을 느낄 수 있다. 해 뜰 무렵, 환한 낮, 노을 질 무렵,
노란 불빛이 빛나는 야경을 다양한 각도에서 감상할 수 있는 전망 스폿을 소개한다.

③ 클레멘티눔 전망대 세계에서 가장 아름다운 도서관. 원래는 성 클레멘트 수도원이었다가 현재는 국립도서관으로 쓰이고 있다. 케플러의 연구실이었던 천문타워에 접근하려면 가이드 투어가 필수다. 전망대 계단이 워낙 좁고 가파르기 때문에 오르기 쉽지는 않지만 투어 인원만큼만 전망대에 오르므로 여유롭고 한적하게 감상하기 좋다. P.102

④ 페트린 타워 프라하에서 가장 높은 전망대다. 에펠탑을 본따 ⅕의 크기로 만들었다고 한다. 푸니쿨라를 타고 언덕 위 탑에 도착한 뒤, 전망대까지는 탑의 내부 계단을 따라 걸어 올라간다. 투명해서 밖이 보이고 바람까지 통과하는 다소 험한 계단이지만 299개의 계단을 오를수록 시야가 극적으로 넓어진다. P.172

⑤
카를교

아름다운 다리에 서서 낮과 밤의 프라하를 눈에 담을 수 있는 곳이다. 다리 양 끝에 하나씩 있는 전망탑에 오르면 아치 모양으로 난 틈새로 은은한 조명이 비치는 카를교와 프라하의 풍경을 마치 액자처럼 한눈에 담을 수 있다. P.104

⑥
스트라호프 수도원

수도원 뒤편에 있는 포도밭에서 보는 노을은 아름답기로 유명하다. 프라하 성과 가까워 노을 지는 프라하 성을 두 눈 가득 담을 곳을 찾는다면 이곳을 추천한다. 수도원 단지에 있는 양조장 야외 테이블에서 맥주를 마시며 감상하면 더할 나위 없을 것이다. P.153

⑦
댄싱하우스

시내에서 마주치는 다른 전망대에 비하면 댄싱하우스의 꼭대기는 꽤 낮아서 은은하게 빛나는 프라하의 불빛을 더욱 가까이 감상할 수 있다. 꼭대기 층의 바에서는 음료를 주문하는 고객에 한해 360도 파노라마 전망으로 프라하를 볼 수 있는 테라스로 나갈 수 있는데 가격도 비싸지 않다. P.131

⑧ 리에그로비 공원

프라하 중앙역에서 동쪽으로 조금만 더 가면 있는 넓은 공원이다. 중심가에서 별로 멀지 않지만 관광객은 별로 없고 친구나 연인과 함께 준비해 온 간식을 먹으며 해넘이를 감상하는 프라하 시민들이 가득하다. 온통 주홍빛으로 물드는 하늘과 프라하 성의 스카이라인이 어우러져 정말 아름답다. P.189

⑨ 비셰흐라드

소개하는 전망대 중에서 가장 남쪽에 있는 곳이다. 나름대로 역사가 있는 관광지지만 구시가지와는 살짝 거리가 있어서 성벽을 산책하는 현지인만 종종 보인다. 성벽길을 따라가다 보면 곳곳에 전망 포인트가 있는데, 중심가에서 보던 각도와 달라 또다른 매력이 있다. P.187

⑩ 레트나 공원

중심가에서 북쪽으로 블타바 강을 건넌 곳에 넓게 위치한 레트나 공원은 해돋이를 보기 좋은 곳이다. 블타바 강을 따라 놓인 다리 위로 천천히 밝아오는 프라하는 조명으로 빛나는 밤의 모습과 또 다르다. 반려견과 산책하거나 운동하러 나온 현지인도 종종 마주칠 수 있다. P.193

프라하
건축 BEST 10

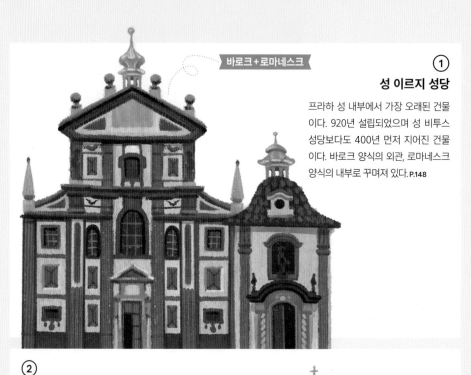

바로크 + 로마네스크

① 성 이르지 성당

프라하 성 내부에서 가장 오래된 건물이다. 920년 설립되었으며 성 비투스 성당보다도 400년 먼저 지어진 건물이다. 바로크 양식의 외관, 로마네스크 양식의 내부로 꾸며져 있다. P.148

② 성 비투스 성당

천년에 걸쳐 지어지면서 각 시대의 건축 양식이 한 건물에 공존하고 있다. 바로크, 르네상스, 신고딕 등 다양한 건축 양식이 건물 4면을 둘러싸고 저마다 다른 디테일을 보여준다. P.146

바로크 + 르네상스 + 신고딕

프라하는 현대사의 격동적인 사건들을 겪어낸 도시다. 특히 제 2차 세계대전 시기를 거쳤지만 프라하의 아름다움에 반한 히틀러가 도시 피해를 최소화하라는 명령을 내린 덕분에 상당수의 건축물들이 양호한 상태로 보존될 수 있었다. 전통적으로 중앙 유럽의 문화적 중심 도시 중 하나였으며 신성로마제국의 수도였던 명성에 걸맞은 다양한 건축양식을 자랑하고 있어, 도시 곳곳에서 고딕·로코코·르네상스·바로크·네오르네상스·신고전주의·고딕리바이벌·아르누보·입체파에 이르는 다양한 시대적 건축물을 감상할 수 있다.

고딕

③
화약탑

구시가지와 신시가지를 나누는 13개 성문 중 지금까지 남아있는 성문이다. 1475년에 지어졌으며 한때는 화약 저장고로 쓰였고, 지금은 전망을 볼 수 있는 탑으로 사용된다. P.095

④
체코 국립박물관

바슬라프 광장을 정면으로 마주 보는 체코 국립박물관은 1890년에 완공된 네오르네상스 양식의 건축물이다. 메인 입구의 프레스코 천장화와 계단의 곡선 등이 눈여겨 볼만하다. P.127

네오르네상스

⑤ 말라스트라나 성 미쿨라셰 성당

프라하에서 가장 아름다운 바로크 건축물로 꼽힌다.
13세기에 처음 지어질 때는 고딕 양식으로 지어졌으
나, 16세기에 화재로 소실된 것을 18세기에 바로크 양
식으로 재건하여 화려함의 정수를 보여준다. P.166

바로크

로코코

⑥ 골츠킨스키 궁

구시가지 광장에 있는 아기자기한
건물로 현재는 체코 국립미술관 중
하나로 쓰인다. 1755년부터 약 10
년간 골츠킨스키 백작의 궁전이었
고 합스부르크 왕가 시절 엘리트 교
육을 담당했던 곳으로 프란츠 카프
카도 이곳에 다녔다. P.098

⑦ 틴 성모 성당

빨간 지붕 사이 우뚝 솟은 두 개의 첨탑
이 인상적인 건물이다. 처음 세워질 때
는 로마네스크 양식이었으나 이후 증
축과 개조를 거쳤다. 두 첨탑은 각각 아
담과 이브를 상징한다. 현재 성당의 외
부는 고딕, 내부는 로코코 양식으로 지
어져 있다. P.097

고딕 + 로코코

시민회관

네오바로크+아르누보

화약탑 옆에 위치한 건물로 외관은 네오바로크, 내부는 아르누보 양식이다. 시민회관 내 카페에 들어가 보면 아르누보 스타일의 섬세한 장식을 볼 수 있다. **P.094**

뮐러의 집

아돌프 로스가 엔지니어였던 뮐러와 그의 아내를 위해 디자인한 건물로, 아방가르드 건축의 걸작으로 손꼽힌다. 화려함이 만연하던 아르누보적 사회와 이를 통해 부를 과시하는 세력을 비판하고자 설계한 저택이다. 단순하고 소박한 외관과 딴판인 내부를 보려면 예약이 필수다.

아방가르드

포스트모더니즘

댄싱하우스

2차대전 때 폭격으로 폐허가 된 건물을 재건축하며 개방적이고 파격적인 건축가 프랭크 게리에게 의뢰했다고 한다. 억눌렸던 체코가 자유로워지는 모습을 표현하고자 마치 두 남녀가 춤추는 듯한 모습으로 설계되었다. **P.131**

프라하
푸드 BEST 10

꼴레뇨
Koleno, Pork Knee Knuckle

돼지의 무릎 부위를 맥주에 재웠다가 열 시간 이상 오븐에 구워 겉은 바삭하고 속은 육즙이 촉촉하다. 독일의 슈바인학센과 모양은 비슷하지만, 학센은 장작불에 고기를 굽는 방식인 반면 꼴레뇨는 맥주에 한번 삶는 과정이 포함되어 껍질이 더 바삭하고 쫄깃한 느낌이 든다.

② 스비치코바
Svíčková

크리미한 소스를 끼얹은 부드러운 소고기 등심을 생크림, 잼과 함께 먹는다. 함께 나오는 빵은 크네들리키 또는 덤플링이라고 하는데 식감이 찐빵과 비슷하다. 머스터드가 살짝 들어간 소스를 듬뿍 묻혀 고기 한 점을 입에 넣으면 부드럽게 넘어간다.

체코는 내륙 국가라 해산물보다는 고기를 이용한 요리가 훨씬 많다.
또한 중부 유럽에서 비롯한 식문화로 인해 전통 요리 레시피에는 고기와 감자가
빠지지 않는다. 오랜 시간 굽거나 찌는 요리법이 많고 담백한 부위를 써서
조금 퍽퍽하기도 하고 간이 대체로 짠 편이라 맥주를 자꾸 주문하게 된다는 사실!
고기와 맥주로 든든하게 체코의 식탁을 만끽했다면, 달달한 디저트도 놓치지 말자.

③ 굴라쉬
guláš

굴라쉬는 헝가리 전통 수프지만 체코에서도 사랑받는
음식이다. 체코의 굴라쉬는 여러가지 채소와 소고기를
푹 끓여 스튜처럼 먹는 것이 일반적이다. 뜨끈하면서도
우리나라 음식 육개장과 비슷한 느낌이어서 거부감 없
이 먹을 수 있다.

④ 스마제니 시르
Smažený Sýr

고소한 치즈를 두툼하게 썰어 빵가루를 입히고 바삭
하게 튀겨낸 음식이다. 갓 나와 뜨거울 때 칼로 가르면
치즈가 주르륵 흘러 나온다. 맥주에 찰떡 궁합인 안주
인데다 양도 적합해 펍에서 가볍게 맥주 한 잔과 곁들
여 먹는 현지인을 종종 볼 수 있다.

⑤ 비프 타르타르
Tartarsky Biftek

올리브유에 바싹하게 구운 빵에 생마늘을
문질러 즙을 낸 후 허브와 소스로 양념이 된
타르타르를 듬뿍 얹어 먹는 체코식 육회다.
타타르족이라고 불렸던 몽골족이 말고기 육회
를 먹던 습관이 유럽 대륙에 퍼져 현재의 타르타
르가 되었다고 한다.

⑥
절인 치즈, 나클라다니 헤르멜린
Nakládaný hermelín

풍미가 강한 음식도 꺼리지 않는 진정한 미식가라면 꼭 추천하고 싶은 음식이다. 영문 메뉴판에는 보통 'Pickled Cheese'라고 적혀 있는데, 오이처럼 식초에 절인 피클이 아니라 향신료가 들어간 오일에 절인 까망베르나 브리 치즈를 말한다. 절여진 치즈는 녹진한 크림같고 향이 잔뜩 배어 풍미가 엄청나다.

⑧
오플라트키
Oplatky

온천수로 유명한 카를로비 바리의 전통 과자로 얇고 담백한 전병 사이에 크림을 바른 오리지널과 웨하스처럼 겹을 이룬 형태 등 다양한 맛과 모양이 있다. 카를로비 바리에 가면 와플 기계처럼 생긴 기구로 살짝 눌러 구워주는데 슈퍼에서 파는 제품보다 훨씬 바삭하고 맛있다.

⑦
꿀케이크 메도브닉
Medovník

체코 디저트 중 가장 잘 알려진 꿀케이크다. 층층이 쌓인 크림과 포슬포슬한 시트가 먹음직스럽게 생겼다. 꿀과 견과류 크럼블이 몹시 달고 고소한 맛을 내서, 뜨거운 커피와 잘 어울리는 디저트다.

⑨
굴뚝빵 뜨르들로
Trdlo

프라하에서 유독 더 유명한 뜨르들로는 원래 슬로바키아 전통 빵이다. 굵고 뜨거운 쇠파이프에 반죽을 돌돌 말아 구운 후 빼내는 빵의 모양 덕분에 굴뚝빵이라고 불린다. 겉에 설탕이나 견과류를 뿌리거나, 텅 빈 속에 과일이나 크림을 채우고 아이스크림을 얹어 먹는 화려한 뜨르들로도 있다. 현지 물가에 비하면 가격도 비싼 편이라 현지인은 굳이 사 먹지 않지만 거리마다 풍기는 달콤한 시나몬 향에 이끌려 꼭 하나쯤 먹게 된다.

⑩
꼴라취
Koláče

꼴라취는 체코 사람들이 가장 사랑하는 전통 베이커리 중 하나로, 납작한 브리오쉬에 제철 과일을 올린 것이다. 요즘에는 크림이나 치즈 등 다양한 토핑을 올린 꼴라취도 많아졌다고 한다. 아침으로 간편하게 찾는 사람이 많아 웬만한 빵집에서 저렴한 가격에 찾아볼 수 있다.

메뉴마다 써 있는
의문의 숫자는 뭘까

레스토랑이든 호텔 조식 뷔페의 메뉴든, 의문의 불규칙한 숫자가 적힌 것을 종종 발견할 수 있다. 이는 2014년에 EU가 정한 법률에 따라 식품 알레르기 항원을 표시한 번호다. 알레르기를 유발할 수 있는 요소에 대한 정보를 반드시 기입하도록 되어 있으며 소규모 식당에서도 엄격히 지키고 있다. 혹시 표기되지 않았다면 직원에게 물어봐서 확인할 수 있으니, 평소 식품 알레르기가 있다면 참고하자.

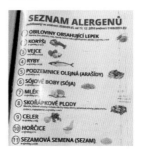

한눈에 보는 프라하 간단 일정

안 보고 떠나면 서운한
프라하+체스키 크룸로프
2박 3일 핵심 코스

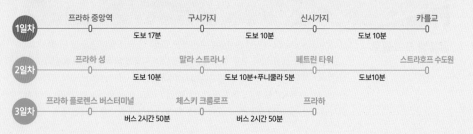

1일차 프라하 중앙역 —(도보 17분)— 구시가지 —(도보 10분)— 신시가지 —(도보 10분)— 카를교

2일차 프라하 성 —(도보 10분)— 말라 스트라나 —(도보 10분+푸니쿨라 5분)— 페트린 타워 —(도보10분)— 스트라호프 수도원

3일차 프라하 플로렌스 버스터미널 —(버스 2시간 50분)— 체스키 크룸로프 —(버스 2시간 50분)— 프라하

예술과 낭만이 가득한
프라하 3박 4일 로맨틱 코스

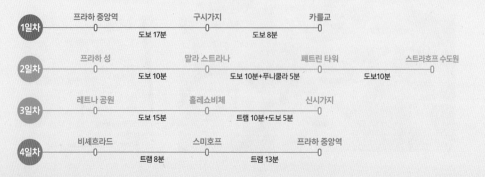

1일차 프라하 중앙역 —(도보 17분)— 구시가지 —(도보 8분)— 카를교

2일차 프라하 성 —(도보 10분)— 말라 스트라나 —(도보 10분+푸니쿨라 5분)— 페트린 타워 —(도보10분)— 스트라호프 수도원

3일차 레트나 공원 —(도보 15분)— 홀레쇼비체 —(트램 10분+도보 5분)— 신시가지

4일차 비셰흐라드 —(트램 8분)— 스미호프 —(트램 13분)— 프라하 중앙역

구체적인 일정을 정하기 전, 프라하 및 체코 주요 도시의 위치를 눈에 익히면 책에 소개된
내용을 이해하는 데 도움이 된다. 간단히 동선을 머릿속에 그려보고 관심있는 곳을 체크한 다음
뒷페이지에서 이어지는 프라하 추천 코스와 연동하여 나에게 딱 맞는 코스를 완성해 보자.

이색 경험으로 가득한
보헤미아 3박 4일
오감만족 코스

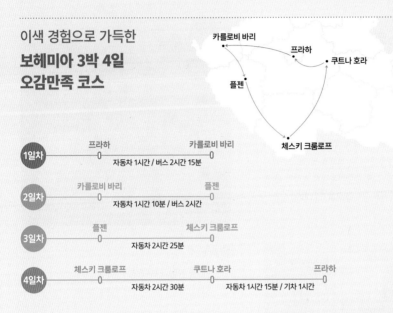

1일차
프라하 — 카를로비 바리
자동차 1시간 / 버스 2시간 15분

2일차
카를로비 바리 — 플젠
자동차 1시간 10분 / 버스 2시간

3일차
플젠 — 체스키 크룸로프
자동차 2시간 25분

4일차
체스키 크룸로프 — 쿠트나 호라 — 프라하
자동차 2시간 30분 / 자동차 1시간 15분 / 기차 1시간

와인을 찾아 떠나는
모라비아 4박 5일
드라이브 코스

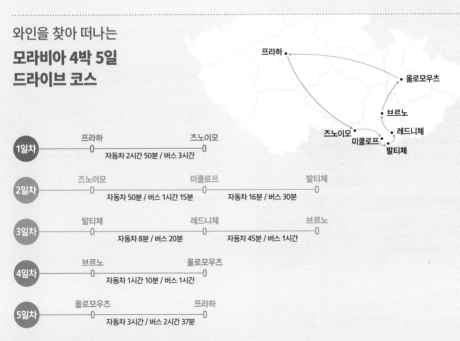

1일차
프라하 — 즈노이모
자동차 2시간 50분 / 버스 3시간

2일차
즈노이모 — 미쿨로프 — 발티체
자동차 50분 / 버스 1시간 15분 / 자동차 16분 / 버스 30분

3일차
발티체 — 레드니체 — 브르노
자동차 8분 / 버스 20분 / 자동차 45분 / 버스 1시간

4일차
브르노 — 올로모우츠
자동차 1시간 10분 / 버스 1시간

5일차
올로모우츠 — 프라하
자동차 3시간 / 버스 2시간 37분

자세히 보는 프라하 추천 코스

COURSE ①

프라하+체스키 크룸로프 2박 3일 핵심 코스

프라하에 왔다면 꼭 들러야 할 구시가지와 신시가지, 프라하 성 건축물을 중심으로 돌아본 후 체코 소도시 중 가장 인기가 많은 체스키 크룸로프를 당일로 다녀오는 코스다. 프라하 내 어트랙션 간의 이동 거리가 짧아 트램을 탈 필요는 없지만 야외에서 계속 걷는 코스라 생각보다 체력 소모가 큰 편이니 중간중간 적절히 휴식을 취하는 것을 추천한다.

천문시계

하벨시장

DAY 1

◯ 공화국 광장과 화약탑

　도보 6분

◯ 구시가 광장 건축물 둘러보기

　도보 2분

◯ 매시 정각의 천문시계 감상

　도보 1분

◯ 구시청사 전망대 올라보기

　도보 4분

◯ 하벨시장

　도보 3분

◯ 프라하에서 가장 오래된 맥주집 '우 메드비쿠'

　도보 11분

◯ 바츨라프 광장 산책

　도보 5분

◯ 나 프르지코페 거리에서 쇼핑

　도보 3분

◯ 무하 박물관에서 작품 감상

　도보 15분

◯ 카를교에서 프라하 야경 즐기기

DAY 2

- 왕궁 정원 산책

    도보 3분

- 프라하 성 단지 둘러보기

    도보 5분

- 성 남쪽 정원에서 뷰 즐기기

    도보 5분

- 흐라트찬스케 광장에서 스타벅스 커피 한 잔

    도보 4분

- 네루도바 거리의 예쁜 상점 구경

    도보 1분

- 말라스트라나 성 미쿨라셰 성당

    도보 4분

- 포크스의 꼴레뇨로 점심

    도보 3분

- 레넌 벽에 흔적 남기기

    도보 3분

- 캄파 섬의 여유 만끽

    도보 8분 + 푸니쿨라 5분

- 페트린 타워에서 프라하 눈에 담기

    도보 10분

- 스트라호프 수도원 맥주 한 잔!

DAY 3

- 프라하 플로렌스 버스터미널

    버스 2시간 50분

- 체스키 크룸로프 버스터미널

    도보 7분

- 세미나르니 정원에서 사진 한 컷

    도보 2분

- 스보르노스티 광장

    도보 2분

- 에곤쉴레 미술관 작품 감상

    도보 3분

- 이발사의 다리

    도보 1분

- 체스키 크룸로프 성탑 오르기

    도보 2분

- 체스키 크룸로프 성 둘러보기

    도보 3분

- 망토다리에서 인생사진 남기기

    도보 2분

- 성 정원 산책

    버스 2시간 50분

- 프라하 시내 비어스파 체험

> ### 동화 같은 여행지가 취향이 아니라면
>
> 취향에 따라 체스키 크룸로프 대신 카를로비 바리나 플젠, 쿠트나 호라로 떠나보세요. 이색적인 볼거리나 체험거리가 많답니다. 특히 비교적 가까운 플젠과 쿠트나 호라에 다녀와 오후에 시간이 넉넉하다면, 프라하로 돌아온 날 오후 일정에 홀레쇼비체나 스미호프, 비셰흐라드를 넣어 보는 건 어떨까요?

COURSE ②

프라하 3박 4일
로맨틱 코스

비교적 여유롭게 프라하에서 시간을 보내며 주요 볼거리와 더불어 체코의 예술적인 면모를 충분히 감상할 수 있는 일정이다. 관광객이 놓칠 수 없는 핵심 관광지는 물론이고 프라하의 일상에 조금 더 가까이 다가갈 수 있는 홀레쇼비체와 스미호프, 비셰흐라드 지역을 방문한다.

DAY 1

- 카페 임페리얼에서 모닝 커피

  도보 6분

- 공화국 광장과 화약탑

  도보 6분

- 구시가 광장 건축물 둘러보기

  도보 2분

- 매시 정각의 천문시계 감상

  도보 5분

- 클레멘티눔 투어

  도보 4분

- 스메타나 박물관

  도보 2분

- 올드타운 브리지 타워 오르기

  도보 1분

- 카를교 거닐기

  도보 8분

- 국립극장에서 클래식 공연 감상하기

DAY 2

- 발트슈타인 궁과 정원 산책

  도보 10분

- 프라하 성 단지 둘러보기

  도보 5분

- 성 남쪽 정원에서 뷰 즐기기

  도보 5분

- 흐라트찬스케 광장에서 스타벅스 커피 한 잔

  도보 4분

- 네루도바 거리의 예쁜 상점 구경

  도보 1분

- 말라스트라나 성 미쿨라셰 성당

  도보 4분

- 레넌 벽에 흔적 남기기

  도보 3분

- 뮤지엄 캄파 둘러보기

  도보 5분

- 카페 사보이에서 당 충전

  도보 7분 + 푸니쿨라 5분

- 페트린 타워에서 프라하 눈에 담기

  (도보 10분)

- 스트라호프 수도원 맥주 한 잔!

DAY 3

- 레트나 공원 아침 산책

  도보 11분

- 홀레쇼비체의 프라하 국립미술관

  버스 10분 / 도보 18분

- 프라하 푸드마켓에서 로컬 체험

  도보 6분

- Vnitroblock의 독특함 즐기기

  도보 9분

- DOX 현대미술관의 걸리버 감상

  트램 22분

- 블타바 강에서 유람선 타기

  도보 17분

- 레두타에서 재즈 공연

비오는 날의 프라하라면

중세 분위기를 느끼기 좋은 프라하이기에, 비가 온다면 운치있고 낭만적인 풍경을 볼 수 있을 것입니다. 하지만 비가 너무 많이 와서 야외 활동이 힘든 상황이라도 실망하기엔 이릅니다. 여유롭게 프라하의 예술을 감상하는 절호의 기회가 될 수 있으니까요. 세계적인 화가의 작품이 가득한 홀레쇼비체의 미술관을 거닐거나, 독특한 그림체로 아르누보의 시대를 연 알폰스 무하 뮤지엄에 가 보는 것도 좋은 선택입니다. 100년 전통을 자랑하는 카페 루브르나 카페 사보이에서는 커다란 창문을 통해 시원스레 비가 오는 풍경을 눈에 담을 수 있고, 시내 곳곳에 있는 극장에서 저렴한 가격으로 발레나 오페라를 즐기는 일정을 추가하면 더할 나위 없는 시간을 보낼 수 있어요.

DAY 4

- 비셰흐라드 성 베드로와 바울 성당

  도보 1분

- 비셰흐라드 공원

  트램 14분

- 그레보브카 포도밭 전망대에서 가벼운 점심

  트램 20분

- 스미호프 쪽 나플라브카 강변 산책

  도보 5분

- 스타로프라멘 양조장 맥주 맛보기

  도보 4분

- 마니페스토 마켓에서 힙하게 놀기

  트램 17분

- 미트 팩토리 전시회 또는 콘서트 즐기기

아이와 함께하는 프라하라면

양손에 아이를 잡은 만삭 임산부와 유아차를 미는 아빠를 길에서 흔히 볼 수 있는 체코는 2010년 들어서 출산율이 폭발적으로 증가했습니다. 2021년 우리나라 출산율은 0.81로 OECD 국가 중 가장 낮지만 같은 해 체코의 출산율은 1.71에 달하지요. 어린아이에 대한 시선이 너그럽고 시스템이 잘 갖춰져 있어서 어린이와 함께 여행하기에 좋은 도시입니다. 오랜 역사가 잘 보존된 도시와 유네스코 문화유산으로 지정된 건물이 많아 교육적인 여행을 하기에도 좋고요. 가려는 코스에 따라 구시가 광장의 건축물과 천문시계로 호기심을 자극하고, 자유롭게 뛰어 놀 수 있는 레트나 공원, 캄파 섬 노란 펭귄과 기어가는 아기들 조각상, 스미호프의 철도의 왕국, 신시가지 쇼핑거리의 햄리스 장난감 백화점을 적절히 섞어 보세요. 아이들의 지친 눈이 반짝반짝 빛날 거예요.

COURSE ③

보헤미아 3박 4일 오감만족 코스

보헤미아의 대표 소도시에서 할 수 있는 이색적인 볼거리와 체험을 중심으로 짠 일정이다. 매일 숙소를 이동해야 한다는 불편함이 있지만 각 도시의 낮과 밤을 충분히 즐길 수 있어 좋다. 버스나 기차로 이동하려면 다시 프라하로 돌아와 환승해야 하는 노선이 많으니 효율적으로 동선을 짜려면 렌트카가 훨씬 유리하다.

DAY 1

프라하 - 카를로비 바리

◯ 프라하에서 렌트카 픽업

　　자동차 1시간

◯ 베헤로프카 박물관 투어

　　도보 13분

◯ 다섯 콜로나다의 온천수 맛보기

　　도보 7분

◯ 디아나 전망대 오르기

　　도보 5분

◯ 카페 푸프 케익 맛보기

　　도보 16분

◯ 러시아 정교회당 둘러보기

DAY 2

카를로비 바리 - 플젠

◯ 카를로비 바리 숙소 체크아웃

　　자동차 1시간 15분

◯ 필스너 우르켈 양조장 체험

　　도보 12분

◯ 공화국 광장에서 분수 찾기

　　도보 1분

◯ 바르톨로메우 성당 천사에게 소원빌기

　　도보 1분

◯ 마리오네트 박물관 둘러보기

　　도보 4분

◯ 유대교 회당 둘러보기

DAY 4

체스키 크룸로프 - 쿠트나 호라

- 체스키 크룸로프 숙소 체크아웃

  자동차 2시간 30분

- 쿠트나 호라 성 바르바라 성당 감상

  도보 5분

- 은광 박물관 광산 체험

  도보 5분

- 석조 분수에서 물 한 잔

  도보 5분

- 이탈리안 궁정에서 은화 만들기

  자동차 7분 / 버스 15분

- 세들레츠 납골당

  도보 3분

- 성모 마리아 대성당 둘러보기

DAY 3

플젠 - 체스키 크룸로프

- 플젠 숙소 체크아웃

  자동차 2시간 40분

- 세미나르니 정원에서 사진 한 컷

  도보 3분

- 스보르노스티 광장

  도보 2분

- 에곤쉴레 미술관 작품 감상

  도보 3분

- 이발사의 다리

  도보 1분

- 체스키 크룸로프 성탑 오르기

  도보 2분

- 체스키 크룸로프 성 산책

  도보 3분

- 망토 다리에서 인생 사진 남기기

  도보 3분

- 성 정원 거닐기

COURSE ④

모라비아 4박 5일 드라이브 코스

체코로 여행을 와서 모라비아까지 갈 결심을 했다면 당신은 술에 진심이다. 이 코스를 따라가면 세계 최고로 손꼽히는 모라비아 지역의 화이트 와인으로 매일 밤을 마무리할 수 있는 행복한 여정이다. 드라이브 내내 끝없이 펼쳐지는 평야와 스쳐 지나가는 아름다운 마을, 아득히 보이는 포도밭도 오래도록 기억에 남는 여행이 될 것이다. 음주 운전은 금물이니 체크인을 하며 주차를 해 두고 마음 편하게 와이너리를 들르면 된다. 발티체에서 오스트리아 빈까지는 차로 한 시간이면 갈 수 있으니 오스트리아로 넘어 갈 계획이 있는 렌터카 여행자에게도 꼭 추천하고 싶은 일정이다.

DAY 1

프라하 – 즈노이모

- 프라하에서 렌트카 픽업

  자동차 2시간 50분

- 포디이 국립공원 쇼베스 둘러보기

  자동차 20분

- 즈노이모 마사리코바 광장

  도보 1분

- 지하도시 탐험

  도보 5분

- 절벽 끝 미쿨라셰 성당 감상

  도보3분

- 즈노이모 성과 성벽에서 전망 보기

  도보 1분

- Enoteka Znojemskych Vin에서 와인 즐기기

DAY 2

즈노이모 – 미쿨로프 – 발티체

- 즈노이모 숙소 체크아웃

  자동차 1시간

- 미쿨로프 성 둘러보기

  도보 3분

- 미쿨로프 광장에서 점심 식사

  도보 1분

- 디트리히슈타인 가문 묘 탐방

  도보 7분

- 염소성 오르기

  도보 12분

- 성스러운 언덕의 성 세바스티아나 예배당에서 전망 감상

  자동차 16분

- 발티체 성 투어

  도보 1분

- 발티체 성 국립 와인살롱에서 100대 와인 무제한 시음

DAY 3

발티체 – 레드니체 – 브르노

○ 발티체에서 출발

　자동차 8분

○ 레드니체 궁 둘러보기

　도보 3분

○ 레드니체 궁 정원 산책

　도보 20분

○ 미나렛 오르기

　자동차 45분

○ 브르노 슈필베르크 성 탐방

　도보 20분

○ 자유 광장의 천문시계 구슬 찾기

　도보 3분

○ '존재하지 않는 바'에서 칵테일 맛보기

DAY 4

브르노 – 올로모우츠

○ 양배추 광장 시장에서 제철 과일 맛보기

　도보 1분

○ 구시청사에서 독특한 볼거리 찾기

　도보 5분

○ 성 베드로와 성 바오로 대성당 눈에 담기

　도보 2분

○ 데니스 가든 산책

　자동차 10분

○ 투겐트하트 빌라 투어

　자동차 1시간 10분

○ 올로모우츠 도착

○ 도르니 광장의 분수 만나기

　도보 3분

○ 호르니 광장 천문시계 감상

　도보 1분

○ 성삼위일체 석상

　도보 1분

○ 호르니 광장 분수 찾아보기

DAY 5

올로모우츠 – 프라하

◯ 성 모리스 성당 종탑 오르기

　　도보 6분

◯ 사르칸데르 분수 만나보기

　　도보 4분

◯ 공화국 광장 트리톤 분수 찾아보기

　　도보 5분

◯ 성 바츨라프 대성당 둘러보기

　　자동차 15분

◯ 성스런 언덕 위 성모 마리아 성당 둘러보기

　　자동차 3시간

◯ 프라하로 복귀

알아두면 좋은 체코 공휴일

일정을 짤 때는 여러 가지 요소를 고려한다. 기본적으로는 본인 및 동행의 휴가에 맞추고, 꼭 보고 싶었던 축제 기간을 포함하거나 주말 등을 고려해서 일정을 배치하게 된다. 이때 추가로 고려해야 할 것이 바로 공휴일이다. 물론 공휴일이니 주요 광장에서는 퍼레이드가 열리기도 하고, 상점마다 할인 행사도 진행한다. 부활절이나 크리스마스에는 마켓이 열려 볼거리도 많고 흥거운 분위기라 여행 분위기를 한껏 즐길 수 있다. 하지만 이 기간에는 주요 관광지가 문을 닫거나 개방 시간을 변경하는 경우도 있다. 게다가 쉴 땐 확실히 쉬는 유럽인답게, 레스토랑 주인들은 황금연휴를 틈타 문을 닫고 여행을 떠나기도 한다. 특히 크리스마스와 12월 31일에는 프라하 대부분의 가게가 문을 닫아 밥 먹기도 쉽지 않다. 소도시라면 이러한 변수가 더 많을 수 있고 구글 맵에도 언급되지 않은 휴무가 생기기도 하므로 근교 도시를 여행할 계획이 있다면 꼭 들르고 싶은 장소의 공휴일 운영 여부를 미리 확인해 허탕치는 일이 없도록 하자.

체코 공휴일 (2023년 기준)	
1.1	새해
4.7~10	부활절 연휴(매년 변동)
5.1	노동자의 날
5.8	제2차 세계대전 승전 기념일
7.5	찌릴과 메토데이 기념일
7.6	얀 후스 순교 기념일
9.28	성 바츨라프의 날
10.28	체코슬로바키아 공화국 건국 기념일
11.17	자유민주주의 기념일
12.24	크리스마스 이브
12.25	크리스마스
12.26	성 스테판의 날

Hertz Gold Plus Rewards ®

골드회원 전용 카운터를 통한 신속한 차량 픽업
임차 비용 $1 당 1포인트 적립 및 예약 시 포인트 사용
선호차량 선택 및 업그레이드 제공 – 골드 초이스(Gold Choice)
배우자 추가 운전자 등록 비용 면제
회원 전용 특별 프로모션

특별프로모션
바로가기

PART 2

한발 더
다가가는
프라하

여행 적기를 알려주는 프라하 기후 캘린더
Climate

여행하기에 가장 좋은 때는 5월 중순부터 9월 중순이다. 여름이지만 크게 덥지 않고, 맑고 쨍한 날씨가 비교적 많으며, 해가 긴 편인 이 시기가 가장 적합하다. 한여름에도 일교차는 꽤 큰 편이니 가벼운 니트나 가디건, 긴팔 옷을 챙겨가는 것이 좋다.

1월	2월	3월	4월	5월	6월
January	February	March	April	May	June

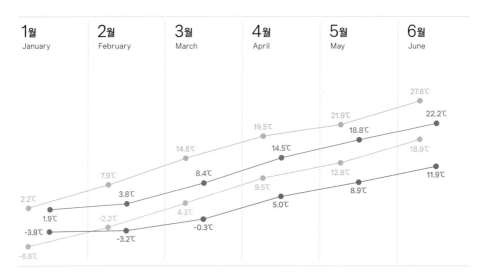

 봄
3~5월

3월은 아직 쌀쌀함이 남아있고, 5월 초에도 최저 기온이 영하로 떨어질 때가 있어 우리나라의 봄을 생각하고 옷을 준비하면 낭패를 볼 수 있다. 일교차가 몹시 큰 편이니 경량패딩과 겹쳐 입을 수 있는 얇은 옷을 다양하게 준비해야 한다.

 여름
6~8월

꽃과 나무가 풍성해 공원에 사람들이 많고 해가 길어 야외 활동을 하기에 적합하다. 7월 말과 8월 중순까지는 다소 뜨거운 날씨가 이어지는데 한낮 최고 기온이 섭씨 30도에 이르기도 한다. 그러나 우리나라처럼 습한 기후가 아니기 때문에 그늘로 들어가면 더위가 가시는 편이다. 가끔 날씨가 맑다가도 갑작스럽게 천둥번개가 치며 비가 올 수 있으니 가벼운 우산을 챙기는 것도 좋다.

체코는 독일, 폴란드, 오스트리아, 슬로바키아에 둘러싸인 중부 유럽의 내륙 국가다.
여름이 덥고 겨울이 추운 대륙성 기후의 특징을 가지고 있으나 위치상
해양성 기후의 영향도 어느 정도 작용한다. 겨울에 보통 흐리고 눈, 비가 잦았지만,
최근 들어 여름에도 예전과는 다르게 계속해서 비가 내리는 변수가 있었으니
기온에 맞추어 다양한 날씨에 대비할 수 있도록 짐을 꾸려야 한다.

● 프라하 최고 기온 평균   ● 프라하 최저 기온 평균   ● 서울 최고 기온 평균   ● 서울 최저 기온 평균

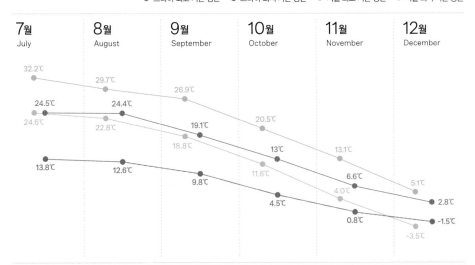

| 7월 July | 8월 August | 9월 September | 10월 October | 11월 November | 12월 December |

가을
9~11월

프라하가 점차 어두워지는 시기다. 9월부터 10월까지는 선선하고 단풍으로 도시가 아름답게 물들지만, 11월이 가까워올수록 구름도 많고 비도 꽤 오는 편이다. 11월 하반기에 보통 첫눈이 많이 오니 가을이라고 해도 따뜻한 옷을 챙기는 것이 필수다.

겨울
12~2월

프라하의 겨울은 어둡고 춥다. 오후 4시면 해가 지고, 낮에도 대부분 흐리기 때문에 환한 거리를 보는 것이 힘들다. 눈과 비가 자주 오기에 야외 관광명소가 많은 프라하를 온전히 즐기기 쉽지 않지만 12월에는 크리스마스 마켓이 독특한 볼거리를 주고, 또 눈 덮인 빨간 지붕과 한겨울의 정취를 느끼고자 한다면 칼바람을 감수할 만한 가치가 있다. 다만 이 시기는 비수기라 영업 시간이 단축되거나 쉬는 곳이 많으므로 운영 여부를 미리 체크하는 편이 좋다.

프라하 역사 한눈에 알아보기
History

1346년

카를 4세의 통치 아래 신성로마제국의 수도가 되어
지금의 프라하라는 도시의 형태를 갖추게 되지만,
이후 체코는 종교 문제와 독일, 러시아, 오스트리아
등의 잦은 침략으로 험난한 역사를 겪게 된다.
1415년 보헤미아 왕국의 얀 후스 신부는
종교 개혁과 민족주의적 활동으로 화형되었는데,
이를 계기로 결집한 후스파 중 급진 세력이
프라하 시의원을 창밖으로 내던져 죽인 첫 번째
프라하 창밖 투척사건이 1419년 발생했고,
이는 후스 전쟁으로 이어졌다.

기원전 4000년경

모라비아 지역에 켈트족이 거주했으나,
현 체코인의 주를 이루는 슬라브족이
본격적으로 들어온 것은 약 5~6세기라고 한다.
초기에는 부족 국가의 형태를 이루다가,
프랑크 왕국의 샤를 대제로부터
공작의 작위를 수여하고 모라비아 공국으로
점차 성장하다가 몰락과 재건을 거쳐
보헤미아 공국이 모든 것을 흡수하고
중유럽의 주요 국가로 등장한다.

870년

프라하 성이 건립된 이 시기를
도시로서의 프라하가 시작된 때로 본다.
프라하에 기반을 둔 보헤미아 공국은
현재까지 추앙받는 성 바츨라프 공작의
통치로 빠른 성장세를 이어 나갔고,
11세기부터 구시가지 광장에서 교역이
시작되며 시장이 조성된 이래로
약 100년 동안 중부 유럽 최대 도시 중
하나로 성장하게 되었다. 그 업적을
높이 산 신성로마제국의 황제는 보헤미아
공국을 왕국으로 격상하게 된다.

1618년

보헤미아 왕국으로 가톨릭을 강요하려
보내진 오스트리아 합스부르크의 가톨릭
사절 3명이 창 밖으로 또다시 내던져지는
2차 창밖 투척사건이 발생하면서 30년 전쟁이
발발하는 계기가 된다. 이로서 왕가의
혈통이 끊어지고 오스트리아의 속국이 된
보헤미아 왕국은 수차례 유럽 각국에
점령되고 함락되기를 반복하다가 1914년
제 1차 세계대전에 휘말리게 된다.

프라하는 많은 사연을 간직한 도시다. 보헤미아(체히) 지방의 중심부에 위치하고 있으며 낮은 산지로 둘러싸인 분지로, 블타바 강이 도시의 중심을 가로질러 흐르고 있다. 지리적으로 윤택한 곳이다 보니 역사적인 대제국의 수도로 낙점되기도 했다. 현재 체코인의 절반 가량은 무교지만, 프라하 역사는 종교적인 문제와도 맞물려 영향을 주고받았다.

1918년

제 1차 세계대전이 끝날 무렵 독일과 오스트리아가 패하며 오스트리아의 지배하에 있던 국가들이 차례로 독립했고, 당시 세계적으로 부흥하던 민족주의는 서슬라브인을 결집시켜 체코슬로바키아라는 국가로 독립하는 원동력이 되었다. 그와 동시에 프라하는 독립된 체코슬로바키아의 수도가 된다.

1993년

자유를 찾은 체코슬로바키아지만, 1918년 통합된 체코와 슬로바키아가 긴 세월 동안에도 실제적인 간극을 좁히지 못해 1993년 1월 체코와 슬로바키아로 분리하기로 결정되었고, 지금의 체코공화국이 세워지며 프라하는 그 수도가 되었다.

1989년

벨벳혁명을 통해 한 명의 희생자도 없이 대통령을 선출하며 진정한 민주국가로 변모한다.

1939년

제 2차 세계대전이 일어나기 몇 달 전인 1939년에 나치 독일에 점령당하고, 체코 역시 제 2차대전 기간 동안 타 유럽 국가처럼 막대한 피해를 입어야 했다. 1945년에는 드레스덴을 폭격하려던 미국 공군의 잘못된 폭격으로 수백 명의 민간인이 무차별하게 죽는 고난을 겪어내기도 했으나, 독일의 패망으로 해방을 맞이하고, 같은 해 프라하에서 봉기가 일어나며 도시 해방을 이루어 냈다.

1948년

체코슬로바키아가 사실상 소련의 영향권에 들며 공산화되었다. 비공산주의 시민들에 대한 통제와 숙청, 악화되는 경제로 인해 1968년 '프라하의 봄'이라고 부르는 민주자유화 운동이 있었으나 실패로 끝나게 된다. 결국 20년이 지난 후 소련 붕괴 이후 시작된 고르바초프의 개혁 개방 운동이 프라하에도 스며들게 된다. 그리고 이에 대한 과격한 정부의 진압에도 평화적인 시위로 정권교체를 이루어낸다.

알아두면 유용한 핵심 체코어
Language

체코인에게 영어로 말을 걸면 그다지 우호적이지 않은 경우가 많다. 영어가 상용화된 국가가
아니기도 하지만 체코인들은 나름대로 모국어에 대한 자부심이 크기 때문이다.
이는 역사적으로 주변국의 숱한 침입을 받으면서도 강력한 민족주의 정신으로 지켜낸 언어에 대한 자부심이다.
간단한 인사나 질문을 체코어로 알아 두면 밝은 미소와 함께 살뜰히 도와주니 참고하자.

숫자

0 nula ◀) 눌라

1 jedna ◀) 예드나

2 dvě ◀) 드비에

3 tři ◀) 뜨르히

4 čtyři ◀) 치트르히

5 pět ◀) 삐예트

6 šest ◀) 시예스트

7 sedm ◀) 세듬

8 osm ◀) 오슴

9 devět ◀) 데비에트

10 deset ◀) 데세트

11 jedenáct ◀) 예데나츠트

12 dvanáct ◀) 드바나츠트

13 třináct ◀) 츠리나츠트

14 čtrnáct ◀) 치트나츠트

15 patnáct ◀) 파트나츠트

16 sěstnáct ◀) 셰스트나츠트

17 sedmnáct ◀) 세듬나츠트

18 osmnáct ◀) 오슴나츠트

19 devatenáct ◀) 데바테나츠트

20 dvacet ◀) 드바체트

30 třicet ◀) 츠리체트

40 čtyřicet ◀) 치트츠리체트

50 padesát ◀) 파데사트

60 šedesát ◀) 셰데사트

70 sedmdesát ◀) 세듬데사트

80 osmdesát ◀) 오슴데사트

90 devadesát ◀) 데바데사트

100 sto ◀) 스토

색깔

빨강 červená ◀) 체르베나

주황 oranžová ◀) 오랑조바

노랑 žlutá ◀) 쥴따

초록 zelená ◀) 젤레나

파랑 modrá ◀) 모드라

보라 fialová ◀) 피알로바

검정 černá ◀) 체르나

흰색 bílá ◀) 빌라

회색 šedá ◀) 셰다

분홍색 růžová ◀) 루조바

베이지색 béžová ◀) 베조바

갈색 hněd' ◀) 흐녜드

기본표현

네, 아니오라는 표현이 우리와 정반대라 헷갈린다.
대답 시 주의하자.

네 Ano ◀)) 아노

아니오 Ne ◀)) 네

좋아요 Dobrý ◀)) 도브리

저는 체코어를 못합니다
Nemluvim cesky ◀)) 네믈루빔 체스키

영어 할 줄 아세요?
Mluvite anglicky? ◀)) 믈루비테 앙글리츠키

건배! Na zdravi ◀)) 나 즈드라비

주문하기

보통 Please에 해당하는 Prosim(쁘로씸)을 문장 뒤에 붙이면
간단하게 요청 사항을 전달할 수 있다. 아래에서 필요한 표현을
빈칸 자리에 넣으면 요청하는 문장이 된다.

○○를 주세요: ○○, prosim.

이것 tohle ◀)) 토흘레

메뉴판 menu ◀)) 메누

계산서 účet ◀)) 우체트

맥주 pivo ◀)) 피보

물 voda ◀)) 보다

와인 víno ◀)) 비노

거스름돈 drobné ◀)) 드호브네

얼마입니까? kolik to stoji ◀)) 코릭 토 스토이

인사하기

안녕하세요 Dobrý den ◀)) 도브리 덴

아침인사 Dobré ráno ◀)) 도브레 라노

점심인사 Dobré poledne ◀)) 도브레 뽈레드네

저녁인사 Dobrý vecer ◀)) 도브리 베췌르

헤어질 때
Na shledanou / Čau ◀)) 나 스흘레다노우 / 차우

고맙습니다 Děkuji ◀)) 데꾸이

최고, 브라보 Výborně ◀)) 비보르녜

실례합니다 Pardon ◀)) 빠르돈

미안합니다 Promiňte ◀)) 쁘로민떼

누군가를 부를 때, 저기요
Prosím vas ◀)) 쁘로씸 바스

위치 묻기

페이지를 찍어 두었다가, 급한 상황에는 직접 펼쳐 보여주는 것
이 의사소통에 더 효율적일 수 있다. 구글 번역기나 네이버 번역
기를 활용하면 충분히 소통이 가능하니 너무 부담 갖지 말자.

왼쪽 vlevo ◀)) 블레보

오른쪽 vpravo ◀)) 브프라보

화장실 toaleta ◀)) 또알레따

공항 letiště ◀)) 레띠쉬떼

트램 tramvaj ◀)) 뜨람바히

경찰서 policie ◀)) 폴리시에

약국 lékárna ◀)) 레이까르나

병원 nemocnice ◀)) 네모스니체

광장 náměstí ◀)) 나메스띠

정원 zahrada ◀)) 자흐라다

성, 성채, 요새 hrad ◀)) 흐라드

(흐라드보다 작은)성, 요새 hrádek ◀)) 흐라데크

카페 kavárna ◀)) 카바르나

○○가 어디에 있나요? Kde je ○○ ◀)) 끄데예 ○○

＊ 장소를 묻는 말에도 쓰이지만, 마트에서 물건 위치가 궁금할 때도
쓸 수 있다.

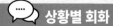

공항

저는 한국에서 왔습니다.
Jsem z Korea. ◀) 이셈 스 코레아

택시는 어디서 타나요?
Kde chytnu taxík? ◀) 끄데 히트누 탁시크?

제 짐이 없어졌어요.
Ztratil jsem zavazadla
◀) 스트라틸 이셈 자바자들라

국제선은 어디서 타나요?
Kde nastoupím na svůj mezinárodní let?
◀) 끄데 나스토우핌 나 스부이 메지나로드니 레트?

택시

이 주소로 가 주세요.
Zaveď mě na tuto adresu.
◀) 자베티 메 나 뚜또 아드레수

조금만 더 가 주세요.
Jděte prosím trochu dále.
◀) 이데테 쁘로심 트로후 달레

여기서 세워주세요.
Zastavte se zde prosím.
◀) 자스타프테 세 즈데 쁘로심

트렁크를 열어주세요.
Otevřete kufr prosím.
◀) 오테브르제테 쿠프르 쁘로심

호텔

방을 바꿔 주세요.
Změňte prosím pokoj. ◀) 즈멘테 쁘로심 포코이

온수가 안 나와요.
Neteče mi teplá voda. ◀) 네테체 미 테플라 보다

조식은 몇 시에 먹나요?
V kolik můžu snídat?
◀) 프 콜리크 무주 스니다트?

근처의 좋은 식당을 추천해줄 수 있나요?
Můžete mi doporučit nějakou dobrou
restauraci poblíž?
◀) 무제테 미 도포루치트 네야코우 도브로우 레스타우라치
포블리시?

관광지

티켓은 어디서 사나요?
Kde mohu získat lístek?
◀) 끄데 모후 지스카트 리스테크?

짐을 맡길 곳이 있나요?
Je tam kde nechat svá zavazadla?
◀) 예 탐 끄데 네하트 스바 자바자들라?

여기서 얼마나 걸려요?
Jak dlouho to tady trvá?
◀) 야크 들로우호 토 타디 트르바?

사진을 찍어도 되나요?
Můžu si to tady vyfotit?
◀) 무주 시 토 타디 비포티트?

식당

추천 메뉴가 있나요?
Co byste mi doporučili?
◀) 초 비스테 미 도포루칠리?

맥주 한잔 더 주세요.
Ještě jedno pivo, prosím.
◀) 예슈테 예드노 피보, 쁘로씸

테라스에 앉겠습니다.

Sedneme si na zahradu.

◀) 세드네메 시 나 자흐라두

음식이 아직 안 나왔어요.

Ještě jsem nedostal jídlo.

◀) 예슈테 이셈 네도스탈 이들로

남은 건 포장해 주세요.

Zabalte prosím zbytky.

◀) 자발테 프로심 즈비트키

계산이 잘못된 것 같아요.

Myslím, že výpočty jsou špatné.

◀) 미슬림, 제 비포치티 이소우 슈파트네

가게

더 큰/작은 사이즈가 있나요?

Máte větší/menší velikost?

◀) 마테 베트시/멘시 벨리코스트?

입어봐도 되나요?

Mohu si to vyzkoušet na?

◀) 모후 시 토 비스코우셰트 나?

새것으로 주세요.

Dej mi nový prosím. ◀) 데이 미 노비 쁘로심

카드로 결제할게요.

Kartou prosím. ◀) 카르토우 쁘로씸

현금으로 결제할게요.

Hotově prosím. ◀) 호또베 쁘로씸

비닐봉지 하나만 주세요.

Jeden plastový sáček, prosím.

◀) 예덴 플라스토비 사체크, 쁘로심

약국/병원

약국이 어디에 있나요?

Kde je lékárna? ◀) 끄데 에 레이까르나?

열이 많이 납니다.

Mám velkou horečku. ◀) 맘 벨코우 호레치쿠

배가 아파요.

Mám bolesti žaludku. ◀) 맘 볼레스티 잘루트쿠

다리가 부러진 것 같아요.

Myslím, že mám zlomenou nohu.

◀) 미슬림, 제 맘 즐로메노우 노후

응급실에 가야해요.

Musím na pohotovost. ◀) 무심 나 포호토보스트

저는 알레르기가 있어요.

Mám alergii. ◀) 맘 알레르기

구글 번역기 활용하기

구글 번역기를 잘만 활용하면 영어가 통하지 않는 경우에도 무리없이 여행을 할 수 있다.

'Google 번역' 어플리케이션을 설치해 텍스트를 입력하거나 음성으로도 검색할 수 있고, 휴대전화에 내장된 카메라를 이용해 이미지로 검색을 할 수도 있어서 설명서나 메뉴를 확인할 때 아주 편리하다.

오프라인 번역 파일을 받아 두면 인터넷을 사용할 수 없는 상황에서도 검색이 가능하다. 번역기의 성능을 100% 신뢰할 수는 없지만 주어와 동사가 확실한 완성형 문장으로 검색하면 정확도가 조금 더 높아진다.

문화와 예술로 정체성을 지킨 체코의 인물들
People

보헤미아부터 신성로마제국, 체코슬로바키아, 그리고 체코 공화국에 이르기까지 프라하는 오랫동안 수도의 자리를 지키며 유럽 역사의 한복판에서 거친 풍파를 온몸으로 겪어낸 도시다. 진리와 자유를 위해 싸우고 문화와 예술로 정체성을 지키고자 애썼던 인물들의 생애를 들여다보면 프라하를 이해하는 데 큰 도움이 될 것이다.

바츨라프 1세
907~935

프라하를 여행하면 꼭 들르게 될 바츨라프 광장. 그 광장을 내려다보고 있는 기마상의 주인공 성 바츨라프는 보헤미아의 국왕으로 즉위한 후 국경을 위협하던 주변국과의 수많은 전투를 승리로 이끌고 보헤미아의 영토를 확장한 영웅이다. 프라하 성의 위대한 건축물인 성 비투스 대성당을 건립하기도 한 그는 체코의 수호 성인으로 추대받게 되었고, 매년 9월 28일은 성 바츨라프의 날로 지정되어 성 비투스 성당에서 호국미사가 봉헌된다.

카를 4세
1316~1378

가장 위대한 왕으로 꼽히는 카를 4세는 보헤미아의 왕이자 신성로마제국의 황제로서 보헤미아의 정치와 경제, 문화를 풍요롭게 가꾼 성군이다. 프라하를 신성로마제국의 수도로 삼고 중부 유럽 최초로 대학교를 설립해 프라하를 당대 지식과 문화의 중심지로 키워냈다. 세계에서 가장 아름다운 다리 중 하나로 꼽히는 카를교 건설 등 수많은 업적을 남겨 지금까지도 '체코의 아버지'로 불리며 큰 사랑을 받고 있다.

얀 네포무츠키
1345~1393

카를교 동상 중에 가장 유명한 얀 네포무츠키 신부는 바츨라프 4세에게
왕비의 고해성사 내용을 알리지 않았다는 이유로 고문을 받아 결국 블타
바 강에 던져졌다는 전설로 유명하다. 그의 시신이 별 다섯개와 함께 하나
도 훼손되지 않은 채 강으로 떠올랐다는 이야기가 전해져 내려와 다리의
성인이라고도 한다. 체코 어디에선가 머리 위에 별 다섯개가 그려진 동상을
마주친다면 얀 네포무츠키 신부라고 생각하면 된다.

얀 후스
1372~1415

구시가 광장 한복판에 있는 동상의 주인공 얀 후스는 루
터보다 100년 앞선 종교 개혁가다. 라틴어로 적힌 성서
를 체코어로 번역해 성직자의 만행과 교회의 부패를 강
력하게 비판했고 그를 따르는 추종자가 늘며 가톨릭의
권위가 추락하자 콘스탄트공의회에서 후스를 이단으로
단정지어 화형에 처했다. 이 사건은 후스 전쟁의 시발점
이 되었고, 어떠한 회유에도 굴복하지 않
고 신념을 지켰던 그는 지금도 체코의
정신적 지주로 추앙받고 있다.

베드르지흐
스메타나
1824~1884

'체코 국민 음악의 아버지'라고 일컬어지는 작
곡가이자 민족운동가다. 애국 정신을 고취하
는 오페라와 음악을 작곡하며 민족정신을 드
높였다. 프라하의 아름다움과 조국에 대한 사
랑을 표현한 교향시 '나의 조국'은 해마다 그의
기일인 5월 12일에 막을 올리는 세계적인 음악
축제 '프라하의 봄'의 첫 곡으로 연주된다.

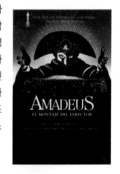

볼프강 아마데우스 모차르트
1756~1791

체코 출신은 아니지만 고향인 오스트리아에서보다 프라하에서 훨씬 큰 사랑을 받았던 작곡가다. 오페라 '피가로의 결혼'에 열광한 프라하 시민을 위해 답례로 선보인 즉흥연주는 '프라하'라는 부제를 갖게 되었고, 인기 절정인 그에게 프라하가 새로운 작품을 의뢰하면서 그 야심작으로 탄생한 것이 바로 모차르트의 4대 오페라 중 하나로 손꼽히는 '돈 조반니'다.

영화 〈아마데우스〉
밀로스 포먼, 1985

프라하가 사랑한 음악가 모차르트의 생애를 담은 영화로, 두 차례 아카데미 감독상을 수상한 밀로스 포먼의 작품이다. 영화 속 배경은 오스트리아 빈이지만 당대를 제대로 표현하려면 중세 분위기가 더 많이 남아 있는 프라하가 적합하다는 감독의 판단으로 대부분의 촬영을 프라하에서 진행했다. 영화 속 모차르트의 공연이 펼쳐진 곳은 실제 1787년 모차르트가 프라하 시의 의뢰를 받고 '돈 조반니'를 처음으로 상연했던 스타보프스케 극장이다.

안토닌 드보르작
1841~1904

스메타나의 영향을 받은 체코의 대표적인 작곡가다. 체코 필하모닉 오케스트라의 초대 지휘자였으며 체코 출신으로는 처음으로 세계적인 명성을 얻은 음악가다. 민족적 작품인 '슬라브 춤곡'과 경쾌한 리듬이 돋보이는 '유모레스크'가 대표작이고, 미국으로 건너가 흑인과 인디언 음악을 연구하며 이를 바탕으로 작곡한 '신세계로부터'는 지금도 전세계적으로 큰 사랑을 받고 있다.

프란츠 카프카
1883~1924

프라하에서 나고 자란 대표적 작가다. 운명의 부조리와 존재의 불안, 개인의 고독과 무력감을 깊게 성찰했으며 실존주의 문학의 선구자로 불린다. 그가 집필을 하던 황금소로 22번지는 기념품숍으로 남아있으며, 카프카 박물관 등 프라하 곳곳에서 그의 흔적을 엿볼 수 있다.

알폰스 무하
1860~1939

프랑스 파리에서 이름을 날린 장식 예술가이자 여자와 자연을 그린 체코 대표 화가다. 독특하고 아름다운 화풍으로 그린 연극 포스터를 밤새 사람들이 다 떼어가 다음날 거리에 한 장도 남지 않았다는 일화가 있다. 18년에 걸쳐 슬라브족의 전설과 역사를 담아 조국의 독립을 염원하며 완성한 '슬라브 서사시'를 국가에 기증한 민족 화가이기도 하다. 섬세하고 화려한 그의 화풍은 타로 카드의 그림, 일본 회화와 애니메이션에 큰 영향을 주었다.

바츨라프 하벨
1936~2011

프라하에 도착하면 가장 먼저 우리를 반겨주는 '바츨라프 하벨 국제공항'은 이 인물의 이름에서 비롯되었다. 정치인이자 극작가, 제 1대 체코 공화국 대통령이기도 한 바츨라프 하벨은 1936년에 태어난 체코의 극작가다. 체코슬로바키아가 소련에 의해 공산화되던 시기에 작품과 적극적인 정치 활동으로 자유화 운동을 주도했으며, 체코 공화국의 초대 대통령으로 선출되어 국민들에게 큰 사랑을 받았다.

영화 〈프라하의 봄〉
필립 카우프만, 1988

밀란 쿤데라의 〈참을 수 없는 존재의 가벼움〉을 원작으로 한 영화로 소련의 프라하 공산화 전후를 시대적 배경으로 삼았다. 하지만 당시 정치적으로 불안한 상황 때문에 정작 촬영은 프랑스의 리옹에서 진행했다. 바츨라프 하벨이 활약했던 체코 자유화의 역사를 알고 싶다면 추천한다.

연중 활기찬 프라하의 축제
Festival

중세 유럽의 모습을 그대로 간직한 모습 때문인지, 체코를 정적이고 차분한 곳이라 생각하는 사람도 많다.
하지만 차가운 겨울을 녹이는 크리스마스 마켓에는 로맨틱을 찾아 떠나온 전 세계 관광객으로 붐비고,
뜨거운 여름 밤을 장식하는 재즈 페스티벌과 포도 수확철에 열리는 와인 축제까지, 체코 곳곳은 언제나 축제로 활기차다.

1월 January

프라하 불꽃 축제
New year's Firework

살을 에는 듯한 엄청난 추위지만, 새로운 해가 시작되는 1월 1일을 그냥 보내기 아쉬운 건 체코 사람들도 마찬가지인 듯하다. 새해 첫날 오후 6시부터 약 10분 가량 진행되는 불꽃놀이가 제일 잘 보이는 블타바 강가에는 해가 저물수록 온몸을 꽁꽁 싸맨 엄청난 인파가 몰려든다. 강바람이 어마어마하지만 프라하의 아름다운 야경을 바탕으로 수놓아지는 불꽃은 충분히 추위를 감수할 만한 가치가 있다.

3월 March

부활절
Easter

매년 3월 말에서 4월이면 각 도시의 광장을 중심으로 부활절 마켓이 열린다. 프라하에서는 공화국 광장과 프라하 성, 바츨라프 광장 등에서 부활절 마켓을 만날 수 있다. 긴 겨울 끝에 열리는 큰 규모의 행사이기 때문에 음악이나 공연 등 볼거리도 많고 어린이를 위한 달걀 색칠하기나 인형 만들기 같은 활동도 벌어진다. 기념품과 먹거리를 판매하는 노점도 구경하는 재미가 있다.

4월 April

마녀의 밤 축제
Čarodějnice

매년 4월 마지막 날인 30일 밤이면 체코 이곳 저곳에는 모닥불이 타오른다. 봄의 시작을 알리기 위해 마녀들이 환락의 축제를 벌인다는 전설에서 기원했다는 설과, 인간을 괴롭히는 마녀를 잡아 화형시키는 의식에서 비롯되었다는 설이 있다. 모닥불에 짚으로 만든 마녀 인형을 태워 겨울을 쫓아내고 그 불에 소시지를 구워먹는 마을 행사가 현재까지 이어지고 있다.

🏠 carodejnice.praha6.cz

5월 May

성 얀 네포무츠키 기념일
Navalis Saint John's Celebrations

바로크 시대부터 이어진 약 300년의 역사를 자랑하는 종교적 축제다. 성 얀 네포무츠키는 바츨라프 4세에 의해 카를교에서 블타바 강변으로 던져진 순교자로, 그의 축일 하루 전날인 5월 15일에 열린다. 축제 공식 명칭은 'Festum Sancti Iohannis Nepomucenis, Navalis'인데 축제 이름인 '나발리스'는 선박이라는 뜻을 갖고 있어 이 시기에는 블타바 강변에 다양한 선박과 곤돌라가 늘어선다. 카를교 옆에서 열리는 수상 콘서트와 불꽃놀이가 축제의 하이라이트다.

🏠 www.navalis.cz/en

프라하의 봄 국제 음악제
Prague Spring International Music Festival

1946년 시작된 이 행사는 체코 음악의 거장인 스메타나의 기일에 맞추어 매년 5월 12일에 시작해 6월 4일까지 열리는 체코의 대표적인 음악 축제다. 체코의 가장 큰 국제행사 중 하나로 정치적으로 혼란스러웠던 시기를 겪으면서도 70년이 넘는 동안 중단된 적이 없었으나, 2020년 75회 프라하의 봄은 COVID-19로 인해 최초로 온라인 콘서트로 대체되었다. 스메타나의 대표 작품인 '나의 조국' 연주로 축제가 시작되어 3주 동안 약 45회의 크고 작은 음악 공연이 이어지며 베토벤 교향곡 9번 '합창'을 끝으로 막을 내린다. 매해 세계 정상급 음악가들이 초청되는, 수준급의 공연을 감상할 수 있는 절호의 기회다.

🏠 festival.cz/en

체스키 크룸로프 다섯 개의 장미 꽃잎 축제
Slavnosti Pětilisté Růže

체코 소도시 축제 중 하나로 1968년부터 시작되었다. 체스키 크룸로프를 통치했던 로젠베르크 가문의 장미 문장을 따 지어진 명칭이다. 300코루나 정도의 입장료를 내고 들어가면 중세 시대 복장으로 차려 입은 마을 사람들을 곳곳에서 마주칠 수 있어 마치 타임머신을 타고 중세 시대에 떨어진 기분이 든다. 6월 셋째 주 주말에 체스키 크룸로프를 찾을 계획이 있다면 들러볼 만하다.

🏠 www.slavnostipetilisteruze.cz/en

보헤미아 재즈 페스트
Bohemia Jazz Fest

체코의 대표적인 음악 축제 중 하나다. 프라하 구시가지 광장, 플젠 공화국 광장, 브르노와 올로모우츠 등 체코 내 6개 도시에서 각기 다른 날짜에 재즈 페스티벌이 열린다. 2005년에 시작된 이래로 전세계 최정상 재즈 뮤지션과 그들의 음악을 무료로 감상하기 위해 유럽 각지에서 재즈 팬이 몰려 든다. 맥주 한 잔 손에 들고 광장에서 귀 호강할 기회를 놓치지 말자.

🏠 www.bohemiajazzfest.cz/en

카를로비 바리 국제 영화제
KVIFF

프라하에서 2시간 가량 떨어진 카를로비 바리는 온천에서 휴양을 즐기기 위해 찾는 조용한 도시지만 영화제가 열리는 이 시기만큼은 세계에서 모여든 영화인들로 북적인다. 매년 약 200편 가량의 영화가 상영되며 행사 기간 동안에는 숙박비가 엄청나게 치솟고 빈 방을 찾기도 쉽지 않으니 숙박을 할 예정이 있다면 예약을 서두르는 것이 좋다. 한국 영화는 2000년 이창동 감독의 〈박하사탕〉이 심사위원특별상을 수상한 이후, 매년 꾸준히 관심을 받고 있다.

🏠 www.kviff.com/en/homepage

프라하 서커스 축제
Letní Letná

2004년부터 시작된 행사로, 2023년이면 20주년을 맞는 서커스 축제다. 매년 레트나 공원에서 다양한 컨템퍼러리 서커스를 즐길 수 있는데 첫해에는 6천 명 남짓했던 관객들이 이제는 5만 명으로 불어날만큼 볼거리가 풍족한 행사다. 곡예나 기예를 넘어선 예술 장르로 인정받는 현대 서커스를 위해 각국의 공연단이 이곳에 모여 화려한 공연을 선보인다. 공연마다 입장료가 제각각인데 꼭 유료 공연을 보지 않더라도 온종일 공원 곳곳에서 크고 작은 무료 공연을 감상할 수 있다.

🏠 letniletna.cz/en

미쿨로프 팔라바 와인 축제, 즈노이모 와인 축제

체코 최대 와인 산지인 남부 모라비아는 9월이 되면 축제 준비로 바쁘다. 모라비아에서 생산한 화이트, 로제, 레드와인 등 500가지가 넘는 와인 종류를 마음껏 맛볼 수도 있고, 특히 와인 수확철에만 잠깐 맛볼 수 있는 '부르착'을 만날 수 있는 절호의 찬스다. 부르착은 그 해에 수확한 햇포도로 만드는, 와인이 되기 직전의 포도 발효 술인데 막걸리 같은 탁한 색을 띠며 새콤 달콤한 포도 주스같은 맛이 난다.

팔라바 와인 축제
🏠 www.palavske-vinobrani.cz

즈노이모 와인 축제
🏠 www.znojemskevinobrani.cz/en/hp-en

크리스마스 마켓

프라하를 비롯해 체코 도시 곳곳의 광장은 찬바람이 불기 시작하면 대형 크리스마스 트리와 조명, 장식품으로 예쁘게 옷을 입는다. 이를 배경으로 틈틈이 들어서는 크리스마스 마켓 노점에서는 성탄절 분위기가 물씬 나는 온갖 수공예 장식품과 인형, 몸을 따뜻하게 녹이는 음료와 간식으로 눈길과 발길을 끈다.

플젠 필스너 페스트
Pilsner Fest

라거의 고향이자 맥주의 고장인 플젠에서 열리는 이 축제는 1842년 10월 세계 최초의 골든 라거인 필스너 우르켈이 처음 만들어진 날을 기념하고자 매년 10월 첫째 주 토요일에 열린다. 축제날이 되면 필스너 우르켈 맥주 공장을 무료로 개방해 맥주 마시기 대회 등의 재미있는 행사를 진행하며, 거리마다 맥주잔을 손에 든 사람들로 북새통을 이룬다.

🏠 www.pilsner-urquell.cz/pilsner-fest

프라하 빛의 축제
Prague Signal Festival

2013년에 시작되어 매년 10월의 4일간 열리는 이 축제는 세계 각지의 유명 조명 디자이너를 초빙하여 프라하에 새로운 숨결을 불어넣는다. 중세의 아름다움이 가득한 거리와 공공장소, 전통 건축물에 현대예술과 과학기술을 적용한 실험적인 조명과 비디오 영상을 비추어 전혀 다른 프라하의 신비로운 모습을 감상할 수 있게 한다.

🏠 www.signalfestival.com/en

세계적인 명성을 자랑하는 체코 맥주
Beer

체코는 1인당 맥주 소비량이 세계 최고인 나라다. 체코가 정확히 어디에 있는지 잘 모르는 사람도 라거 한잔쯤
안 먹어 본 이가 없고, 잔 입구에 흑설탕과 시나몬을 묻힌 코젤 다크 생맥주는 한때 우리나라에서도 선풍적인 인기를 끌었다.
맥주로 둘째가라면 서러울 나라인 독일 맥주와 비교하면 체코 맥주는 강하고 쌉쌀한 맛이 나는 편이다.
체코 레스토랑이나 펍 어디서든 신선하고 맛있는 맥주를 마실 수 있고, 우리나라에 지역마다 막걸리 양조장이 수없이 많듯
체코도 지역마다 우리가 들어본 적 없는 소규모 양조장에서 직접 만든 맥주가 저마다 특색을 뽐낸다.

대표적인 체코 맥주

① **필스너 우르켈** Pilsner Urquell 체코 맥주의 대표주자
이자 라거의 시초다. 쌉쌀하고 강한 탄산이 특징으로,
필스너 생맥주 전문점에서는 거품량에 따라 이름이 각기
다른 맥주를 제공한다. 거품이 90%를 차지하는 Mliko를 맛보면
거품조차 맛있는 우르켈에 반할 것이다.

② **코젤** Kozel 우리나라에서는 라거, 다크로 접해보았을 코젤 맥주는 현지
에서는 훨씬 종류가 많다. 코젤을 전문으로 하는 맥주집에 방문한다면 흑
맥주와 라거를 반씩 섞어 주는 Řezaný를 시도해보자.

③ **감브리너스** Gambrinus 체코 내 1위를 자랑하는 맥주다. 필스너 우르켈보다
쓴 맛이 덜해 순한 맛을 좋아하는 사람들이 즐겨 찾는다.

④ **스타로프라멘** Staropramen 필스너 우르켈, 부드바르와 함께 체코 3대 맥주로 꼽
힌다. 안델역 근처 스미호프에 양조장이 있어서 프라하 레스토랑이나 펍에서 쉽게
찾을 수 있다. 에일 느낌이 나는 진한 맛의 언필터 맥주와 부드럽게 넘어가는 벨벳
맥주가 유명하다.

⑤ **크루소비체** Krušovice 우리나라에서는 잘 알려지지 않았지만
체코에서는 인기가 꽤 있다. 카를로비 바리의 온천수로 만든 부
드러운 라거다.

⑤ **부데요비츠키 부드바르** Budějovický Budvar 영어로는 '버드와이
저 부드바'라고 한다. 체코에서 이 부드바르 맛에 반한 미국인이 버드와
이저를 만들고, 같은 이름을 쓰는 바람에 오랜 기간 상표권 분쟁을 겪었지
만 맛은 전혀 다르다. 라거는 청량하고 깔끔한 맛이고, 다크는 색만큼이나
맛도 진하고 초콜릿향이 강하다.

①　②　③　④　⑤　⑥

🍺 체코 맥주, 이건 알고 마시자

① 더 맛있고 더 신선한 탱크 맥주!

체코에 수많은 맥주 바(Pivobar) 중에서도 맥주 탱크를 보유한 곳이라면 맥주 맛만큼은 믿고 들어 가도 된다. 체코어로 탱크에서 나온 맥주라는 뜻인 'Pivo z tanku'나 'tankové pivo'가 입구에 적혀있 거나 탱크 맥주를 파는 곳이라는 뜻의 'Tankovna' 사인을 찾아 들어가면 그곳이 바로 맥주 맛집이다.

② 맥주 도수가 10%를 넘는다고?!

맥주병 라벨이나 메뉴판의 맥주 리스트에 적혀 있는 %표시가 알 코올 도수라고 착각한다면 겁먹을 만도 하다. 하지만 이는 '플라토 수치(Plato Scale)'로, 발효 전 맥아즙의 당분 농도를 의미하니 놀 라지 말자. 과일의 당도를 나타내는 브릭스(Brix)를 맥주에서는 플 라토로 표시한다고 생각하면 된다. 플라토 수치를 2.4로 나누면 우리가 생각하는 맥주 도수로 대략 환산이 가능한데, 플라토 수치 로 10%는 알코올 도수 약 4%정도로 보면 된다.

③ 웬 거품이 이렇게 많아?

체코에서 맥주를 따를 때 잔의 반 정도를 거품으로 채우는데, 맥주가 공기와 닿아 맛이 변하는 것을 막아주기 때문이다. 마셔보면, 우리가 잘못 따라서 거품 투성이인 맥주와 비어마스터의 기술로 만들어낸 거품이 천지차이인 것을 알 수 있을 것이다. 필스너 우르켈 전문점에는 거품량에 따라 라거를 세 가지로 나누어 파는데,

HLADINKA는 잔의 약 ⅓을 거품으로 채워 식사 중에 마시기 좋고, ŠNYT는 좀더 쫀쫀한 거품이 잔의 절반 가까이 차 있어 천천히 마시기 좋다. 보일 듯 말듯 바닥에 깔린 맥주를 마시는 MLÍKO는 '우유'라는 뜻인데, 촉촉한 거품이 매끄럽게 목으로 넘어가는 맛에 빠지면 헤어나오기 어렵다.

체코는 맥주가 싸다는데?

저렴한 곳은 500㎖ 생맥주 한 잔에 50Kč 도 안 되는 놀라운 가격인데다 마트에서 파는 병맥주는 심지어 10~20Kč 로 즐길 수 있어서 맥주 애호가에겐 체코의 모든 곳이 사랑스럽게 보일 것이다.

체코의 와인은 풍부한 품종 구성으로 유명한데 화이트 35종, 레드 26종을 국가 품종 도서에서 찾을 수 있으며 모라비아의 리즐링은 국제 와인 대회에서 최고의 화이트 와인으로 선정될 만큼 세계적인 인정을 받고 있다. 체코 밖에서는 모라비아산 와인을 접하기가 쉽지 않으니 체코 와인도 꼭 마셔 보자.

체코는 레드 와인보다 화이트 와인이 전체 와인 생산량의 75%로 훨씬 강세를 보인다. 기후와 지형의 영향도 있지만 거친 역사를 겪으며 숙성 기간이 비교적 짧은 화이트 와인의 완성도가 더 높았기 때문이다.

알고 보면 더 맛있는 체코 와인
Wine

맥주가 워낙 유명한 체코지만, 와인 역시 세계적인 수준이라는 평가를 받고 있다.
다만 생산량이 적어 내수용으로 금세 소진되는 바람에 해외에서의 인지도가 낮을 뿐이다.
체코 와인은 오히려 맥주보다 역사가 더 길다. 약 280년경 로마 군단이
모라비아에 주둔하며 와인을 생산한 것이 시초이며, 13세기 후반부터 본격적으로
와인 농가가 형성되었다. 모라비아 지방에는 집집마다 포도나무를 키우고,
우리가 김치냉장고를 두듯 와인 저장고를 마련할 정도로 와인이 보편화되어 있다.

🍷🍷 눈여겨볼 와인 품종

① **리즐린크 린스키** Ryzlink Rýnský 모라비아 지역 포도밭 면적의 7%를 차지하는 리즐링 품종으로 전세계 최상의 화이트 와인을 만들어 낸다. 연도와 토양에 따라서 다양한 아로마를 자랑하는데 모라비아 리즐링은 세계 와인대회에서 세계 최고의 화이트 와인으로 선정될 만큼 인정받는 품종이다.

② **팔라바** Palava 모라비아 전통 품종으로 모라비아 지역에 있는 팔라바 언덕에서 따 온 이름이다. 풍성한 바디감과 다소 높은 산도가 특징이다. 장미와 바닐라향이 돋보이는 품종이다.

③ **무스카토 모라브스키** Muškát Moravský 팔라바와 함께 전통적인 모라비아의 품종이다. 산도가 낮고 건포도와 과일향이 풍부하다. 해산물이나 디저트에 곁들이기 좋다.

④ **샤도네이** Chardonnay 프랑스 브르고뉴에서 유래한 청포도 품종으로 다양한 토양과 기후 조건에도 잘 적응해서 전세계적으로 재배된다. 사과향과 파인애플향을 내는 섬세한 와인의 기초가 되며, 바디감이 풍부해 다양한 음식들과 좋은 조화를 이룬다. 2022년 와인 살롱에서 최고로 선정된 와인의 품종이기도 하다.

⑤ **뮬러 뜨루가우** Muller-Thurgau 체코 모라비아 와이너리 품종 종 두 번째로 많이 재배되고 있다. 주 재배 지역은 독일로, 산미가 적어 부드럽고 꽃향과 복숭아향이 어우러진 아로마를 풍긴다. 생선 요리나 부드러운 치즈를 곁들이면 좋다.

⑥ **트라민 줄루띠** Tramín Žlutý Žlutý는 노란색이라는 뜻으로, 이름처럼 노란 포도 품종으로 만든 와인은 밝고 여리한 노란빛을 보인다. CHÂTEAU VALTICE 와이너리에서만 찾아볼 수 있는데 장미와 배, 감귤향이 난다. 2021년 발티체 와인 살롱 금메달의 주인공이기도 하다.

⑦ **피노 그리** Pinot Gris 피노 누아와 같은 계열이지만 돌연변이로 생겨난 품종으로 회색빛의 껍질을 가지고 있어 프랑스어로 회색을 뜻하는 그리(Gris)라는 이름이 붙었다. 모라비아의 서늘하고 건조한 기후 조건과 잘 맞는 품종으로 당도와 산미의 밸런스가 좋다.

체코 와인,
이건 알고 마시자!

① 뜯어보면 알 수 있다,
   와인 라벨 보는 법

와이너리 이름

와인 생산지 이름

품종

빈티지(수확연도)

체코 와인 살롱에서
인증한 상위 100개 와인

빈티지는 왜 중요할까?
빈티지는 와인 양조에 사용할 포도를 수확한 해를 의미한다. 충분한 햇빛과 품종에 적합한 기후, 알맞은 강우량이 포도의 아로마와 숙성도를 좌우하는데, 이는 곧 와인의 퀄리티와 직결되기 때문이다.

② **갓 딴 포도로 만든 햇술, 부르착 Burčák**

이르면 8월 말에 와인을 만들 포도 수확이 시작되는데, 그렇다면 부르착을 마실 수 있는 날이 다가왔다는 뜻이다. 와인은 오크통에서 숙성을 거치지만, 그러한 과정 없이 발효한 포도로 만든 술을 부르착이라고 한다. 체코법에 따라 체코에서 재배한 포도로만 만들 수 있으며, 이르면 8월 말부터 10월 초까지 한시적으로 유통된다. 그 해 수확한 포도로 만든 첫술이기에 많은 사람들이 부르착을 맛볼 수 있는 짧은 시즌을 손꼽아 기다린다. 단맛이 많이 나서 술보다는 주스 같지만 알코올 함량이 많게는 8%까지 되므로 쉽게 취할 수 있다.

③ **맛있는 와인을 고르는 가장 쉬운 법, 살롱 인증**

체코 국립와인협회에서는 1년에 한 번 정상급 소믈리에가 모여 체코에서 생산된 모든 와인을 엄격하게 심사하는데, 수천 병의 와인 중에서 선별된 100종의 와인에 체코 와인 살롱의 금메달을 수여한다. 병에 살롱 로고를 붙이고 1년 동안 지하 와인 살롱에서 전시 및 판매되는 특혜를 누린다. 2023년 최고의 와인을 선정하는 심사가 열린 2022년 하반기에는 총 2643가지 와인이 출품되었다고 한다.

꼭 필요한 체코 쇼핑 리스트
Shopping

프라하에서 생필품을 조달하기에는 다양한 상품을 합리적인 가격으로 구매할 수 있는 드럭스토어나
마트만큼 편리한 곳이 없다. 그러나 조금 더 특별한 경험을 하고 싶다면 주말시장에서 활기찬 프라하 시민들과 함께
어우러져 싱싱한 과일과 손수 만든 디저트 등을 즐겨보는 것도 좋겠다. 품목 중에 'AKCE'라고 붙어있는 것은
'세일'이라는 뜻이니 할인 품목을 적절히 구매하면 현명한 소비를 할 수 있다.

🛍 쇼핑을 즐긴다면

구시가지 공화국 광장에 위치한 팔라디움이나 구시가 광장에서 이어지는 파르지슈스카, 바츨라프 광장에서 가까운
나 프르지코페 거리에 가면 다양한 브랜드를 만날 수 있다. 프라하에서 가장 큰 백화점인 '팔라디움'에 명품 브랜드
가 없어서 아쉽다면 파르지슈스카에서 만족할 수 있을 것이다.

🛍 생필품을 구매한다면

① **마트** 글로벌 체인인 테스코(Tesco)는 물론, 체코 브랜드
인 알버트(Albert)와 빌라(Billa)는 체코 어디서나 흔하게
볼 수 있는 마트로, 현지인들이 주로 장을 볼 때 선호하는
곳이다. 정찰제로 운영되고 있으며 대부분의 마트가 저녁
까지 운영되니 물이나 빵, 요거트, 맥주 등의 간식은 이곳에
서 저렴하게 구매할 수 있다.

② **드럭스토어 Drogerie** 독일의 대형 드럭스토어인 DM과
Rossmann은 프라하 곳곳에서도 쉽게 만날 수 있다. 우리
나라의 올리브영처럼 기본 생필품부터 유럽여행 쇼핑리스
트에 언급되곤 하는 스킨케어와 바디용품, 영양제까지 갖
추고 있어 한국에서 미처 챙겨오지 못한 화장품을 구하거
나 귀국 쇼핑을 할 때도 들러볼 만하다. 지점마다 그때그때
할인 품목이 다르니 참고하자.

③ **슈퍼마켓 Potraviny** 길을 걷다 보면 옛날 동네슈퍼같이 생
긴 곳이 있는데, 이곳의 가장 큰 단점은 비싸다는 것이다. 대
부분 정찰제가 아니라 소통이 쉽지 않고, 이 점을 악용해 거
스름돈을 틀리게 주거나 비싼 값을 부르고 봉투값으로 과
한 금액을 요구하는 경우도 있다고 한다. 밤 늦게까지 문이
열려 있어서 정말 급할 때 들르기에는 좋다.

🛍️ 다양한 구경거리를 원한다면

① **하벨시장** 성 하벨 교회 앞에 있어 하벨시장이라고 불리는 역사와 전통이 있는 곳이지만 이제는 관광객을 위한 물건으로 가득하다. 저렴한 마그넷 등 기념품이나 과일, 체코 특산품을 팔고 있다. ▶ 구시가지 참조 **P.114**

② **프라하 마켓 The Prague Market** 홀레쇼비체에 위치한 재래시장이지만 프라하 일정이 짧다면 굳이 찾아갈 곳은 아니다. 상인은 대부분 동남아인이고 물건도 야시장에서 볼법한 것들이라 특별히 프라하의 정취를 느낄 만한 포인트를 찾기는 힘들다. 하지만 농수산물을 주로 판매하는 Hala22는 프라하에 오래 머물 예정이라면 들러볼 만하다.
▶ 구시가지 참조 **P.197**

📍 Bubenské nábřeží 306, Praha 7-Holešovice

③ **나플라브카 파머스마켓 Naplavka Farmer's Market** 매주 토요일마다 블타바 강가를 따라 열리는 인기 좋은 마켓이다. 오전 8시부터 오후 2시까지만 짧게 열리니 부지런히 다녀와야 한다. 식재료를 비롯한 다양한 먹거리가 매우 저렴해서 관광객은 물론 현지인도 애용하는 곳이다. ▶ 신시가지 참조 **P.140**

④ **콜베노바 벼룩시장 Kolbenova Blesi Trhy** 중심가에서 트램을 타고 약 30분간 가야 하는 곳에 있지만 규모가 큰 벼룩시장이다. 주말 오전 6시에 시작되어 오후 1시쯤이 되면 슬슬 자리를 접는다. 빈티지 식기나 골동품, 온갖 중고 물건이 가득해서 앤틱 쇼핑을 즐기는 사람이라면 재미 삼아 보물을 찾으러 다녀올 만하다.

📍 U Elektry 7, Praha 9
🕐 토~일요일 06:00~14:00
🎫 입장료 50Kč

하블리크 아포테카
Havlik Apoteka

자체 생산한 원료를 이용해 만든 유기농 화장품 전문점이다. 퀄리티도 좋고 고급스러워 선물용으로 사랑받는다. 하벨시장 근처와 팔라디움 백화점에 입점해 있어 잠시 들르기 편하다. '3분 마스크' 시리즈가 가장 큰 인기를 끌고 있는데 무겁지 않고 가격도 부담스럽지 않다.

마뉴팍트라
Manufaktura

맥주 효모와 홉 추출물로 만든 맥주 샴푸가 대표 상품이다. 포도씨 라인을 비롯한 향 좋은 상품이 많아 고르는 재미가 있다. 지점도 꽤 많은 편이라 찾기 쉽다. 대부분의 품목이 우리 돈으로 만원을 넘지 않아 기념품으로 여러 개 구매하기 아주 좋다.

천연 화장품

꿀이나 각종 허브, 꽃 등 천연 유기농 재료를 사용해서 만든 화장품은 대부분 누구나 쓰기 좋은 순한 제품들이다. 게다가 원재료의 그윽한 향과 예쁜 패키지, 그리고 가격도 부담이 없으니 선물로 제격이다.

지아자 Ziaja

폴란드 제품이지만 체코에서도 쉽게 찾을 수 있다. 보습과 항산화 성분을 함유해 건성 피부에 좋다고 알려진 산양유 크림이 유명해 기념품으로 찾는 사람들이 많다. 정식 매장은 적지만 DM에서 쉽게 구할 수 있다.

보타니쿠스 Botanicus

체코 대통령이 대만 총통에게 직접 선물한 제품이자 배우 전지현이 사용한다고 알려진 장미오일 덕에 한국인은 물론 중국인 관광객으로 문전성시를 이루는 곳이다. 품절이 잦은 장미 오일을 구하지 못했더라도 수제 느낌이 물씬 나는 천연 비누나 크림 등 사고 싶어지는 제품이 많으니 실망할 필요 없다.

특색있는 먹거리

여행의 즐거움 중 하나는 이색적인 먹거리다. 마음에 쏙 들어서 혹은 너무나도 독특해서 가족이나 친구들과 함께 맛보고 싶다면 선물로 준비해 보는 건 어떨까.

베헤로프카
Becherovka

20여 가지 약초와 카를로비 바리의 온천수를 이용해 만든 전통 술이다. 도수가 38도나 되는데도 소화촉진 및 감기예방 등의 효능이 있다고 알려져 음주 자체보다는 약용으로 더 많이 쓰인다. 미니어처도 판매하고 있으니 우선 마셔보고, 입에 맞는다면 큰 병을 시도하자.

꿀케이크 메도브닉
Medovník

시트 사이사이 꿀로 만든 크림이 발린 촉촉한 전통 디저트다. 카페나 레스토랑, 베이커리에서 쉽게 찾을 수 있는데, 귀국할 때 가져가려면 맛은 조금 아쉽더라도 마트에서 파는 제품을 사면 된다. 'Marlenka'라는 브랜드에서 나온 제품은 상자에 들어있어 한국의 친구나 가족에게 체코의 맛을 보여주기 좋다.

메도비나 꿀술
Medovina

꿀을 발효시킨 술이라 한 모금 넘기면 달달한 맛 뒤에 그윽한 꿀향이 올라온다. 기념품 상점에서도 팔지만 제대로 만든 꿀술을 구하려면 전문 매장을 찾아가는 편을 추천한다.

오플라트키 Oplatky

웨하스와 비슷한 맛의 카를로비 바리 전통 과자다. 'Kolonada'라는 브랜드의 제품이 가장 대중적이며 다양한 맛과 크기가 있어 편하게 살 수 있지만 쉽게 부서진다는 단점이 있다.

다양한 소품들

길을 걷다 만난 독특한 소품, 귀여운 인형, 색다른 기념품이야말로 여행을 가장 오래 추억하는 방법이 아닐까. 부피가 크지 않아 부담이 없고, 체코에서만 만날 수 있어 특별한 기념품을 만나보자.

마리오네트
Marionette

체코 전통 목각 인형인 마리오네트는 표정과 디자인에 따라 모양이 각양각색이고, 길에서 파는 것부터 전문점에 이르기까지 가격과 퀄리티도 천차만별이다. 정교하고 잘 만들어진 마리오네트는 꽤 비싸서 선뜻 구매할 엄두가 나지 않지만 기념으로 살 만한 가치는 충분하다.

마그넷, 엽서 Magnet, Postcard

어디서나 쉽게 찾을 수 있고, 작고 가볍고 심지어 저렴하니 이만한 기념품이 또 있을까. 프라하 랜드마크를 예쁘게 색칠한 마그넷과 곧 그리워질 풍경을 담은 엽서는 여행을 추억하는 가장 쉬운 방법이다. 특히 엽서는 집에 돌아와 벽에 붙여 두기만 해도 훌륭한 인테리어 소품이 될 수 있다. 거리의 가판대에도 흔하지만, 기념품 편집숍이 보일 때 들어가보면 독특하고 개성있는 나만의 기념품을 찾을 수 있다.

에코백
Reusable Bag

에코백은 어디서나 살 수 있고 심지어 집에서 잠자고 있는 에코백도 있겠지만, 프라하만의 감성을 담은 에코백은 그 무엇보다도 실용적인 기념품이다. 당일치기로 다른 도시를 이동할 때 간식이나 물 등을 담아도 좋고, 뻔한 코디로 기념사진이 죄다 똑같다면 에코백이 훌륭한 포인트가 된다. 특히 에코백은 귀국할 때 넘쳐나는 짐을 조금 덜어 기내에 가져가기에도 좋아 추천한다.

크르텍 Krtek

체코의 국민 캐릭터인 두더지 인형이다. 어디서나 이 캐릭터가 들어간 물건을 쉽게 찾아볼 수 있다. 다양한 사이즈의 인형과 키링, 크르텍이 그려진 티셔츠, 물컵 등은 선물하기 위해 샀다가도 탐이 나는 귀여운 아이템이다.

라젠스키 포하레크
Lázeňský Pohárek

카를로비 바리에서 볼 수 있는 온천수 전용 컵이다. 일반적인 컵과 달리 납작하고 살짝 올라온 손잡이 끝에는 구멍이 나 있다. 이 손잡이는 컵의 내용물을 빨대로 쓰기 위해 만들어졌는데, 카를로비 바리 도시 곳곳에서 샘솟는 온천수를 마시고 잘 챙겨오면 독특한 기념품이 된다.

크리스털 Crystal

보헤미아의 크리스털은 세계적으로 우수한 품질을 인정 받는다. 크리스털 산지에 직접 가지 않더라도 프라하에서 충분히 다양한 디자인과 제품을 구매할 수 있다. 깨질 위험이 있으니 옷 사이에 잘 챙겨 넣거나 한국을 떠날 때 구매한 면세품용 완충재를 잘 두었다가 포장하는 것도 방법이다. 특히 크리스털 주얼리와 장식품으로 유명한 오스트리아 브랜드 '스와로브스키'는 공장이 체코에 있어서 한국보다 저렴하게 구입할 수 있다. 30~50% 할인도 종종 있으니 주얼리에 관심이 있다면 들러보자.

네일버퍼 Nail Buffer

크리스털이 아무래도 비싸고 손상되기 쉬워 아쉽게 포기했다면 추천하고 싶은 기념품이다. 크리스털로 만든 네일버퍼는 손톱을 다듬을 때 요긴한 소품으로, 생각보다 단단해서 오래 쓸 수 있는 실용적인 기념품이다.

PART 3

진짜
프라하를
만나는
시간

프라하에서
이동하기

공항에서
시내로 가는 법

공항버스로 이동하기

프라하 교통국 🏠 www.dpp.cz/en
공항버스부터 트램, 페리까지 프라하
내 모든 교통수단의 최신 정보를 확
인할 수 있다.

AE(Airport Express) 버스는 공항에서 프라하 중앙역까지 40분 만에 도착하는 직행
버스다. 오전 5시 30분부터 22시까지 30분 간격으로 운행한다. **1터미널에서만 탑승이
가능**한데, 1과 2터미널 사이는 도보로
금세 이동할 수 있는 거리다. 숙소가 중
앙역 또는 구시가지에 있다면 저렴하면
서도 편하게 이동할 수 있다. 요금은 성인
기준 100Kč며, 티켓은 공항의 출구 부근
에 있는 인포메이션센터 또는 버스에 탑
승하면서 기사에게 구매할 수 있다.

🕐 05:30~22:00

시내버스+지하철로 이동하기

119번과 100번 버스가 공항과 시내를 오간다. 119번의 종점은 지하철 A선으로 연결되
는 Nadrazi Veleslavin이고, 100번 버스의 종점은 지하철 B선으로 이어지는 zlicin 역
이다. 목적지와 가까운 지하철역을 확인한 후 접근성이 좋은 버스를 선택하면 된다. 시
내버스 티켓은 버스정류장에 설치된 키오스크에서 구매하며, 카드 결제도 가능하다. **구
매한 티켓은 탑승 후 반드시 펀칭 기계에 넣어 개시 날짜와 시간을 찍은 후 잘 소지해
야 한다.**

🕐 버스 07:00~21:00, 메트로 05:00~24:00

공항에서 시내로 이동할 경우에는
넉넉하게 90분짜리 티켓을 선택
하는 것이 좋다. 첫 펀칭 이후 90
분 내에는 버스는 물론 지하철과
트램으로 무제한 탑승이 가능하
니 지하철 환승도 문제없다.

택시/우버/볼트로 이동하기

늦은 밤에 도착하거나 짐이 많을 경우는 택시나 미리 예약한 픽업 차량이 안전하다. 하
지만 보통 시내까지 요금은 800Kč 정도로 몹시 비싸고, 바가지를 쓸 수 있으니 주의한
다. 우버나 볼트는 이에 비하면 훨씬 유용하다. 인원이나 짐에 따라 대형 차량을 고를 수
도 있고, 미리 목적지를 입력할 수 있어 체코어를 몰라도 문제없다. 예상 요금도 미리 볼
수 있으니 바가지 염려도 없고, 한국에서 미리 앱을 설치한 후 카드를 등록하면 카드 결
제도 가능해 여행자에게는 필수로 설치해야 하는 앱으로 알려져 있다. 탑승할 때는 배
차 차량의 차종과 차량 번호를 꼭 확인하자. 시내까지 요금은 시간이나 교통량에 따라
달라지지만 대략 400~500Kč로 일반 택시보다 훨씬 저렴한데 프로모션 코드를 적용하
면 일정금액 할인을 받을 수도 있으니 미리 확인하자. 결제 수단을 카드로 설정했을 때
만 프로모션 혜택을 받을 수 있으므로 카드 정보를 반드시 넣어두어야 적용된다.

프라하 안에서
이동하는 법

트램 Tramvaje

시내 곳곳에서 마주치는 트램은 프라하 시내에서 가장 흔한 대중교통이다. 노선이 광범위해 대부분의 장소는 트램으로 갈 수 있다. 선명한 빨간색이 돋보이는 트램은 그 자체로도 훌륭한 사진의 배경이 되며, 트램에 앉아 여유롭게 창 밖을 바라보는 것도 좋다.

정류장이 곳곳에 있고, 지상에서 운행되므로 계단을 오르내릴 필요도 없다. 다만 밤늦은 시간이나 휴대전화에 몰두하면서 길을 걷다가 트램과 부딪히는 아찔한 사고가 발생하는 경우가 있으니 길을 걸을 때 반드시 안전에 유의해야 한다. 여행자가 주로 이용하게 되는 트램은 22, 23번으로, 시내 주요 관광지를 순회한다.

🕐 주간 트램(1~26번) 05:00~24:00, 4~10분 간격, 야간 트램(91~99번) 00:00~05:00, 30분 간격

여행자를 위한 42번 트램

인기 관광지를 잇는 42번 트램은 주말과 공휴일에만 운행하는 노선이다. 프라하 성과 말라스트라나, 구시가지, 공화국 광장, 바츨라프 광장, 국립극장 등 유명한 곳을 모두 도는데 24시간 동안 자유롭게 타고 내릴 수 있는 Hop on-Hop off버스라고 생각하면 된다. 요금은 성인 기준 250Kč. 탑승 후 버스에서 구매할 수 있으며 41, 42번 트램 외에는 사용할 수 없다.

🕐 토, 일, 공휴일 10:00~18:00

지하철 Metro

프라하 지하철은 A(초록)/B(노랑)/C(빨강)의 세 노선이 있으며 그다지 복잡하지 않다. 출퇴근 시간에는 2~4분 간격으로 운행되며, 그 외 시간은 5~10분 정도로 배차 간격도 짧은 편이다. 그러나 우리나라와 달리 출구가 번호로 명시되지 않아 랜드마크나 도로명을 보고 출구를 찾아야하므로 나가야 할 곳을 찾기가 쉽지 않다는 것이 흠이다. 지하철역 내부 에스컬레이터는 대부분 경사가 급하고 속도가 빠르니 안전에 주의해야 한다.

🕐 05:00~24:00

지하철 노선도

N

B Černý Most

Letňany **C**

Rajská Zahrada 라이스카자흐라다

Kolbenova 콜베노바

Hloubětín

Vysočanská

Stříbro

Prosek

Ládví

Palmovka

Invalidovna

Českomoravská

Křižíkova 카를린

지슈코프

Depo Hostivař **A**

Strašnická

Skalka

Želivského

Nádraží Holešovice

Vltavská 블타브스카

Florenc 플로렌스

Hlavní Nádraží 1

Muzeum 무제움

Flora

카를린

Háje

Opatov

Chodov

Roztyly

Kačerov

Budějovická

Pankrác

Kobylisy

Jiřího z Poděbrad

Náměstí Miru

Pražského Povstání

Náměstí Republiky 나메스티 레푸블리키

I.P. Pavlova

Vyšehrad 비세흐라드

레트나

Hradčanská 흐라드찬스카 1

Staroměstská

Muzeum 무제움

비세흐라드

Malostranská 말로스트란스카

카를교

Můstek 무스텍 1

Národní Třída 1

Karlovo Náměstí

스미호프

Anděl 안델

Radlická

Dejvická

Bořislavka

Petřiny

Nemocnice Motol

Smichovské Nádraží

Jinonice

Nové Butovice

Hůrka

흐라드차니

스트라호프

페트르진 레기교

스미호프

Bus **A** 1 **X** Nádraží Veleslavín

A

B Stodůlky

Luka

Lužiny

Zličín 즐리친

X Bus 공항버스

1 교통안내소

푸니쿨라

X Bus

X 1 푸니쿨라

메트로 A선
메트로 B선
메트로 C선

C 메트로 중착역
환승역

087

버스

대부분은 걷거나 트램으로 쉽게 이동할 수 있기 때문에 시내버스를 이용할 일이 많지는 않지만, 구글맵 검색 시 시내버스 정류장이 근처에 있거나 버스로 접근성이 더 좋을 때 이용할 만하다.

푸니쿨라
Petřín funicular

페트린 타워에 편하게 오를 수 있는 작은 산악열차다. 일반적인 교통수단은 아니지만 관광객에게는 체력을 아껴주는 유용한 교통수단이자 이색적인 경험거리다. Újezd에서 탑승하면 5분 만에 산 위 정류장인 Petřín에 닿을 수 있다.

🕐 09:00~23:30 🎫 편도 60Kč(24시간 교통권 소지시 무료)

페리 Privozy

블타바 강을 가로지르는 교통수단이다. 현지인들이 강을 건널 목적으로 만들어진 것이므로 유람선과 달리 대중교통에 속하기 때문에 티켓을 사서 펀칭하는 것은 필수다. 7개의 노선이 있지만 관광객이 이용하기에는 딱히 적당한 것이 없고, 이색적인 경험을 원한다면 나플라브카 강변에서 탈 수 있는 비셰흐라드 페리는 한번쯤 타볼 만하다.

비셰흐라드 페리 🕐 매일 10:00~19:00 🎫 편도 20Kč(현금만 가능, 24시간 교통권 소지와 별도)

프라하 시내 대중교통 탑승권 파헤치기

1. 어떤 티켓을 사야 할까?

대중교통 탑승권으로는 제한시간 동안 프라하 내 트램, 지하철, 버스, 푸니쿨라(24시간권부터 무료), 페리를 무제한으로 이용할 수 있다. 이용 횟수가 아닌 시간에 따라 다양한 옵션이 있으니 일정에 맞게 구매하면 된다.

① 티켓의 종류를 나누는 기준인 30분, 90분 등은 **최초 탑승부터 최종 하차까지의 시간을 의미**하므로 본인이 이용하는 구간이 30분 이상 소요된다면 여분의 티켓을 소지하거나 넉넉하게 활용할 수 있는 티켓을 사는 것이 좋다.

② 24시간 내에 대중교통을 4회 이상 이용할 예정이면 24시간권이 유리하다. 적용되는 시간은 '최초 펀칭 시간' 기준이므로, 이를 잘 계산해서 적절한 티켓을 끊어야 한다. 일주일 넘게 프라하에 머물 예정이라면 장기권을 사서 마음껏 사용하는 것이 더 경제적이고 편리하다.

단기권

종류	일반 요금(15~60세)	할인 요금(60~65세)
30분	30Kč	15Kč
90분	40Kč	20Kč
24시간	120Kč	60Kč
72시간	330Kč	-
짐	20Kč(24, 72시간권은 짐 무료)	
10~15세 미만은 성인의 50% / 10세 미만과 65세 이상 무료		

* 대형 캐리어를 가지고 탑승한다면(높이 70cm 이상) 캐리어 요금이 별도로 있으니 티켓 구입 시 짐 티켓도 구매해야 한다. 24시간권부터는 대형 짐 1개는 무료다.

장기권

종류	요금	종류	요금
30일	550Kč	150일	2450Kč
90일	1480Kč	365일	3650Kč

2. 티켓, 어디서 어떻게 사야 할까?

① **종이 티켓** 역이나 공항, 트램 정류장, 버스정류장의 자동판매기나 지하철역 내 판매소, 투어리스트센터, 'TABAC'이라 쓰여있는 가판대에서 살 수 있는데, 자판기는 지폐 사용이 불가하니 동전 또는 신용카드로 구매해야 한다. 장기권은 전철역 지하의 인포메이션 센터에서 발급 받을 수 있으며 여권과 사진 한 장, 보증금 20코루나가 필요하다.

② **PID Lítačka** 티켓 머신을 찾아와 동전을 세고, 잃어버리지 않게 챙기고… 이 모든 것을 아주 쉽게 해결할 수 있는 방법이 있다. 바로 매일 들고 다니는 휴대 전화에 PID Lítačka 앱을 다운받는 것이다. 카드 정보를 입력한 후 'Save Card'를 누르면 이후에는 터치 몇 번으로 티켓을 살 수 있다. 시간 단위로 단기권을 구매할 수 있으며 탑승 시 기사에게 보여 줄 필요도 없다. 장기권 역시 앱에서 해결할 수 있으니 여행 전 설치해야 할 필수 어플이라고 할 수 있다.

3. 탑승권만 샀다고 전부가 아니다, 티켓 개시(펀칭)하기

펀칭은 쉽게 말하면 티켓 사용을 개시하는 것이다. 새 티켓은 펀칭 기계에 넣으면 날짜와 시간이 찍히며 그때부터 이용이 가능하다. 티켓을 구매해 소지했더라도 **펀칭을 하지 않으면 무임승차로 간주되어 벌금을 물어야 한다.**

① 펀칭기는 트램 내부나 정류장 앞에서 찾을 수 있는데, 티켓을 삼각형 아래 틈에 끝까지 밀어 넣은 후 띡 소리가 난 후에 빼면 사진과 같이 티켓 아래에 날짜와 시간이 찍혀 나온다. 펀칭은 최초 승차 시에 한 번만 찍어야 사용 시작 시간의 기준이 되므로, 여러 번 펀칭한 티켓 역시 부정 승차로 간주된다. 펀칭한 티켓은 잘 가지고 있다가 검표원이 확인을 요청할 경우 보여주어야 하므로 잃어버리지 말아야 한다. 가끔 **트램 내에 티켓 판매기가 있는 경우, 구입과 동시에 자동 펀칭이 되므로 추가 펀칭을 하면 안 된다.**

② 리타츠카 앱에서 티켓을 샀어도 비슷한 과정을 거쳐야 한다. 오프라인에서 실물 티켓을 펀칭하듯, **앱에서도 티켓을 '활성화(Validate)'하는 과정이 꼭 필요하다.** 미리 사 둔 티켓을 사용하기 직전에 활성화하거나 구입과 동시에 하는 옵션이 있으니 잘 살펴보고, 구매 이후에 활성화를 한다면 탑승 전 꼭 활성화 버튼을 누른다. 이 과정을 건너뛰면 펀칭을 하지 않았을 때와 마찬가지로 벌금을 물게 되니 주의해야 한다.

로맨틱한 중세 속으로

구시가지 Old Town

Staré Město 🔊 스타레 메스토

프라하 1지구 중에서도 중세의 건축과 흔적이 남아있는
대표적인 관광지다. 아무리 짧은 일정으로 들르는 관광객도
구시가지는 지나칠 수 없을 만큼 멋진 건축물이 가득하고
프라하의 이야기가 진하게 녹아 있는 곳이다.
대부분의 관광지가 모여 있어 도보로 충분히 이동이 가능하고,
건축물의 외관을 중심으로 둘러보면 반나절 만에도 충분히
소화할 수 있다.

추천 코스

예상 소요 시간
약 6시간

민족 정신을 드높인 역사의 현장
공화국 광장과 시민회관

도보 1분

무기와 화약을 보관했던 **화약탑**

도보 4분

모차르트의 돈 조반니를 처음으로 선보인 **스타보프스케 극장**

도보 5분

한 자리에서 건축 양식의 흐름을 볼 수 있는 **구시가 광장**
+ 틴 성모 마리아 성당
+ 골츠킨스키 궁전
+ 성 미쿨라셰 성당
+ 얀 후스 동상

도보 2분

구시가 광장이 한눈에 보이는
구시청사 전망대
+ 천문시계

도보 5분

600만 권의 고서가 있는 도서관, **클레멘티눔**

도보 4분

체코를 노래한 민족주의 작곡가,
스메타나 박물관

도보 3분

절대 무너지지 않을 다리를 원한
카를 4세의 작품, **카를교**

도보 6분

체코 필하모닉 오케스트라가 상주하는 **루돌피눔**

도보 6분

핍박 속에서도 굳게 살아남은 유대인의 터전, **유대인 지구**

구시가지

프라하 1

종합병원

Vltava

Trdelník & Coffee
스페니시 시나고그
클라우센
시나고그 11 올드뉴
Bake Shop
루돌피눔 13 시나고그
유대인 묘지 09
핀카스 시나고그 Pařížská 02

마이셀 시나고그

골츠킨스키 궁전
(현 국립미술관)
Botanicus

Staroměstská
Staroměstská
Hostel Franz Kafka 08
U Rudolfina 04
성 미쿨라셰 성당 07 06 06
얀 후스 동상 08
George Prime Steak 06
틴 광장 앞의
성모 마리아 성당
Kozlovna Apropos 05
구시가 광장 04
05
인포메이션센터
01 Grand Hotel Praha
클레멘티눔 11
구시청사 09
14 카를교
천문시계 10
스타보프스케 극장
03
03 U Zlatého tygra
04 Manufaktura
12 스메타나 박물관
Preciosa Flagship Store
02 Charles Bridge Palace
07
Havlíkova Přírodní Apotéka 05
01 하벨시장

Můstek

02 Pivovar U Medvídků

08 Cafe Slavia

Národní Třída

092

Park Lannova

드보르자코보 나브르제지

리노비

클리멘트스카

클리멘트스카

페트르스카

하슈탈스카

소우케니츠카

07 Naše Maso

01 Lokál

07 Residence Bene

05 Hotel Josef

Dlouhá Třída

Dlouhá

나포르지치

03 Palladium

나 플로렌치

Wilsonova

Hotel Paris Prague

03 Hotel Kings Court Prague

04

M Náměstí Republiky

06 Grand Hotel Bohemia

01 시민회관

Náměstí Republiky

10 Kolacherie

02 화약탑

젤레트카

히베르스카

Na Příkopě

Vrchlického Sady

Hlavní Nádraží **M** 🚌 프라하 중앙역

🚶 Billa

N

0   100m

공화국 광장과
시민회관 Municipal House

Obecní Dům 🔊 오베츠니 둠

광장을 둘러싸고 있는 수많은 여행사 덕분에, 공화국 광장은 언제나 투어 시작을 기다리는 관광객으로 북적인다. 그 모퉁이에 서 있는 아르누보식 건물이 바로 오베츠니 둠, 우리에게 시민회관이라고 알려진 곳이다. 원래 보헤미아 왕국 별궁으로 쓰던 건물이었는데 합스부르크가 체코슬로바키아를 지배하던 시절 이곳을 군 막사로 사용했다. 그래서 식민 지배의 아픈 기억을 허물고, 민족 정서를 드높이고자 프라하 시민들이 문화생활을 즐길 수 있는 공간을 이 자리에 새로 지은 것이 바로 시민회관이다. 내부에는 천 명이 넘는 인원을 수용할 수 있는 콘서트홀과 카페, 레스토랑 등이 있다. 1918년 2층 발코니에서 체코슬로바키아의 독립선언문이 낭독되면서 시민회관이 있는 광장은 공화국 광장이라 불렸고 역사적인 장소로 거듭났다.

체코 음악의 아버지라 불리는 스메타나의 기일인 5월 12일이면 매년 이곳의 스메타나 홀에서 스메타나의 교향곡인 '나의 조국'이 울려퍼지며 '프라하의 봄' 음악 축제 시작을 알린다. 음향 시설은 좋은 평가를 받고 있으나 좌석마다 단차가 없어서 이곳에서 공연을 관람할 생각이라면 앞자리를 사수하는 것이 좋다. 시민회관에는 100년이 넘는 카페도 있는데, 프라하 최고의 맛과 서비스를 제공한다고는 할 수 없지만 프라하에서 아르누보 건축의 아름다움을 온전히 느낄 수 있는 거의 유일한 곳이다. 디저트 카트에서 원하는 디저트를 직접 골라 티타임을 즐기며 우아하고 아름다운 실내를 여유롭게 둘러볼 수 있으니 일석이조다.

📍 Náměstí Republiky 5 🚶 지하철 B선 Náměstí Republiky역에서 하차 또는 94번 트램을 타고 Náměstí Republiky에서 하차 📞 222 002 101 🏠 www.obecnidum.cz

대관 행렬이 지나가던 성벽 출입구 ······ ②

화약탑 Powder Gate Tower

Prašná Brána ◀) 프라슈나 브라나

조선시대 성 안과 밖을 구분하는 기준이었던 동대문이나 남대
문처럼, 화약탑은 15세기에 성 안팎, 즉 지금의 신시가지와 구
시가지를 구분하는 성벽의 출입구 중 하나였다. 여러 성문 중에
서도 바로 이곳을 통해 보헤미아 왕 대관식 행렬이 지나가던 의
미있는 곳이어서 남겨두었다고 한다. 그러다가 17세기 오베츠니
둠이 합스부르크 군의 막사로 쓰이던 시절, 남겨둔 이 탑에 무기
와 화약을 보관하면서 화약탑이라는 이름이 붙었다. 겉모습이
새까맣기 때문에 화약탑이 아닐까 싶겠지만, 사암으로 만들어
졌기 때문에 세월이 가면서 그 흔적이 고스란히 까만 때로 남은
것이다. 계단을 따라 전망대로 오르면 구시가지 전망을 볼 수 있
으나 틴 성당을 살짝 가리는 풍경이어서 이왕이면 다른 전망대
를 추천한다.

📍 Náměstí Republiky 5 🚶 시민회관 왼편에 위치
🕐 1~3월 10:00~18:00, 4~5월 10:00~19:00, 6~8월 09:00~21:00,
9월 10:00~19:00, 10~11월 10:00~18:00, 12월 10:00~20:00
💰 성인 150 Kč, 학생 및 시니어 100 Kč (*오픈 직후 첫 한 시간은
얼리버드 요금이 적용되어 반값) 📞 775 400 052

돈 조반니의 고향 ······ ③

스타보프스케 극장 The Estates Theatre

Stavovské Divadlo ◀) 스타보프스케 디바들로

모차르트가 오페라 〈돈 조반니〉를 초연한 당시 모습이 그대로
남아있는 곳이다. 이곳에서 모차르트의 일생을 다룬 영화 〈아
마데우스〉의 많은 장면을 촬영하기도 했다. 18세기 무렵, 이
미 경제적으로 상당히 성장했던 프라하지만 여타 유럽 도시처
럼 문화를 즐길 수 있는 공간은 없었다. 그래서 1783년에 상대
적 박탈감을 느끼던 상류층이 연극 및 오페라, 발레를 즐길 수
있도록 지은 공연장이다. 규모가 아담해서 무대는 작은 편인데,
오케스트라 연주가 훨씬 생생히 들린다는 장점도 있다.
신동으로 유명했지만 오페라 제작자로서는 신인이던 모차르트
의 첫 오페라 〈피가로의 결혼〉은 프랑스나 이탈리아, 스페인 등
에서는 별다른 주목을 받지 못했다. 하지만 고품격 문화생활에
목말랐던 프라하 상류층에게는 선풍적인 인기를 끌며 그야말로
대박이 난다. 기세를 몰아 모차르트가 두 번째 작품인 〈돈 조반
니〉의 초연을 이곳에서 직접 지휘하면서 스타보프스케 극장은
'돈 조반니의 고향'이라는 별명을 얻는다.

📍 Železná 🚶 화약탑에서 왼쪽 길을 따라 도보 5분
📞 224 901 448 🏠 www.narodni-divadlo.cz

프라하의 명물이 한데 모인 ······ ④

구시가 광장 Old Town Square

Staroměstské Náměstí

🔊 스타로메스트스케 나메스티

프라하에서 가장 오래된 광장으로, 10세기부터 유럽 각국의 물건을 사고 팔던 시장이자 축제와 시위가 열렸던 역사적인 현장이기도 하다. 다채로움을 뽐내는 다양한 건축물로 둘러싸여 있어서 유럽 건축의 박람회장이라는 별명을 갖고 있는 구시가 광장은 서양 건축 역사상 등장한 거의 모든 양식의 건물을 찾아볼 수 있는 곳이다. 또한 광장 한복판에는 프라하 시민의 정신적 지주이자 정의의 상징이기도 한 얀 후스 기념비가 있고, 구시청사에는 프라하의 이름난 볼거리인 천문시계가 있어 현지인과 관광객으로 낮이나 밤이나 늘 북적인다. 건물 하나하나 역사적인 의미가 가득하지만, 프라하 재즈 페스티벌이나 크리스마스 마켓 등 철마다 다양한 행사가 열리는 축제의 장으로도 늘 살아 숨쉬는 곳이다.

📍 Staroměstské náměstí

틴 광장 앞의
성모 마리아 성당
Church of Our Lady before Týn
Chrám Matky Boží před Týnem
🔊 흐람 마트키 보쉬 프르제트 티넴

구시가지에 들어서면 가장 먼저 눈에 띄는 건축물이다. 보통 틴 성모 성당이라고 부르지만 정확한 명칭은 '틴 광장 앞의 성모 마리아 성당'으로, 틴 광장은 성당 뒤 작은 공간을 뜻한다. 당시 틴 광장에서는 수많은 외국 상인들이 장사를 했는데, 이 성당에 봉헌금을 내면 장사에 좋은 운이 깃든다는 소문이 퍼졌다고 한다. 1265년에 이 자리에 있던 로마네스크 양식의 예배당을 고딕 양식으로 다시 지었고, 14세기 중반에 지금의 모습을 갖추게 되었다. 하늘을 찌를 듯 뾰족한 두 개의 쌍둥이 탑은 각각 아담과 이브라고 불린다. 두 탑 사이에는 금빛으로 빛나는 성모 마리아 조각이 있다. 후스파가 우세하던 시절, 자신들의 상징인 황금 성배를 장식했던 자리인데 후스파가 처형되고 가톨릭이 다시 틴 성당을 차지하면서 황금 성배를 녹여 지금의 성모 마리아로 만들었다고 한다. 구시가 광장에서 틴 성당을 보고 감탄하는 사람은 많지만, 그에 비하면 내부를 둘러보는 사람은 적은 편이다. 그도 그럴 것이, 성당 바로 앞에는 노천 레스토랑이 떡하니 자리하고 있어 선뜻 입구로 들어가지 않게 되는 것이다. 하지만 레스토랑 사이로 들어가면 성당 입구를 찾을 수 있다. 내부는 17세기 말에 재건됐는데, 1673년에 만들어진 파이프오르간은 프라하에서 가장 오래되었다. 이곳을 딱 한 번만 찾아올 수 있다면, 해가 진 뒤 어둠에 둘러싸인 시간을 추천한다. 따뜻한 오렌지빛 조명과 눈부신 달빛을 받아 더없이 신비로운 성당을 마주할 수 있을 것이다. 단, 미사 중에는 내부 관람 및 촬영이 금지된다.

📍 Staromestske Namestí 604 🚶 성당 앞을 반쯤 가린 두 건물 중 왼쪽의 카페 이탈리아(Caffe Italia)라고 적혀 있는 곳으로 들어가면 된다
🕐 화~토요일 10:00~13:00, 15:00~17:00, 일요일 10:30~12:00 ❌ 월요일
💰 무료(40코루나 정도의 성전 복원용 기부금으로 대체)
📞 222 318 186 🏠 www.tyn.cz

골츠킨스키 궁전
(현 국립미술관)
Kinsky Palace
Palác Kinských 🔊 팔라츠 킨스키흐

구시가지 광장의 수많은 건축물 속에서 화사함을 담당하는 건물이다. 창문마다 아기자기한 핑크 리본이 붙어있어 '예쁘다'는 말이 절로 나온다. 18세기 골츠 백작이 지었는데, 그가 죽고 난 뒤에 킨스키 가문에 매각되었다. 현재 불리는 이름은 이 두 사람의 이름을 각각 딴 것이다. 마냥 고운 공주님같은 궁전이지만, 1948년 이 궁전 발코니에서 체코의 공산주의 지도자 클레멘트 코트발트가 체코슬로바키아 공화국 해체를 선포하면서 체코에 공산주의가 내려앉았다. 현재 프라하 국립미술관 중 하나로 쓰이고 있으며, 르네상스부터 현대의 팝아트까지 다채로운 작품을 감상할 수 있는 상설전과 특별전이 열린다. ★ 2023년 현재 리노베이션으로 휴관임

📍 12, Staroměstské Namestí 1 📞 220 397 211 🏠 www.ngprague.cz

성 미쿨라셰 성당 St Nicholas Cathedral Chrám sv. Mikuláše 🔊 흐람 스바테호 미쿨라셰

프라하에는 미쿨라셰 성당이 두 개 있는데, 그중 구시가지에 있는 성 미쿨라셰 성당은 12세기 말에 처음 지어져 800년 가까이 같은 자리를 굳건히 지키고 있다. 기존 교회를 헐고 1737년에 지금의 모습으로 새롭게 완공된 성당은 1871년 러시아 정교회에 임대되었다. 성당에 들어서자마자 보이는 왕관 모양의 샹들리에는 바로 이때 차르 니콜라이 2세가 기증한 것이다. 아담한 성당을 가득 채우는 듯한 샹들리에는 보헤미안 크리스털로 장식되었으며, 지름 4m에 달하는 압도적인 크기를 자랑한다. 천장에는 바로크 스타일의 프레스코화가 빼곡히 그려져 있다. 매년 4월에서 11월이면 평일 저녁마다 오르간 콘서트가 열리는데, 비발디의 사계처럼 익숙한 클래식 연주가 한 시간 가량 성당에 울려 퍼진다.

📍 Staroměstské nám. 1101 🕐 수요일13:00~18:00, 토~일요일 12:00~18:00 ❌ 월~화요일, 목~금요일
🎟 성당 무료, 콘서트 입장료 성인 500Kč
📞 602 958 927 🏠 www.svmikulas.cz

마틴 루터보다 100년 앞선
정의로운 종교개혁가 ⋯⋯ ⑧

얀 후스 동상 Jan Hus Monument

Pomník Mistra Jana Husa 🔊 폼니크 미스트라 야나 후사

프라하 만남의 장소이자 역사적인 곳이다. 타락한 구교를 개혁하는 데 온 힘을 쏟은 종교개혁가 얀 후스는 체코인들에게 불의에 굽히지 않은 정의의 사도로 남아있다. 화형 당한 지 500년이 되던 1914년, 그의 뜻을 기리기 위한 시민들이 십시일반으로 돈을 모아 광장 한가운데에 동상을 만들어 세웠다. 그 이후로 얀 후스 동상은 체코인들이 불의에 항거하는 자리로 거듭나게 되었고, 공산 정권 때는 이 동상 앞에서 침묵시위를 이어가며 진실을 은폐하려는 독재 정권에 맞섰다. 현재 체코의 국훈인 '진실은 드러난다'는 바로 동상에 새겨진 후스의 이념인 '서로 사랑하라, 그리고 모든 이들 앞에서 진실을 부정하지 말라'에서 핵심을 따온 것이다.

구시가지 광장이 한눈에 보이는 전망대 ⋯⋯ ⑨

구시청사 Old Town Hall

Staroměstská Radnice 🔊 스타로메스트스카 라드니체

밖에서 보면 폭이 좁은 건물 여럿이 붙어있는 듯하지만, 사실 점점 더 큰 규모의 공간이 필요해지면서 내부는 공사를 거쳐 하나로 이어져 있다. 이곳 전망대는 구시가지를 내려다보기 가장 좋은 곳이다. 좁고 가파른 계단을 올라야 하는 다른 전망대와는 달리 엘리베이터도 있고, 걸어가는 길을 선택해도 경사가 완만한 길을 걷는 구조라서 부담이 없다. 구시청사 앞은 천문시계를 보려는 사람들로 늘 북새통을 이루는데, 구시청사 전망대에 오르면 매시 정각에 사람들이 옹기종기 모였다가 1분만에 사라지는 진풍경을 볼 수 있다. 천문시계 왼편 입구로 들어가 엘리베이터를 타면 전망대 매표소가 나온다. 오픈 직후 첫 한 시간은 얼리버드 요금이 적용되어 반값에 표를 구입할 수 있다.

📍 Staroměstské nám. 1/3 🕐 전망대: 1~3월 월요일 11:00~20:00, 화~일요일 10:00~20:00, 4~12월 월요일 11:00~21:00, 화~일요일 09:00~21:00 💰 입장료 성인 250Kč, 학생 및 시니어 150Kč, 엘리베이터 100Kč (65세 이상은 50Kč)
📞 775 400 052

천문시계 Astronomical Clock

Pražský Orloj 🔊 프라슈스키 오를로이

구시가지의 명물이자 세계에서 세 번째로 오래된 시계인데, 그중 지금까지도 작동하는 것은 프라하의 천문시계가 유일하다고 한다. 시계는 크게 세 부분으로 나눌 수 있다. 600년 전인 1410년에 가장 먼저 만들어진 시계의 가운데 부분은 당시 천문학과 과학 기술, 공예의 결정체다. 하지만 이 시계가 일반 시민들에게는 너무 어렵고 복잡해서 제대로 볼 수 있는 사람이 없자, 아랫부분의 시계를 추가로 만들게 된다. 이 시계는 그림도 많고 단순해서 훨씬 편하고 실용적이었다. 최첨단 기술이 집약된 천문시계가 유명세를 타고 구경하는 사람들이 많아지자, 프라하에서는 천문시계를 찾는 사람들이 좀 더 즐겁게 시계를 감상할 수 있도록 맨 윗부분에 조형물을 만들었다. 이 부분을 다시 셋으로 나뉘는데, 맨 위에서부터 ① 닭, ② 예수의 열두 제자, ③ 권장할 것과 경계할 것을 뜻하는 여덟 가지 조각상까지 차례로 이어진다.

이 아름다운 시계에는 안타까운 이야기가 함께 전해진다. 사실이라는 근거는 없지만, 이 완벽한 시계를 만든 하누쉬가 다른 곳에서 더 멋진 작품을 만들까 우려했던 프라하 시의회는 그의 눈을 멀게 했다고 한다. 장님이 되어버린 하누쉬는 복수를 위해 자신만 알 수 있는 작은 부속을 건드려 시계를 멈추게 했고, 그 때문에 400년간 작동을 멈추었다고 한다.

어쨌거나 다시 작동하게 된 천문시계는 매시 정각이 되면 해골이 짤깍짤깍 모래시계를 흔들며 그 막을 올린다. 곧이어 예수의 열두 제자가 행진을 시작하고, 마지막으로 맨 위에 있던 닭이 화를 치며 울면 40초의 짧은 공연이 끝난다. 이 찰나의 순간을 위해 매시 정각이 가까워오면 시계 앞 관광객으로 발 디딜 틈이 없는데, 모두가 숨죽여 시계에 정신이 팔린 이때가 소매치기에게는 가장 황홀한 순간이니 소지품은 항상 손으로 감싸쥐거나 몸 앞쪽에 두자.

📍 Staroměstské nám. 1 📞 236 002 629

천문시계 보는 법

상부 시계-아스트롤라븀 시계의 테두리는 절기에 따라 움직이는 방향이 다르다. 동지에서 하지로 넘어가는 시기에는 시계바늘과 같은 방향으로 움직이고, 하지에서 동지로 넘어가는 시기가 되면 반시계 방향으로 움직인다. 당시의 시간 개념은 지금과 완전히 다른데, 해가 지는 일몰의 순간을 24시라고 생각했다. 그래서 계절이 바뀌고 해가 짧아져도 해가 지는 순간에는 언제나 바늘이 24를 가리킨다. 그 안쪽에는 로마자로 숫자가 표기되어 있는데, 일몰 순간을 알리는 바깥쪽 테두리의 24와 만나는 자리의 로마 숫자를 읽으면 우리에게 익숙한 시간 개념으로 몇 시에 해가 지는지 알 수 있다. 여름에 이곳을 찾는 사람이라면 한 시간 느리다고 생각할 수 있는데, 이 시계를 만들 당시에는 섬머타임의 개념이 없었다는 것을 기억하자. 로마자 안쪽에 있는 아라비아 숫자는 바빌론 때 쓰던 개념이라 현재와는 너무나도 동떨어져 있다. 입체적으로 떠 있는 가운데 작은 원판은 별자리를 나타내는데, 이 위를 지나는 시계바늘의 태양을 통해 실제 태양의 위치를 알려준다. 은색과 검정색이 섞인 구슬은 달의 모양을 뜻한다. 보름에 가까운 때라면 구슬의 은색 부분이 보이고, 그믐에 가까워지면 까만 부분이 더 많이 드러나 그날 뜨는 달의 모양과 일치한다. 금색 별은 북극성의 위치를 뜻한다.

하부 시계-캘린더리움 맨 위 정가운데인 12시 방향에 작은 금색 바늘이 있고 시계 판이 천천히 돌아가는데, 가까이 가 보면 가장 바깥 부분에는 글씨가 있다. 바로 가톨릭 성인 365명의 이름인데, 이를 통해 날짜를 손쉽게 알 수 있었다. 그 안쪽에는 바늘이 알리는 때에 맞게 할 일을 알려주는 농사 그림이 있고, 좀 더 작은 그림은 황도 12궁, 즉 별자리를 나타낸다. 그림 위주인데다 직관적이어서 아스트롤라븀을 이해하기 어려웠던 서민들에게 훨씬 도움이 된 시계다.

시계 장식 상부 시계와 하부 시계의 양 옆 기둥에는 각각 두 개의 조각상이 붙어있다. 상부 시계 옆의 조각 네 개는 당시 사람들이 경계하고 두려워하던 것으로 거울을 보는 자는 허영을, 돈이 든 자루를 쥐고 있는 자는 탐욕을, 음악을 연주하는 자는 유흥을, 그리고 해골은 죽음을 각각 상징하고 있다. 반면 하부 시계 옆의 네 조각상은 긍정적인 것인데, 깃펜을 든 자는 진리를, 방패와 칼을 든 천사는 정의를, 망원경을 든 것은 탐험을, 책을 든 것은 학문을 상징한다. 시계를 보면서 추구해야 할 것과 경계해야 할 것을 강조하는 목적으로 만들었다고 한다.

상단 장식부 시계의 맨 윗부분에 난 두 창문으로는 예수의 12사도가 행진하고, 가운데 닭이 홰를 치며 정각의 짧은 공연이 마무리된다.

바로크 풍의 아름다운 고대 도서관 ····· ⑪

클레멘티눔 Klementinum

고서 600만 권으로 가득한 체코 국립도서관으로, 유네스코가
선정한 최고의 도서관이다. 책을 사랑하는 사람이라면 꼭 가 봐
야 하는 곳이다. 원래는 예수회 수도원로 쓰였는데, 1556년 틴
성당을 본거지로 하는 후스파를 견제하기 위해 이 건물에 예수
회 본부를 만들고 클레멘티눔이라는 이름을 붙였다. 이곳의 하
이라이트는 바로 바로크 풍 서가로, 문을 열면 풍겨 나오는 오
래된 책 냄새와 신비롭기 그지없는 아름다운 광경이 압권이다.
천장까지 빼곡하게 들어찬 책꽂이와 한눈에도 고귀해 보이는 지구본, 그리고 화
려한 내부장식과 천장화 등 눈길을 끄는 요소가 너무나도 많지만 훼손을 막기
위해 입구에서만 안을 들여다 볼 수 있게 제한한 점은 다소 아쉽다. 내부에서는
사진을 찍을 수 없다.

서가를 벗어나 끝나지 않을 것처럼 가파른 계단을 오른 끝에 가이드가 삐걱대는
나무 문을 열면, 쏟아지는 햇빛과 틴 성당의 첨탑, 그리고 구시가지가 눈앞에 펼
쳐진다. 이 천문탑에서는 1775년부터 기상을 측정했다고 한다. 특히 이곳은 한
적하게 전망을 볼 수 있다는 장점이 있다.

현재 클레멘티눔은 장서 및 시설 보호 차원에서 가이드 투어로만 관람이 가능하
다. 50분 가량 소요되는 투어는 영어 또는 체코어 옵션이 있으며, 30분 마다 진
행된다. 단, 25명이라는 제한이 있어 인원이 금방 마감되니 원하는 시간보다 한
시간쯤 미리 가야 원하는 시간대의 티켓을 살 수 있다. 미리 일정을 계획할 수 있
는 상황이라면 온라인으로 티켓을 구매하는 것도 좋다.

📍 Mariánské nám. 5
🚶 구시가지 광장 뒤편으로 나가 Linhartská
거리를 따라 도보 300미터
🕐 1월 9일~4월 30일 10:00~17:00(금,
토요일은 18:00까지), 5월 1일~12월11일
10:00~17:30(금, 토요일은 18:00까지),
12월12일~12월21일 10:00~17:00(금,
토요일은 18:00까지), 12월22일~1월 8일.
09:30~17:00(금, 토요일은 18:00까지)
💰 성인 300 Kč, 학생 및 시니어200 Kč
📞 222 220 879
🏠 www.klementinum.com

©Klementinum

스메타나 박물관 Bedrich Smetana Museum

Muzeum Bedřicha Smetany ◀ 무제움 베드르지하 스메타니

체코를 대표하는 민족주의 작곡가 스메타나의 흔적을 모아 둔 작은 박물관이다. 구시가지 광장에서 벗어나 블타바 강가를 걷다 보면 레스토랑 틈 사이로 보이지만, 여름이면 박물관 앞 커다란 나무가 건물 앞을 가려 입구가 잘 보이지 않을 정도다. 안으로 들어서면 스메타나가 직접 손으로 쓴 오케스트라 총보는 물론이고, 연주회 포스터와 그의 피아노 등 생전에 남긴 물건을 볼 수 있다. 스메타나의 명성에 비하면 한없이 소박한 규모라서 당황스러울 수도 있지만, 반짝이는 블타바 강의 물결을 바라보며 스메타나의 대표곡 중 하나인 '블타바'를 감상하는 소중한 시간을 보낼 수 있다. 그리고 무엇보다도 박물관 앞에서 바라보는 풍경은 감동스러울 만큼 멋지다.

📍 1, Novotného lávka 201
🚶 구시가지 쪽 카를교 시작점에서 왼쪽에 바와 식당이 모여 있는 강둑 안쪽에 위치
🕐 10:00~17:00 ❌ 화요일
💳 성인 50Kč, 학생 및 시니어 30Kč
📞 222 220 082 🏠 www.nm.cz

루돌피눔 Rudolfinum

카를교를 건너지 않고 강을 따라 좀 더 위로 올라가다 보면, 마네 다리 옆에 있는 신르네상스식 건물이 눈에 들어온다. 1870년대 초반, 한 금융사가 창립 50주년 기념으로 설립한 문화공간인데 오스트리아 황태자인 루돌프의 이름을 따서 지었다는 설이 있다. 하지만 식민 지배를 받던 체코인들에게 오스트리아 황태자의 이름을 붙인 건물은 달갑지 않았고, 이에 거부감을 느낀 시민들이 예술가의 집이라 부르기도 했다.

체코 필하모닉 오케스트라가 창단된 곳이자 첫 공연에서 드보르작의 지휘 아래 '신세계로부터'를 연주한 것을 기념해서 메인 홀에는 드보르작 홀이라는 이름이 붙었고, 루돌피눔 앞에 드보르작의 동상을 세워 두었다. 지금도 체코 음악 축제인 '프라하의 봄' 시즌이 되면 이곳에서 주요 음악회가 열린다.

📍 Alšovo nábř. 12
🚶 지하철 A선 Staroměstská 역에서 하차 또는 트램을 타고 같은 이름의 정거장에서 도보 3분 📞 227 059 227
🏠 www.rudolfinum.cz

매력과 낭만이 넘치는
프라하의 다리 ⋯⋯⋯ ⑭

카를교 Charles Bridge

Karlův Most 🔊 카를루프 모스트

📍 Karlův most

🚶 지하철 A선 Staroměstská 역에서
하차하거나 트램을 타고 같은 이름의
정거장에서 내려 강을 오른편에 두고
도보 4분

세계에서 가장 아름다운 다리로 손꼽히는 프라하 대표 명소다. 구시가지와 말
라스트라나를 잇는 다리여서 성수기 때는 다리가 무너지지는 않을지 걱정될 만
큼 어마어마한 인파가 오고 간다. 사실 이 자리에 원래 있던 다리는 나무로 만들
어졌다. 배로 강을 건너는 대신 편리하게 블타바 강을 건널 수 있던 수단이었는
데, 1342년에 프라하에 닥친 대홍수로 다리가 유실되고 말았다. 따라서 새롭게
짓는 다리는 무슨 일이 있어도 두 번 다시 파괴되지 않도록 만반의 준비를 했고,
초석을 놓는 시점까지 세심하게 지정했다. 바로 1357년 9일 7월(우리 식으로는
7월 9일이 맞지만 체코는 일-월 순서로 날짜를 표기) 5시 31분, 주춧돌을 놓으
며 공사가 시작되고 50년 후인 바츨라프 2세 때 완성된다. 주춧돌을 놓던 시점
의 숫자를 나열하면 135797531인데, 영원성을 상징하는 숫자의 배열이다. 어찌
보면 미신이라고 할 수 있는 방법까지 총동원하며 세상에 둘도 없는 튼튼한 돌
다리를 만들라고 지시한 사람이 바로 카를 4세이며, 나중에 그의 이름을 따 카
를교라고 부르게 되었다. 빼곡한 사람만큼이나 볼거리도 가득한 다리에서 가장
눈에 띄는 것은 다리 양 옆으로 늘어선 성경 속 인물과 체코 성인들의 석상이다.
하지만 청동이나 대리석, 사암으로 만든 석상들은 손상 위험이 높아 현재는 복
제품으로 교체해 둔 상태이고 원본은 국립박물관과 비셰흐라드의 골리체에 나
누어 보관하고 있다.

30개에 달하는 석상 중 가장 인기있는 것은 요한 네포무크라고 알려진 성 얀 네포무츠키 신부다. 아래편에는 두 개의 부조가 반질반질하게 빛나고 있는데, 왼쪽에는 개를 만지는 왕이 있고, 오른쪽에는 왕비의 비밀을 지키다가 혀가 잘려 강물에 던져지는 신부와 고해성사를 하는 소피아 왕비의 모습이 담겨있다. 특히 왼쪽의 개를 만지면 소원이 이루어지고, 오른쪽의 왕비를 만지면 프라하에 다시 오게 된다는 속설이 있어서 이 다리를 건너는 사람은 한번쯤 이곳에 손을 얹는다. 다리 곳곳에서 마주치는 거리의 악사와 화가들도 볼거리를 더한다. 사실 아무나 이 다리에서 공연할 수 있는 게 아니라 협회의 허가를 받아야 하기에 다리 위의 예술가들은 모두 기본 이상의 실력을 갖춘 사람들이라고 한다.

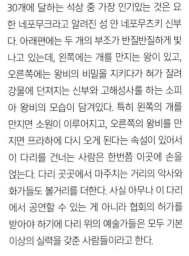

전망 명당 탑은 어디?

카를교 양쪽 끝에는 각각 탑이 있는데, 구시가지 쪽 탑을 올드타운 브리지 타워, 말라스트라나 쪽 타워를 레서타운 브리지 타워라고 부른다. 두 탑 모두 전망을 보기 좋은 적당한 높이와 위치에 있는데, 아무래도 랜드마크인 프라하 성과 블타바 강을 한눈에 보기에는 올드타운 쪽 타워에 오르는 것을 추천한다. 하지만 너무 많은 계단이 부담스럽다면 이보다 조금 낮은 레서타운 브리지 타워도 좋은 선택이 될 것이다.

구시가지 건축물로 알아보는
유럽 건축 양식의 역사

고딕 양식
틴 광장 앞의 성모 마리아 성당

더 크고 높게 지어 신에게 닿고 싶은 중세 사람들의 열망을 담은 건축 양식이다. 뾰족한 첨탑과 큰 창문이 특징이다. 대형 유리를 만드는 기술이 부족해 색색의 유리로 조각한 스테인드글라스가 발달했다. 큰 창을 통해 빛이 많이 들어올 수 있어 환하고 성스러운 느낌을 준다.

로마네스크 양식
성 이르지 성당(프라하 성 단지 내)

문과 창문에 아치가 많고, 이를 버텨내기 위해 건물 벽을 두껍게 만들고 창문은 작게 낸 것이 특징이다. 기둥과 두터운 벽이 견고한 느낌을 주고, 창문이 작아 내부가 어두운 편이다.

르네상스 양식
구시청사

뾰족하고 압도적인 느낌을 강조한 종교적 건축 위주의 고딕 양식에서 벗어나 르네상스 기본 사상인 인본주의에 맞추어 주거용 건축이 성장한 시기다. 인체의 황금비를 적용하여 대칭과 비례, 실용성을 강조한 디자인과 규모가 돋보이는 양식.

바로크 양식
성 미쿨라셰 성당

규칙을 강조한 르네상스 건축에 화려함을 접목시킨 양식이다. 바로크 양식은 부드러운 곡선으로 세련된 맛을 주며, 조각과 공예 작품을 건축물 곳곳에 추가했다. 외부에 역동적이고 화려한 인물 조각상이 많은 것도 특징이다.

로코코 양식
골츠킨스키 궁전

바로크에 반한 귀족들이 화려함을 한껏 담아 선보인 양식이다. 바로크 양식보다 더 세밀하고 화려한 장식이 주를 이루며, 특히 실내 장식에 힘을 쏟았다. 금과 은을 이용하고 화려한 색과 섬세한 문양이 특징이지만 다른 양식에 비해 유행 시기는 짧았다.

신고전주의 양식
스타보프스케 극장

로코코의 과한 장식과 화려함에 질린 사람들이 단순하면서도 숭고한 아름다움을 추구하면서 신고전주의가 등장했다. 단순한 직선적 형태와 그리스 신전 같은 기둥이 특징이다.

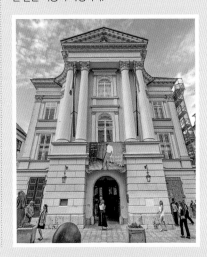

아르누보 양식
오베츠니 둠(공화국 광장 시민회관)

산업혁명의 영향을 받아 철과 콘크리트로 지은 획일화된 건축, 그리고 산업화된 도시의 분위기에 지쳐갈 즈음 나타난 양식. 직전과 달리 건물에 자연을 모티브로 한 예술성을 가미했다. 꽃이나 이파리 같은 섬세한 장식과 나무 덩쿨 같은 장치를 더했다.

매일 아침 배달되는
신선한 필스너 맥주가 이곳에 ……… ①

Lokál 🔊 로칼

체코 곳곳에 체인점이 있는 식당이다. 필스너 우르켈 양조장에서 새벽마다 받아오는 맥주탱크가 있어 신선한 맥주와 체코 요리를 즐길 수 있다. 매장이 몹시 큰데도 대기가 있는 편으로, 현지인과 관광객으로 언제나 문전성시를 이룬다. 대기하는 중에도 스탠딩 테이블에서 맥주를 마시며 기다릴 수 있다. 특이한 점은 매일 메뉴가 조금씩 바뀐다는 것! 바로 그 매력 때문에 이곳을 자꾸만 찾게 된다. 버터에 튀겨 고소함이 가득한 슈니첼과 이 집만의 특제 수제 소시지는 대체로 메뉴에 있는 편인데, 맥주를 무한대로 부르는 맛이다. 프라하에만 총 7개의 매장이 있으니 동선과 겹치는 지점을 이용하면 된다.

📍 Dlouhá 33, Staré Město 🚶 트램을 타고 Dlouhá třída에서 하차. 구시가 광장에서 골츠킨스키 궁전 왼쪽 길을 따라 올라가다 나오는 Dlouhá 거리 중간에 위치 🕐 월~토요일 11:00~24:00, 일요일 11:00~22:00
📞 734 283 874 🏠 lokal-dlouha.ambi.cz

프라하에서 가장 오래된 맥줏집 ······ ②

Pivovar U Medvídků 🔊 피보바르 우 메드비쿠

1466년에 세워진, 프라하에서 가장 오래된 맥주 양조장에서 운영하는 레스토랑이다. 호텔과 양조장 투어, 비어스파도 같은 위치에서 운영하고 있는데 하벨시장과 바츨라프 광장 가까이에 있어 여행 중 들르기 좋다. 꼴레뇨와 굴라쉬, 스비치코바 등 체코의 대표적인 음식 외에도 다양한 메뉴가 있다. 하지만 무엇보다도 우 메드비쿠의 양조장에서 500년이 훌쩍 넘은 레시피로 만든 Old Gott 맥주가 이곳의 자랑이다. 세계에서 가장 높은 도수를 자랑하는 12.6도 맥주 XBeer-33도 있으니 도전해 보자.

📍 Na Perštýně 5 🚶 하벨 시장에서 도보 3분 🕐 월~토요일 11:30~23:00, 일요일 11:30~22:00 📞 224 211 916 🏠 umedvidku.cz

현지인은 물론 해외 대통령까지 찾는 펍 ······ ③

U Zlateho Tygra 🔊 우 즐라테호 티그라

'황금호랑이'라는 뜻의 이 곳은 체코인이 가장 사랑하는 작가인 보후밀 흐라발의 단골 술집이자 미국 클린턴 대통령이 방문했을 때 체코 대통령과 함께 맥주를 마셨던 곳으로 유명하다. 입구에는 필스너 우르켈과 코젤 등의 생산자인 플젠스키 프라즈드로이에서 엄격한 품질 관리를 인증했다는 마크가 붙어있다. 가게 안으로 들어서면 맥주통에 빠진 듯 풍겨오는 맥주 냄새와 왁자지껄한 분위기에 꽤 정신이 없다. 앉자마자 사람 수만큼 맥주잔이 놓이는데, 특별히 거부하지 않으면 잔이 비는 대로 계속 맥주를 준다. 관광객도 많지만 현지인이 워낙 많이 찾는 곳이다 보니 외국인이라고 차분하게 응대해주기를 기대하지 않는 게 좋다. 합석 문화가 아주 자연스럽고, 서서 마시는 사람도 많으니 체코 전통 펍의 바이브를 느끼고 싶은 사람에게 추천한다.

📍 Husova 228/17
🚶 천문시계에서 도보 3분
🕐 매일 15:00~23:00 📞 222 221 111
🏠 www.uzlatehotygra.cz

혼자서도 맛볼 수 있는
꼴레뇨를 찾는다면 ······ ④

U Rudolfina ◀) 우 루돌피나

루돌피눔과 유대인 지구에서 가까운 레스
토랑이다. 필스너 우르켈 맥주를 전문으로
취급하고 있는데 일반 메뉴의 가격대가 그
리 저렴하다고 볼 수는 없지만 꼴레뇨는 하
프 사이즈를 주문할 수 있어 혼자 여행하는
사람들이 부담스럽지 않게 체코의 명물을
맛볼 수 있다. 매일 오후 2시까지 주문이 가
능한 점심 메뉴 종류는 적어도 가격이 저
렴해 가볍게 식사하기 좋다.

📍 Křižovnická 60/10, Josefov
🚶 루돌피눔에서 도보 2분
🕐 월~금요일 11:00~23:00,
토~일요일 12:00~23:00
📞 222 328 758 🏠 urudolfina.cz

신선하고 맛있는
코젤 맥주가 있는 곳 ······ ⑤

Kozlovna Apropos
◀) 코즐로브나 아프로포스

프라하에 8개 지점이 있는 코즐로브나는
코젤 맥주 탱크를 보유한 직영점으로 코젤
을 가장 신선하게 마실 수 있는 곳이다. 한
국인이 사랑하는 다크 코젤은 부드럽고 쓴
맛이 덜한데, 흑맥주와 라거를 반씩 섞은
Řezané는 그윽함 뒤에 이어지는 라거의 톡
쏘는 맛이 일품이다. 특히 이곳의 굴라쉬와
꼴레뇨는 코젤 흑맥주로 만들어서인지 깊은
향이 느껴져 더 맛있고, 바삭하게 튀긴 빵에
마늘을 긁어 먹는 타르타르의 정석을 맛볼
수 있다.

📍 Křižovnická 4 🚶 카를교에서 도보 2분
🕐 매일 11:00~23:00 📞 222 314 573
🏠 www.kozlovna-apropos.cz/en

최고의 맛과 서비스가 기다리는 곳 ······ ⑥

George Prime Steak ◆) 조지 프라임 스테이크

프라하에서 분위기 있는 식사를 한번은 해야 한다면 추천하고 싶은 곳이다. 체코 물가를 생각하면 꽤 큰맘 먹고 가야하는 고급 레스토랑이지만 뉴욕 스트립은 1200Kč, 500g 가량의 티본 스테이크는 1350Kč이니 우리나라에서보단 훨씬 마음 편한 가격에 뛰어난 맛과 분위기, 서비스를 즐길 수 있다. 엄선한 농장에서 윤리적으로 키운 미국산 USDA 프라임급 블랙 앵거스 소고기만을 공급받아 숙성시킨 후 최고의 상태로 맛볼 수 있도록 제공한다.

📍 19, Platnéřská 19
🚶 성 미쿨라셰 성당에서
서쪽으로 도보 2분
🕐 월~토요일 17:00~22:00
❌ 일요일 📞 226 202 599
🏠 georgeprimesteak.com

미트 러버의 성지 ······ ⑦

Naše Maso ◆) 나셰 마소

맛있는 고기는 놓칠 수 없지만 고급 레스토랑은 부담스럽다면 강력히 추천하는 곳이다. 엄밀히 말하면 이곳은 정육점이지만, 즉석에서 만들어주는 수제버거와 샌드위치가 일품이다. 특히 드라이 에이징한 패티로 만든 버거를 먹으려는 사람들이 언제나 줄을 서 있다. 그밖에도 진열대에는 다양한 부위의 고기와 소시지 등이 있는데 원하는 부위와 양을 말하고 조리비로 50Kč만 더 내면 자부심 가득한 사장님이 완벽하게 구운 훌륭한 스테이크를 맛볼 수 있다.

📍 Dlouhá 727/39 🚶 트램을 타고 Dlouhá třída 에서 하차, Gurmet Pasáž Dlouhá 내에 위치
🕐 월~토요일 11:00~22:00 ❌ 일요일
📞 604 237 533 🏠 www.nasemaso.cz

Cafe Slavia ◀)) 카페 슬라비아

국립극장 길 건너편에 있는 유서 깊은 카페. 국립극장이 개관을 앞두었던 당시, 유명인 공연자나 관객으로 온 유명인사가 시간을 보낼 수 있는 고급 카페를 만들고자 했던 설립자의 바람대로 1884년에 카페가 처음 문을 연 이래로 유명인사들의 아지트가 되었다. 체코의 초대 대통령인 바츨라프 하벨도 이곳에서 종종 지인들과 시간을 보내는 등 문화의 중심지로 사랑받았다. 지금은 아침 메뉴와 든든한 점심 식사 메뉴, 저녁에 가볍게 술을 곁들이기 좋은 다양한 음식을 선보이고 있다.

📍 2, Smetanovo nábř. 1012
🏃 구시가지 쪽 레기교 앞에 위치
🕐 매일 09:00~22:00 📞 224 218 493
🏠 www.cafeslavia.cz

Bake Shop ◀)) 베이크 숍

유대인 지구와 파리거리 근처에 있는 베이커리 겸 카페. 시선을 사로잡는 케이크들과 널찍한 카운터를 따라 가득 놓인 빵을 보면 홀린 듯이 지갑을 열게 된다. 이른 아침에 문을 열기 때문에 관광객에게는 훌륭한 조식 레스토랑이자 현지인에게는 하루를 든든하게 시작하기 좋은 곳이다. 속재료가 가득 들어간 오믈렛과 묵직하고 꾸덕한 케이크가 특히 사랑받는 메뉴다. 가격은 꽤 센 편인데 관광지와의 접근성을 생각하면 이해할 만하다. 다양한 빵과 음료를 선택할 수 있고 맛도 괜찮은 편이다.

📍 Kozí 1 🕐 매일 07:00~21:00
📞 222 316 823 🏠 www.bakeshop.cz

전통 패스트리의 세련된 맛 ⋯⋯⋯ ⑩

Kolacherie 🔊 콜라헤리에

전통 체코 빵인 콜라체를 전문으로 하는 베이커리. 문을 연 지
얼마 되지 않았지만 할머니의 비밀 레시피로 만들어낸 콜라체
와 훌륭한 커피를 찾아온 손님들의 발걸음이 끊이지 않는 곳이
다. 체코인이 아침으로 즐겨먹는 콜라체를 관광지에서는 오히려
쉽게 찾기 힘든데, 이곳에서는 브리오쉬 질감의 빵 가운데에 졸
인 과일을 얹은 전통 방식은 물론, 현대식으로 재해석한 콜라체
도 만나볼 수 있다.

📍 Celetná 589/27 🕐 매일 09:00~18:00 📞 603 827 439
🏠 www.kolacherie.cz

제대로 만든
굴뚝빵을 찾는다면 ⋯⋯⋯ ⑪

Trdelník & Coffee
🔊 트르델니크 앤드 커피

유대인 지구에 있는 굴뚝빵 가게로, 프라하에서 유일하게 코셔 인증을 받은 뜨르
들니크를 팔고 있다. 체코에서는 코셔 인증이 유기농이라든지 최고의 맛을 보장하
는 것은 아니지만 철저히 율법에 따랐기에 신선하고 위생적인 식품이라는 믿음
이 있다. 그래서인지 유대인은 물론이고 관광객까지 너도나도 줄을 서는 곳이다.
갓 구운 빵이 바로바로 팔려나가기 때문에 정말 바삭하고 뜨거운 굴뚝빵을 맛볼
수 있는데, 별다른 토핑 없이 가볍게 설탕과 시나몬만 뿌려도 너무나 맛있다.

📍 U Starého Hřbitova 42/2 🚶 유대인 묘지 맞은편에 위치 🕐 매일 11:00~18:00
🏠 trdelnik-coffee.business.site

800년 동안 자리를 지킨
전통시장 ⋯⋯ ①
하벨시장
Havelské Tržiště
🔊 하벨스케 트르지슈테

1232년에 시작된, 노점상이 모여 도심 한복판에 시장을 이룬 곳이다. 구시가지와 신시가지 사이에 있어 과거에는 수많은 시민들이 이곳을 찾아 장을 보곤 했지만, 이제는 기념품을 사러 온 관광객으로 발 디딜 틈 없다. 코로나 이전에 비해서는 규모가 많이 작아졌지만, 지금도 각종 마그넷과 꿀술, 오플라트키, 마리오네트 인형같은 물건을 파는 가판대가 늘어서 있다. 기념품은 다른 곳에 비해 가격도 저렴한 편이라 소소한 선물거리를 찾고 있다면 한번쯤 들러볼 만하다. 다만 정교하다거나 매우 뛰어난 품질을 기대하는 것은 무리다. 우리나라 관광객이 특히 많이 찾는 28번 가판대는 이니셜을 이용해 목걸이를 만드는데 가격도 나쁘지 않다. 하지만 먹거리나 화장품은 정식 매장에서 구매하는 것을 추천한다. 특히 알록달록한 색감으로 눈길을 사로잡는 과일에는 마음을 주지 않는 것이 좋다. 싱싱해 보이는 윗부분을 빼면 과일 상태가 그다지 좋지도 않을 뿐더러 100그램 당 가격을 써 둔 것이라 실제로 무게를 달아보면 마트보다 꽤 비싼 값을 치러야 한다.

📍 Havelská 13 🚶 천문시계에서 Melantrichova 거리를 따라 걷거나 지하철 A/B선 Můstek 역에서 하차 🕐 월~토요일 07:00~19:00, 일요일 08:00~18:30

마음을 설레게 하는 브랜드가 가득한 우아한 거리 ⋯⋯ ②
Parížská 🔊 파르지슈스카

파르지슈스카, 즉 파리 거리라는 뜻으로 구시가지 광장의 성 미쿨라셰 성당에서부터 유대인지구까지 이어지는 큰 쇼핑가를 말한다. 19세기까지 이 거리는 모두가 꺼리는 가난하고 지저분한 우범지대여서 소설가 프란츠 카프카는 이곳을 '자살하려는 사람들이 달려나가는 거리'라 부르기도 했다. 이러한 환경을 개선하고자 주변 건물과 조경을 손본 끝에 프라하 최초의 가로수길로 거듭났고, 이제는 '프라하의 샹젤리제'라고 불릴 만큼 고급스러운 쇼핑가가 되었다. 세계적인 명품 브랜드가 모두 이곳에 모여 있어, 유명 백화점이 없는 프라하 여행의 아쉬움을 달랠 수 있을 정도도. 특히 2022년 6월에 드디어 샤넬 매장이 문을 열면서 쇼핑으로 여행을 마무리하고 싶은 관광객의 마음을 들썩이게 했다. 입국 시 세관 신

고를 감안하면 우리나라보다 엄청 싸게 물건을 살 수 있는 건 아니지만, 오픈런을 피해 다양한 제품을 편하게 볼 수 있다는 것만으로도 매력적인 공간이다. 이런 이유 때문인지, 신혼여행객이 특히 즐겨찾는 거리다.

📍 Parížská
🚶 구시가지 광장의 성 미쿨라셰 성당
오른편 길부터 시작됨

200개 숍이 한데 모인 복합 쇼핑센터 ⋯⋯ ③
Palladium 🔊 팔라디움

공화국 광장에 위치한, 프라하에서 가장 큰 백화점이다. 하지만 시내 중심가의 유서 깊은 백화점을 생각하고 명품이나 유명 디자이너의 브랜드를 찾으려 했다면 아쉬움이 클 것이다. 팔라디움은 백화점보다는 대형 쇼핑몰에 가까운 곳으로, 주말이면 관광객은 물론 쇼핑하러 나온 현지인으로 북새통을 이룬다. 다양한 브랜드와 레스토랑이 모여있고, 어린 아이들이 놀 만한 곳이 많아 가족 단위로 찾는 사람도 많다. 무료로 화장실을 이용할 수 있다는 장점도 있다.

📍 Nám. Republiky 1078/1 🕐 07:00~22:00 📞 225 770 250
🏠 www.palladiumpraha.cz

석회수로 빠지는 머리숱을
지켜주는 맥주샴푸 ⋯⋯ ④

Manufaktura 🔊 마누팍투라

맥주 샴푸로 유명한 마누팍투라는 체코의 대표적인
화장품 브랜드로, 꼭 이 지점이 아니어도 시내 곳곳에
서 찾아볼 수 있다. 맥주 효모 성분이 탈모 예방에 도
움을 준다고 해 유명세를 탔는데, 맥주 냄새가 날까 봐
걱정하는 사람들도 있지만 막상 향을 맡아보면 산뜻하
고 기분 좋은 풀 냄새가 난다. 가격도 꽤 저렴하고 선물
하기 좋은 패키지 상품도 다양하게 구성되어 있다. 가
장 유명한 건 맥주 샴푸지만, 포도씨 등 다양한 원료
로 만든 제품과 스크럽 비누, 핸드크림 등 카테고리가
다양하다. 여러 개 사면 할인하는 행사도 종종 열리고,
일정 금액 이상 구매하면 택스 리펀도 받을 수 있다.

📍 Celetná 11
🚶 천문시계에서 Celetná거리를 따라
도보 3분 ⏰ 일~수요일 10:00~19:00,
목~토요일 10:00~20:00
📞 601 310 676
🏠 www.manufaktura.cz

3분 만에 예뻐지는 비법이 있는 곳 ⋯⋯ ⑤

Havlíkova Přírodní Apotéka
🔊 하블리코바 프르지로드니 아포테카

직접 운영하는 유기농 허브농장과 직접 숲에서 양봉을 해 얻은
프로폴리스와 로열젤리를 재료로 하는 천연 화장품 전문점. 마
누팍투라에 비해 고급스러운 퀄리티를 자랑하고, 가격도 좀 더
높은 편이다. 매장에 들어서면 직원이 친절하게 반겨주며 한글
로 된 설명서를 건네주기 때문에 쇼핑하기 어렵지 않다. 미니 치
약처럼 생긴 '3분 마스크팩' 은 아침에 3분만 발랐다가 씻어내
도 즉각적인 효과가 있다고 해 가장 큰 인기를 끌고 있다. 무겁
지 않고 가격도 부담스럽지 않아 선물로도 훌륭하다.

📍 Jilská 361/1 ⏰ 매일 09:00~21:00 📞 777 154 055
🏠 havlikovaapoteka.cz

체코의 대표
유기농 화장품 ⑥
Botanicus 🔊 보타니쿠스

자체적으로 운영하는 정원에서 직접 기른 식물과 허브 등 유기농 원료로 만든 화장품을 판매하는 곳이다. 유명한 여배우가 이곳의 장미오일을 쓴다고 해서 한창 중국 관광객이 많을 때는 장미오일 진열장이 텅텅 비어있을 정도였다고 한다. 넓직한 매장에는 싱그러운 향을 풍기는 천연 비누와 원료별 라인으로 구성된 스킨케어, 세면용품이 깔끔하게 진열되어 있다. 테스트를 할 수 있도록 샘플을 비치해 두어 향과 텍스처를 확인해 본인에게 맞는 제품을 고를 수 있다는 장점이 있다. 직원에게 요청하면 한국어로 된 책자도 받을 수 있다. 체코 물가를 생각하면 비싼 감이 있지만 우리나라와 비교하면 저렴한 가격에 유기농 제품을 쓸 수 있고 오일이나 크림 등의 제품에 대해서도 대체로 평이 좋다.

📍 Tyn yard - Ungelt, Týn 3
🏃 틴 성당 왼편 Týnská 거리를 따라 도보 3분
🕐 매일 10:00~19:00 📞 702 207 096
🏠 www.botanicus.cz

최고급 크리스털을 원한다면 바로 여기! ⑦
Preciosa Flagship Store 🔊 프레치오사 플래그십 스토어

크리스털 최대 산지인 크리스털 밸리에서 탄생한 고급 브랜드로, 환한 조명을 받아 반짝이는 눈부신 크리스털 샹들리에가 입구에서부터 반겨준다. 세계적으로 품질을 인정받는 보헤미안 크리스털 중에서도 300년 전통을 자랑하는 프레치오사의 플래그십 스토어에는 억대를 호가하는 샹들리에부터 크리스털 잔, 주얼리가 가득해 마치 크리스털 박물관에 온 듯한 느낌을 준다. 구경하다 보면 한국으로 가져갈 엄두가 나지 않는 샹들리에에 대신 작은 귀걸이라도 하나 사야겠다 싶은 생각이 든다. 체코 정부가 직접 관리하는 퀄리티의 크리스털을 소장할 수 있으니 하벨시장 근처를 지난다면 들러 보자.

📍 Rytířská 536/29
🏃 지하철 A/B선 Můstek역에서 도보 1분
🕐 매일 10:00~20:00 📞 488 118 106
🏠 www.preciosalighting.com/flagship-store-prague

●

유대인의 애환이 녹아 있는 곳
유대인 지구

유럽에서 가장 큰 유대인 거주 지역으로, 박해 받던 유대인의 슬픔과 한 맺힌 삶
이 남아있다. 10세기부터 프라하에 살기 시작한 유대인은 13세기부터 제 2차 세
계대전이 끝날 때까지 '게토'라고 부르는 이곳에 분리되어 외부와 단절된 채 살
아야 했다. 프라하에는 유대인 지구의 여섯 시나고그를 포함해 총 일곱 개의 시
나고그가 있는데, 시나고그란 유대인이 예배를 드리는 회당을 뜻한다. 이곳을
요세포프(Josefov)라고 부르기도 하는, 신성로마제국의 황제였던 요제프 2
세가 게토의 벽을 허물었던 일을 기념하기 위해서라고 한다. 카를교나 구시가 광
장과는 달리, 이곳에는 유럽권 관광객이 압도적으로 많다. 진지한 얼굴로 가이
드의 설명을 들으며 유대인의 참혹한 역사를 되새기는 그들을 보면 함께 마음이
숙연해진다. 유대인 지구는 통합권으로 신시가지에 있는 예루살렘 시나고그를
포함한 총 8곳의 유적지를 한번에 둘러볼 수 있다. 순서에 따라 천천히 유대인
지구를 돌다 보면 생각보다 방대한 규모에 놀라게 된다.

🏃 성 미쿨라셰 성당에서 파리 거리를
따라가면 왼편에 위치
🕐 1월1일~3월25일 10:00~16:30,
3월27일~10월28일 09:00~18:00,
10월30일~12월31일 10:00~16:30,
12월24일 10:00~14:00
✖ 토요일 및 유대교 공휴일
🎫 스타로노바 시나고그 200 Kč,
스타로노바 시나고그 외 나머지
시나고그 및 묘지 350 Kč, 통합권 500 Kč,
오디오 가이드 80 Kč
🏠 www.jewishmuseum.cz

★ 마지막 시나고그인 예루살렘 시나고그는
신시가지 P.128 참조

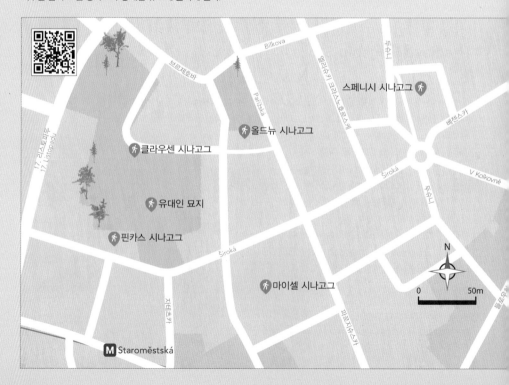

마이셀 시나고그
Maisel Synagogue
Maiselova Synagoga
🔊 마이셀로바 시나고가

유대인의 흔적이 담긴 수많은 물품
이 소장된 곳으로, 박물관으로 쓰이
고 있다. 이곳에 소장품이 많은 데는
슬픈 이유가 있는데, 유대인을 모두
말살한 후 이곳을 박물관으로 만들
고자 나치가 계획적으로 당시의 생
활용품과 여러가지 기록물을 모았기
때문이다.

📍 Maiselova 10 📞 222 749 464

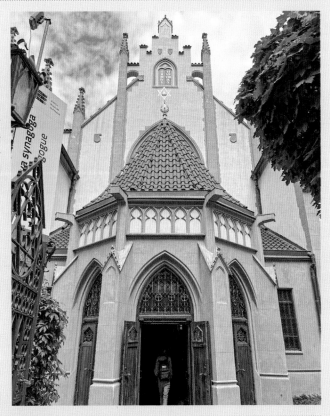

핀카스 시나고그 Pinkas Synagogue
Pinkasova Synagoga 🔊 핀카소바 시나고가

1535년에 세워진 시나고그로, 나치에 의해 강
제수용소에서 살해된 체코 출신 유대인 희생
자를 추모하는 기념관이다. 벽면에는 특이한
무늬가 있는데, 사실 이는 무늬가 아니라 사람
의 이름이다. 바로 테레진과 아우슈비츠 수용
소에 수감되었다가 돌아오지 못한 77,297명의
유대인이다. 검정 글씨는 희생자의 이름, 빨간
글씨는 성, 노란 글씨는 지역명이다. 윗층까지
끝없이 이어지는 이름을 따라 걷다 보면 어딘
가 서툰 그림이 전시된 곳이 나온다. 수용소에
있던 아이들이 그린 것인데, 대다수는 다시 세
상의 빛을 보지 못했다.

📍 3, Široká 23 📞 222 749 211

유대인 묘지 Old Jewish Cemetery
Starý Židovský Hřbitov ◀) 스타리 지도프스키 흐르주비토프

당시 유대인에 대한 차별을 생생하게 느낄 수 있는 곳이다. 프라하 안에서 유대인을 매장할 수 있었던 유일한 곳인데, 무질서하게 묘비가 빼곡히 꽂힌 광경을 보면 말을 잊을 만큼 충격적이다. 200평 가까운 규모에 매장된 시신은 약 10만 여구라고 하는데, 지정된 곳에만 묘지를 쓸 수 있어서 좁은 공간에 묻고 또 묻느라 어떤 곳에는 시신 열다섯 구가 겹쳐 매장되었다고 한다. 묘지 입구에는 키파라고 하는 종이 모자가 놓여있는데, 유대교에서는 남성들이 키파를 쓰고 하늘에 머리를 보이지 않는 것이 하느님에 대한 경외심을 표현하는 예의라고 한다.

📍 Široká 3 📞 222 749 211

클라우센 시나고그
Klausen Synagogue
Klausová Synagoga
◀) 클라우소바 시나고가

유대인 묘지 바로 옆에 있는데, 종교 의식 및 공부를 하던 곳이다. 유대인 지구에서 가장 큰 핵심 건물로, 이곳에서는 유대인의 종교 의식, 일상 생활, 출산, 결혼, 장례 풍습까지 당시 유대인의 다양한 삶의 모습을 볼 수 있다.

📍 U Starého Hřbitova 39 📞 222 317 191

올드뉴 시나고그
Old New Synagogue
Staronová Synagoga
🔊 스타로노바 시나고가

1270년대에 세워진 가장 오래된 시나고 그이자 유럽에서 가장 오래된 회당이다. 오른편 비소카 시나고그에는 두 개의 벽 시계가 있는데, 그중 아래에 있는 유대교 식 시계는 특이하게 시계바늘이 반대로 돈다. 스타로나바 시나고그 내부로 들어 서면 벽에서 빛바랜 핏자국을 볼 수 있는 데, 1389년 일어난 폭동 때 살해당한 유 대인의 흔적이다.

📍 Červená 📞 224 800 812

스페니시 시나고그
Spanish Synagogue
Španělská Synagoga
🔊 슈파넬스카 시나고가

소박한 외관과는 다르게 내부 는 몹시 화려하고 이국적이다. 커다란 돔 아래 빛나는 유대교 의 별모양 샹들리에 빛을 받아 시나고그 내부의 금빛 장식이 찬란하게 빛난다. 이곳에는 스 페인계 유대인이 겪은 수난과 저항의 흔적을 볼 수 있는 유물 이 전시되어 있다.

📍 Vězeňská 1 📞 222 749 211

우는 아이도 뚝 그치게 하는 골렘의 전설

유대인 지구는 체코의 전래동화 골렘 이야 기가 탄생한 곳이기도 하다. 기독교의 유대 인 탄압이 극심하던 1580년에 랍비 로위가 기독교인에 맞서기 위해 성경에 나오는 골렘 을 만들기로 한다. 나뭇가지에 흙을 덧붙여 사람의 형상을 한 골렘을 빚고, 이를 조종하 기 위해서 입 안에 당나귀 가죽을 붙여 생명 을 불어넣었다. 골렘은 큰 몸집으로 유대인 들을 보호하고 도왔지만, 어느날 밤, 골렘이 제멋대로 모든 것을 파괴하고 난동을 부리 자 올드 뉴 시나고그 다락방에 골렘을 숨겨 두었다고 한다.

밤낮으로 활기찬 거리

신시가지 New Town

Nové Město 🔊 노베 메스토

프라하 최대의 번화가인 신시가지는 지하철 A노선과
B노선이 교차하는 바츨라프 광장을 중심으로 구시가지를 크게
감싸 안는 모양의 구역을 말한다. 번화가답게 쇼핑할
곳도 많고, 식당과 카페, 바 그리고 문화생활을 누릴 수 있는
크고 작은 박물관도 곳곳에 있어 언제나 활기가 넘치는 곳이다.
입맛에 맞는 공연을 감상하거나 박물관을 둘러본 후
바츨라프 광장을 따라 걸으며 역사적인 광장의 의미를
되새겨보자. 그리고 마음에 드는 상점에서 쇼핑을 즐긴 다음
카페나 바에 앉아 한숨 돌리는 여유를 즐겨보자. 신시가지는
바로 이렇게 의미와 재미를 모두 충족할 수 있는 곳이다.

**추천
코스**

예상 소요 시간
약 6~7시간

독립을 향해 뜨겁게 끓어오른
바츨라프 광장

도보 3분

르네상스 양식이 아름다운 **체코 국립박물관**

도보 5분

우아와 낭만이 가득한 **국립 오페라극장**

도보 7분

독특한 외관과 화려한 실내, **예루살렘 시나고그**

도보 3분

수려한 외모로 신시가지를 빛내는 **인드르지슈스카 종탑**

도보 3분

독특한 그림으로 세계를 매혹시킨 **알폰스 무하 박물관**

도보 16분

시민들의 열정으로 지어 올린 **국립극장**

도보 8분

춤추는 두 남녀의 모습을 담은 **댄싱하우스**

도보 15분

눈부신 햇살 아래 산뜻하고 경쾌한 음색으로 가득한
드보르작 박물관

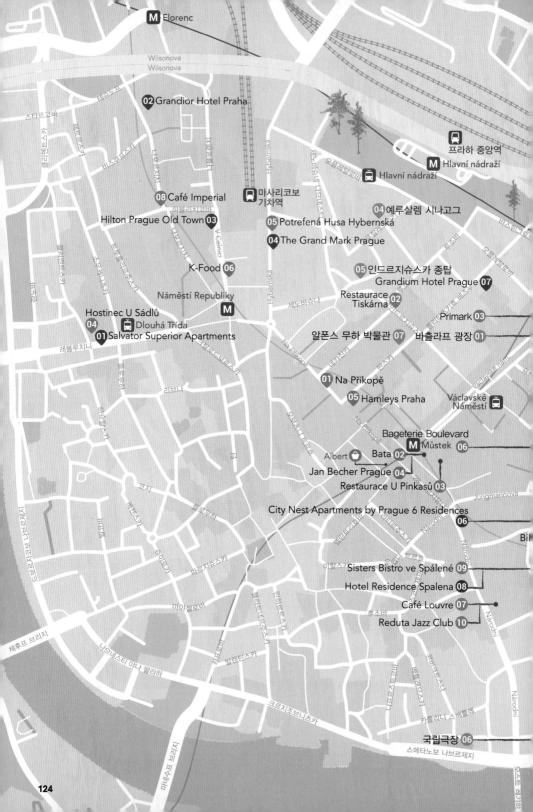

M Florenc

Wilsonova
Wilsonova

02 Grandior Hotel Praha

프라하 중앙역
M Hlavní nádraží
Hlavní nádraží

08 Café Imperial
마사리코보 기차역
04 예루살렘 시나고그

Hilton Prague Old Town 03
05 Potrefená Husa Hybernská
04 The Grand Mark Prague

K-Food 06
05 인드르지슈스카 종탑
Grandium Hotel Prague 07
Restaurace Tiskárna 02

Náměstí Republiky
M
Primark 03

Hostinec U Sádlů
04
Dlouhá Třída
01 Salvator Superior Apartments
알폰스 무하 박물관 07
바츨라프 광장 01

01 Na Příkopě

05 Hamleys Praha
Václavské Náměstí

Bageterie Boulevard
M Můstek 06
Albert
Bata 02
Jan Becher Prague 04
Restaurace U Pinkasů 03
Jungmannova

City Nest Apartments by Prague 6 Residences 06

Bi

Sisters Bistro ve Spálené 09
Hotel Residence Spalena 08
Café Louvre 07
Reduta Jazz Club 10

국립극장 06
스메타노보 나브르제지

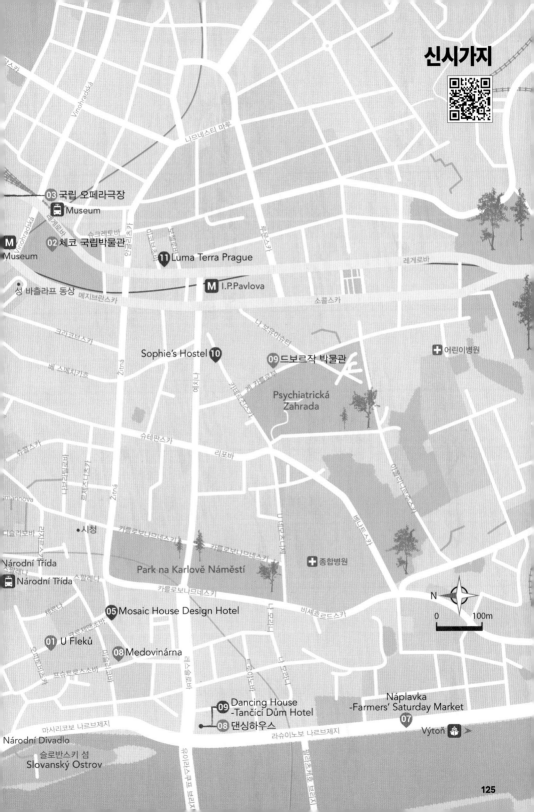

신시가지

03 국립 오페라극장
🚌 Museum

M Museum
02 체코 국립박물관

11 Luma Terra Prague

성 바츨라프 동상

M I.P.Pavlova

소콜스카

Sophie's Hostel 10

09 드보르작 박물관

➕ 어린이병원

Psychiatrická
Zahrada

시청

Národní Třída
🚊 Národní Třída

➕ 종합병원

Park na Karlově Náměstí

N

0   100m

05 Mosaic House Design Hotel

01 U Fleků

08 Medovinárna

Dancing House
09 -Tančící Dům Hotel
08 댄싱하우스

Náplavka
-Farmers' Saturday Market

07

Národní Divadlo

슬로반스키 섬
Slovanský Ostrov

Výtoň 🏠

바츨라프 광장

Wenceslas Square
Václavské Náměstí
🔊 바츨라프스케 나메스티

국립박물관 앞을 지키고 서 있는 성 바츨라프 동상부터 무스테크 역까지 이어지는 긴 삼각형 모양의 대로다. 쇼핑센터는 물론이고 우리에게 익숙한 SPA브랜드를 비롯한 다양한 옷 가게, 서점과 카페, 바가 즐비한 곳이어서 언제나 프라하의 젊은이들로 북적인다. 하지만 바츨라프 광장을 단순하게 쇼핑 거리라고만 생각하지는 말자. 사실 이곳은 체코슬로바키아의 독립선언문이 낭독된 또 하나의 장소이자 프라하 시민이 온몸으로 나치와 격전을 벌인 역사의 현장이다. 또 어렵게 찾은 자유가 소련군에 다시 짓밟히는 '프라하의 봄' 사건 이후, 희망의 메시지를 전하려던 카를 대학 학생들의 분신자살이 일어난 뜨거운 광장이기도 하다. 그리고 무엇보다도 체코의 민주화를 이끌어낸 벨벳혁명이 일어난 역사적인 곳이다. 양손에 쇼핑백을 들고 신나게 걷는 사람들 틈에서 치열하게 자유를 갈망하던 프라하 시민들을 잠시나마 떠올려 보는 것도 의미 있는 시간이 될 것이다.

📍 Václavské náměstí 🚶 지하철 A/C선 Muzeum역 또는 A/B선 Můstek역 하차, 트램 이용시 Muzeum에서 하차

바닥의 십자가를 주목해 주세요

'프라하의 봄'으로 자유를 잃은 체코에 무기력함이 가득해지자, 시민들을 다시 일으키기 위해 카를 대학의 학생이었던 얀 팔라흐와 얀 자이츠가 한 달 간격으로 같은 자리에서 분신을 한 뒤 세상을 떠난다. 자유를 포기해버린 무력한 시민들을 일깨우고자 죽음을 택한 그들을 기리고 그 정신을 기억하고자 얀 팔라흐가 숨진 자리인 체코 국립박물관 앞에 십자가를 남겨두었다고 한다.

성 바츨라프 동상 뒤로 눈부시게 빛나는 체코 역사의 보고 .... ②

체코 국립박물관 National Museum Národní Muzeum ◀) 나로드니 무제움

1818년에 세워진 체코 최대 규모의 박물관으로, 19세기 후반에
체코 건축가 요제프 슐츠가 지금의 모습으로 박물관을 탄생시키면
서 아름다운 외관과 내부 인테리어를 완성했다. 특히 웅장한 르네
상스 양식의 내부는 영화 미션임파서블의 촬영 배경이 되기도 했
다. 설립 초기에는 귀족들의 개인 소장품을 기증받아 전시했으며,
1949년에 국가 소유가 된 이후 자연과학 위주 전시에서 역사와 문
화까지 폭넓은 분야를 다루게 됐다. 자연과학 위주로 초기 소장품
을 전시했던 만큼 전시실 중 자연사 박물관은 수많은 동물 박제와
거대한 모형이 가득해 어린이들이 특히 좋아하는 곳이다. 내부에
도 볼거리가 가득하지만 박물관 관람에는 영 흥미가 없다면 해질
무렵 박물관 앞으로 가 보자. 아름다운 건물 뒤로 펼쳐지는 노을과
어둠을 환하게 밝히는 박물관의 조명은 누구라도 멈춰서 사진을
찍게 만드는 황홀한 풍경이다.

"Photo-archive of the National Museum"

📍 Václavské nám. 68 🚶 지하철 A/C선 Muzeum역 또는 트램을 타고
Muzeum에서 하차 🕐 매일 10:00~18:00 💰 성인 250 Kč, 학생 및
시니어 150 Kč 📞 224 497 111 🏠 www.nm.cz

우아와 낭만이 넘치는 아름다운 극장 ⋯⋯ ③

국립 오페라극장 State Opera Praha

Statni Opera Praha ◀) 스타트니 오페라 프라하

프라하 중앙역과 국립박물관 사이에 위치한 네오르네상스식 오페라극장이다. 국립극장보다 무대도 더 넓고 객석도 많은 이곳에서는 주로 오페라와 발레 공연의 막이 오른다. 1888년에 지어진 건물이라는 사실이 무색하게도, 최근 보수를 마친 내부 장식과 샹들리에 등 눈이 닿는 곳마다 찬란하게 빛나는 아름다운 곳이다. 박스석 앞줄에는 태블릿이 있어 공연 정보를 숙지하는 데 도움이 된다. 간단한 음료와 다과를 먹을 수 있는 바는 샴페인 한 잔에 40코루나 정도로 가격이 부담스럽지는 않은데, 인터미션 때면 끝없이 줄이 이어지니 이왕이면 조금 일찍 도착해서 공연 시작 전에 여유를 즐겨보자. 샴페인 한 잔을 들고 발코니에 나서서 거리를 바라보면, 귀한 파티에 초대된 듯한 짜릿한 기분이 들 것이다.

📍 Wilsonova 4, Vinohrady ⋏ 국립박물관을 마주보고 왼편에 위치 📞 224 901 448 🏠 www.narodni-divadlo.cz/cs

너무나 독특해서 더 신비로운 유대인 회당 ⋯⋯ ④

예루살렘 시나고그 Jerusalem Synagogue

Jeruzalémská Synagogal ◀) 예루잘렘스카 시나고가

프라하 중앙역에서 나와 길을 건너 걷다 보면 특이한 외관의 건물이 나타난다. 바로 유대인 지구 바깥에 있는 또다른 유대교 회당인 예루살렘 시나고그다. 정식 명칭은 주빌리Jubilee 시나고그지만, 예루살렘 거리에 있어서 대부분은 예루살렘 시나고그라고 부른다. 프라하의 시나고그 중에서 가장 최근인 1906년에 완공되었는데, 주변 건물과는 전혀 다른 느낌으로 우뚝 서있는 이 건축물을 보면 어디선가 고전 오락 테트리스의 배경 음악이 흘러나오는 듯한 착각마저 들만큼 독특하다. 알록달록한 색감과 화려하고 섬세한 장식, 그리고 독특한 아치는 예배당이라기보다는 궁전의 연회장인가 싶을 만큼 황홀하고 이국적인 느낌을 주는데, 이는 아르누보 양식과 무어 양식이 만나면서 자아내는 분위기 덕이다.

📍 Jeruzalémská 1310/7 ⋏ 프라하 중앙역에서 신시가지 쪽으로 길을 건너 Jeruzalémské로 진입. 또는 트램을 타고 Jindřišská 정거장에서 하차 🕐 일~금요일 10:00~17:00 ✖ 토요일 및 유대교 공휴일 🎫 성인 100Kč, 학생 및 시니어 60Kč(*유대인 지구 통합권 소지자는 할인 적용됨) 📞 736 216 757 🏠 www.synagogue.cz

인드르지슈스카 종탑 Jindřišská Tower
Jindřišská Věž ◀ 인드르지슈스카 베시

한때는 신시가지의 자부심이라고 불리던 탑이다. 10층으로 이루어져 있고 엘리베이터로 이동이 가능하며 내부에는 레스토랑과 카페, 작은 박물관까지 있지만, 프라하에 즐비한 다른 탑에 비하면 전망을 보기에 썩 좋은 곳은 아니다. 맨 꼭대기의 전망대에 있는 작은 창문을 통해 내다봐야 하기 때문에 탁 트인 느낌을 주지는 못하기 때문이다. 하지만 프라하 중앙역에서 신시가지로 넘어갈 때 조명을 받아 은은하게 빛나는 인드르지슈스카 탑은 신시가지가 충분히 자부심을 느낄 만한 멋진 모습이다.

📍 Jindřišská věž, Jindřišská 2122/33
🕐 매일 10:00~19:00
🎟 성인 190 Kč, 학생 및 시니어 110 Kč
📞 224 232 429
🏠 www.jindrisskavez.cz

국립극장 National Theatre Národní Divadlo ◀ 나로드니 디바들로

블타바 강둑에서 화려하게 빛나는 국립극장은 프라하의 야경을 빛내는 일등공신 중 하나다. 최신 시설로 무장한 곳은 아니지만, 국가를 대표하는 극장을 만들고자 했던 체코인의 염원으로 지어진 사랑받는 극장이다. 마땅한 국립극장이 없던 19세기, 애국주의자들의 주도로 체코의 귀족과 수많은 단체, 그리고 시민들의 기부금과 체코 각지에서 가져온 석재를 이용해 1881년 체코를 대표하는 극

📍 Národní 2
🚶 블타바 강둑 레기 다리 맞은편에 위치. 트램 이용시 Národní divadlo에서 하차
📞 224 901 448
🏠 www.narodni-divadlo.cz

장이 완성됐다. 하지만 1883년 마무리 작업을 하던 인부들의 부주의로 화재가 일어나 많은 부분이 손상됐고, 또다시 체코 국민들의 모금을 통해 재건되었다. 온 체코 국민의 염원을 담은 극장인 만큼, 극장 외부와 내부는 약 3kg에 달하는 금과 당대를 대표하는 체코 예술가의 작품으로 장식되어 있다. 공연 티켓이 저렴한 편이니 일정이 허락한다면 내부 투어만 하는 것보다는 공연을 관람하며 여유롭게 극장 내부를 둘러보고, 발코니에서 블타바 강의 야경을 바라보는 호사를 누려보자.

알폰스 무하 박물관

Mucha Museum
Muchovo Muzeum 🔊 무호보 무제움

일러스트에 관심이 있는 사람이라면 현대 일러스트레이터의 시조로 손꼽히는 알폰스 무하라는 이름을 들어봤을 것이다. 만화 세일러문이나 게임 프린세스 메이커 등 우리나라에서도 큰 인기를 끌었던 일본의 미소녀 일러스트는 바로 그의 영향을 받은 것이다. 바츨라프 광장에서 한 블록 들어간 곳에 바로 아르누보의 거장이자 체코의 대표 화가인 알폰스 무하(1860-1939)의 작품을 볼 수 있는 아담한 박물관이 있다. 프라하 물가를 감안하면 입장료 금액이 꽤 높은 편인데, 전체를 둘러보는 데 한 시간도 채 걸리지 않을 만큼 전시 규모는 작다. 그럼에도 늘 박물관에 사람이 가득한 것은 무하의 독특한 그림체 덕분이다. 감각적이고 섬세한 무하의 작품은 마치 거대한 타로 카드를 보는 듯한 느낌을 준다. 총 일곱 섹션으로 나뉘는 전시실에서는 무하가 프랑스 파리에서 제작한 포스터와 각종 스케치, 그리고 무려 8살 때 그린 그림과 파스텔화 등을 감상할 수 있다. 박물관 내부에서는 사진 촬영이 불가능하지만 아쉬워하기에는 이르다. 기념품 숍에서는 엽서와 포스터는 물론이고 무하의 대표작이 들어간 여러가지 소품을 파는데 퀄리티도 좋고 가격도 비싸지 않다. 마음에 두었던 작품을 소장할 수 있으니 오히려 더 좋은 기회다.

📍Panská 7 🚶 인드르지슈스카 탑에서 Jindřišská 거리를 따라 두 블록 내려오면 오른편 골목 안쪽에 위치 ⏰ 매일 10:00~18:00 💰 성인 280Kč, 학생 및 시니어190Kč, 도록 950Kč, 해설서 150Kč, 안내서 50Kč (전부 한국어 제공됨) 📞 224 216 415 🏠 www.mucha.cz

무하 더 알아보기

알폰스 무하가 세계적인 명성을 떨치게 된 것은 당대 프랑스 최고 여배우의 포스터를 그리면서부터다. 까다롭기 그지없던 배우 사라 베르나르는 자신을 신비로운 여신처럼 묘사한 무하의 실물 크기 포스터에 반했고, 길에 붙은 포스터는 시민들이 앞다투어 떼어가느라 붙은 지 하루를 못 갈 정도로 인기가 많아 그야말로 대박이 났다. 이 사건으로 무명이었던 무하는 파리에서 가장 잘나가는 상업 화가가 되었다. 하지만 알폰스 무하가 상업 미술에만 치우쳤던 것은 아니다. 앞서 파리에서 성공을 거두며 부와 명예를 모두 거머쥐고 유럽에서 인정받는 화가가 되었지만, 정작 고국인 체코는 오스트리아-헝가리 제국의 식민지에 불과했다. 그 안타까운 마음을 담아 '슬라브 서사시' 연작 20점을 그려 체코 정부에 헌정하면서 조국과 민족에 대한 자신의 열정을 드러낸 민족예술가이기도 하다.

자유롭게 춤추는 두 건물, 진저와 프레드 ...... ⑧

댄싱하우스 Dancing House Tančící Dům ◀) 탄치치 둠

국립극장에서 강변을 따라 10분 정도 걸어 내려가면 교차로에
매우 특이한 건물 하나가 나타난다. '건물'하면 떠오르는 직선과
사각의 틀에서 벗어난, 곡선과 사선으로 이루어진 건물이다. 심
지어 한 덩어리인지 두 덩어리인지 분간이 안 될 만큼 모양새가
전혀 다른 건물 두 채가 바짝 붙어있고, 바닥에서는 붕 떠있다.
바로 체코의 유명한 해체주의 건축가인 프랭크 게리의 작품인
'댄싱하우스'로, 미국의 유명 댄서이자 배우 콤비인 진저 로저스
와 프레드 아스테어로부터 영감을 받아 춤추는 남녀를 형상화
한 작품이다. 왼쪽의 사선형 건물은 치마를 입은 '진저'고 오른
쪽 건물은 모자를 쓰고 정장을 갖춰 입은 '프레드'라고 한다. 지
금은 사무실과 호텔로 쓰이고 있는데, 밖에서만 바라보는 게 아
쉽다면 진저의 머리 부분에 해당하는 맨 위층에 마련된 루프탑
바로 올라가 보자. 100코루나를 내거나 음료를 사면 발코니로
나갈 수 있는데, 건물이 신시가지 아래쪽에 위치해 있어서 색다
른 각도의 전망을 볼 수 있다.

📍 Jiráskovo nám. 1981/6 🏃 트램을 타고 Jiráskovo náměstí에서
하차 📞 605 083 611 🏠 www.tancici-dum.cz

신세계로 나아간 국민 작곡가 ...... ⑨

드보르작 박물관 Antonín Dvořák Museum

Muzeum Antonína Dvořáka ◀) 무제움 안토니나 드보르자카

스메타나의 뒤를 잇는 체코의 민족 음악가이자 체코가 사랑하는
또 하나의 작곡가인 드보르작의 인생 여정이 담긴 박물관이다. 주
요 관광지와 다소 떨어진 곳에 있어 관광객의 발걸음은 뜸한 편이
지만, 덕분에 한적한 공간에서 세계적인 거장을 만나볼 수 있다. 큰
길에서 벗어나 조용하고 아담한 골목에 들어서면 오렌지빛 박물관
이 모습을 드러낸다. 입구에서 한국인이라고 말하면 깔끔하게 코
팅한 한글 가이드 책자를 건네주며 박물관을 둘러보는 법을 친절
히 설명해준다. 책자는 나갈 때 반납하면 되는데, 내용이 꼼꼼하고
풍부해서 박물관을 알차게 돌아볼 수 있으니 잊지 말고 요청하자.
커다란 창이 가득한 2층으로 올라가면 드보르작의 대표곡을 들을
수 있는 공간이 나온다. 여행의 긴장감은 잠시 내려 두고 의자에 앉
아 따뜻한 햇살을 받으며 공간을 가득 메우는 그의 대표곡 '유모
레스크'와 '신세계로부터'를 꼭 들어보자.

📍 Ke Karlovu 462/20 🚇 지하철 C선 I. P. Pavlova역 또는 트램을 타고
I. P. Pavlova 또는 Štěpánská에서 하차 🕐 화~일요일 10:00~17:00
❌ 월요일 🎫 성인 50Kč 학생 및 시니어 30Kč 📞 774 845 823
🏠 www.nm.cz

1499년부터 이어진
흑맥주의 성지 ......①
U Fleků 🔊 우 플레쿠

500년이 넘도록 한 자리를 굳건히 지킨 우 플레쿠 양조장은 맥주 애호가들의 성지다. 긴 역사를 자랑하는 흑맥주를 맛보려는 사람들로 언제나 발디딜 틈이 없고, 다닥다닥 붙은 테이블 사이로 쟁반 가득 술잔을 들고 다니며 빈 잔만 보였다 하면 '한 잔 더?'를 묻는 점원들로 북적거린다. 이곳에서 흑맥주의 신선하고 그윽한 맛을 보면 평소에 흑맥주를 꺼리던 사람들도 그 매력에 눈을 뜨게 된다. 음식과 서비스는 아쉬운 점이 많다는 평에도 불구하고, 흑맥주만으로도 수많은 손님이 늘 테이블을 가득 채운다. 직접 맥주를 병에 담으며 양조장의 역사를 체험할 수 있는 프로그램은 10인 이상이 모여야 진행되며 인당 210Kč다.

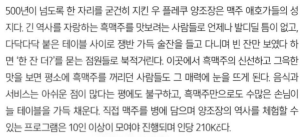

📍 Křemencova 11 🚶 트램을 타고 Myslíkova에서 하차한 후 도보 2분
🕐 매일 10:00~23:00 📞 224 934 019
🏠 www.ufleku.cz

차분한 분위기에서 맛보는 체코 전통 음식 ......②
Restaurace Tiskárna 🔊 레스타우라체 티스카르나

무하 박물관에서 얼마 떨어지지 않은 이곳에는 입소문에 끌린 손님들이 줄지어 찾아온다. 체코 전통 음식을 깔끔하고 정성스럽게 내놓는데, 가격도 꽤 합리적이고 맛도 상당히 괜찮다. 이곳의 꼴레뇨는 포크만 살짝 갖다 대도 스르륵 찢어질 정도로 부드럽고 촉촉한 식감을 자랑하고, 바삭한 빵과 함께 나오는 신선한 타르타르도 인기 메뉴다.

📍 Jindřišská 940/22 🚶 인드르지슈스카 탑에서 도보 1분 🕐 매일 11:00~23:00
📞 602 448 854 🏠 www.restauracetiskarna.cz

배가 고프다면 이곳으로! ······ ③

Restaurace U Pinkasů

🔊 레스타우라체 우 핀카수

1843년, 플젠에서 기가 막힌 맥주가 등장했다는 소문을 듣고 찾아간 야쿱 핀카스가 프라하에 처음으로 필스너 우르켈을 선보인 레스토랑이다. 하벨시장 방향으로 가는 바츨라프 광장 끝에서 왼쪽에 자리잡고 있어 관광객들에게는 찾아가기 너무나 좋은 위치. 그래서인지 코로나 전까지는 서비스에 아쉬움을 느꼈다는 평이 많았으나, 예전에 비해 덜 붐비는 요즘은 서비스에 특별한 문제를 느끼지는 못 했다. 스비치코바를 비롯해 전반적으로 무난한 체코 음식을 선보이고 있는데 이곳의 꼴레뇨는 껍질이 쫀득한 타입이라 우리나라 족발이 떠오르는 식감이다.

📍 Jungmannovo nám. 756 /16, 110 00 Můstek 🏃 바츨라프 광장 Můstek 역 방향에서 도보 1분 🕐 매일 10:00~22:30 📞 221 111 152 🏠 www.upinkasu.cz

중세시대 분위기와 어우러진 체코 한상차림 ······ ④

Hostinec U Sádlů 🔊 호스티네츠 우 사들루

큰길에서 살짝 골목으로 들어가면 금세 레스토랑을 찾을 수 있는데, 입구에서 지하로 내려가면 갑옷 장식 등으로 중세의 느낌을 한껏 살린 실내가 나타난다. 웬만한 체코 전통 요리를 다 주문할 수 있지만, 어마어마한 양을 자랑하는 '올드 체코 플래터'는 오리와 폭립, 치킨, 돼지고기에 각종 야채 요리까지 가득 담겨 나와 보는 것만으로도 뿌듯해진다. 2인 이상을 위한 메뉴라고 적혀 있는데 웬만한 식사량으로는 세 명도 충분히 먹을 수 있는 양이어서 따져보면 780Kč라는 가격이 그리 비싼 것도 아니다.

📍 Klimentská 2 🏃 팔라디움에서 Dlouhá třída 방향으로 도보 4분 🕐 월~목요일 11:00~23:00, 금~토요일 11:00~24:00, 일요일 12:00~23:00 📞 224 813 874 🏠 www.usadlu.cz/poledni-menu.php

Potrefená Husa Hybernská 🔊 포트레페나 후사 히베른스카

프라하의 지역 맥주인 Staropramen을 맛볼 수 있는 레스토랑이다. 체인으로 운영되어 프라하에서 쉽게 마주칠 수 있는데, 지점마다 평점이 비슷하니 가까운 곳을 찾아가면 된다. 스타로프라멘에서 가장 인기있는 두 가지 맥주 중 하나인 논필터맥주는 필터를 거치지 않아 색이 뿌옇고 맥주 특유의 맛과 향이 강해 평소 IPA를 좋아하는 사람이라면 매력에 푹 빠질 것이다. 그리고 탄산이 없어 극강의 부드러운 목넘김을 자랑하는 벨벳맥주는 스타로프라멘에서만 찾을 수 있는 별미다. 음식은 간이 꽤 되어있어 맥주를 자꾸 주문하게 된다.

📍 7, Dlážděná 1003
🚶 화약탑에서 도보 5분
🕐 월~목요일 11:00~23:00, 금~토요일 11:00~24:0, 일요일 11:00~22:00
📞 224 243 631
🏠 potrefena-husa.eu

Bageterie Boulevard
🔊 바게테리에 불러바드

가볍게 한 끼 해결할 수 있는 바게트 샌드위치 체인점으로, 체코 어디서나 쉽게 찾아볼 수 있다. 프라하만 해도 바츨라프 광장이나 나프르지코페 거리 등 걷다가 종종 눈에 띄는 곳에 있어서 출출할 때 먹기도 좋다. 세 가지의 바게트 중 원하는 것과 메인 속재료만 고르면 손쉽게 주문이 끝나는데, 특히 콜드 샌드위치는 고기 위주인 체코 전통 음식을 먹다가 기분 전환 겸 산뜻하고 가볍게 먹을 만하다. 세트 구성을 선택하면 음료와 감자 튀김도 함께 즐길 수 있다.

📍 Vodičkova 727 🚶 바츨라프 광장에서 도보 3분 🕐 월~금요일 07:00~22:00, 토요일 08:00~22:00, 일요일 09:00~22:00 📞 724 218 466

역사적인 인물이 머물던 고풍스러운 카페 ······⑦

Café Louvre 🔊 카페 루브르

1902년에 오픈했으니 이제는 100년도 넘은 프라하의 역사적인 카페 중 하나다. 카프카와 아인슈타인이 앉아서 커피를 마시던 그 공간을 느껴볼 수 있는 곳이다. 비록 카페라고 부르지만 간단한 음식도 함께 먹을 수 있다. 아침, 점심, 저녁에 각각 다른 메뉴를 제공하고 있어 이른 시간부터 늦은 저녁까지 손님이 가득한데도 한결같이 친절한 직원들 덕분에 기분이 좋아진다. 오후의 나른함을 달래주는 애프터눈 티 세트인 'Five O'clock tea'를 맛보기 위해 이곳을 찾는 사람들이 특히 많은데, 삼단 트레이에 빼곡하게 들어있는 샌드위치와 스콘, 디저트에 깊은 향의 티를 곁들이면 여행으로 쌓인 피로가 순식간에 녹아내린다. 애프터눈 티 세트는 4시부터 6시까지만 주문이 가능하다.

📍 Národní 22 🚶 지하철 B선 Národní třída역 혹은 트램을 타고 Národní třída에서 하차 후 도보 1분 🕐 월~금요일 08:00~23:30, 토~일요일 09:00~23:30
📞 224 930 949 🏠 www.cafelouvre.cz

호화로운 아르누보 궁전에 초대받은 기분 ······⑧

Café Imperial 🔊 카페 임페리얼

프라하의 100년 카페 중에서도 고급 호텔 내부에 있어서 더 유명세를 치르는 곳이다. 이집트에서 공수해왔다는 독특한 타일로 화려하고 우아하게 꾸민 아르누보 스타일의 실내에서는 무얼 먹어도 맛있을 것 같은 기분이 든다. 투숙객이 아니어도 이용할 수 있는 브렉퍼스트 뷔페는 375 Kč에 커피와 주스, 갖가지 베이커리와 햄 등 조식에서 볼 수 있는 음식이 제공되는데 종류가 엄청 다양하다고는 할 수 없지만 고급스러운 분위기 덕에 즐거운 아침을 시작할 수 있고, 저녁에는 예약을 하지 않으면 자리를 찾기 힘들 정도로 꽤 인기가 있다.

📍 Na Poříčí 1072/15, Petrská čtvrť 🚶 공화국 광장에서 도보 2분, 임페리얼 호텔 1층 🕐 매일 07:00~23:00 📞 246 011 440
🏠 www.cafeimperial.cz

Sisters Bistro ve Spálené 🔊 시스터스 비스트로 베 스팔레네

체코식 오픈 샌드위치인 흘레비츠키를 맛볼 수 있는 캐주얼 레스토랑이다. 구시
가지의 명물 나세마소 바로 옆에도 동일한 매장이 있어서 동선에 맞는 곳으로 가
면 된다. 바게트에 토핑을 얹은 버전과 체코 전통 효모빵에 다양한 재료를 얹었
는데, 콜드 샌드위치다 보니 따뜻한 음료를 곁들이면 가볍게 아침을 시작하기에
딱 좋을 맛이다.

📍 Spálená 75/16
🚶 지하철 B선 Národní třída에서 도보 1분
🕐 월~금요일 08:00~20:00,
토요일 09:00~16:00 ❌ 일요일
📞 220 960 499 🏠 www.sistersbistro.cz

Reduta Jazz Club 🔊 레두타 재즈 클럽

시내 곳곳에 재즈 클럽이 많이 있지만, 카페 루브르 건
물 지하에 있는 재즈 클럽 레두타는 1957년에 문을
연 아주 오래된 재즈 클럽이다. 미국의 클린턴 대통령
이 방문해 직접 색소폰을 연주했고 톰 크루즈나 오프
라 윈프리 등 유명인사도 이곳을 찾았는데 그들이 앉
은 자리에 작은 명패를 붙여 기념해 두었다. 음료가 저
렴한 대신 공연 관람료 겸 입장료를 받는데, 공연하는
아티스트의 수준이 꽤나 높은 편이다. 아티스트에 따
라 입장료는 조금씩 바뀌지만 보통 300~400Kč 선이
다. 매일 저녁 9시부터 2시간 가량 공연이 이어지는데,
인기 있는 연주자라면 자리가 없을 수 있으니 미리 홈
페이지를 확인하고 예매를 하는 편이 안전하다.

📍 Národní 20 🚶 하벨 시장에서 도보 5분
🕐 일~수요일 19:00~23:30, 목~토요일 18:00~23:00
📞 737 773 343 🏠 www.bb.cz/pobocky/bb-vodickova

원하는 것 하나쯤은
있을 법한 긴 거리 ······ ①
Na Příkopě 🔊 나 프르지코페

나 프르지코페는 바츨라프 광장 끝인 무스테크 역에서부터 화약탑까지 이어지는 거리이다. 신시가지와 구시가지를 구분하는 큰길인데다 바츨라프 광장에서부터 이어지는 상점들이 줄지어서 끝이 보이지 않는다. 우리나라에서도 볼 수 있는 글로벌 브랜드도 많은데, 짧은 일정으로 다녀가는 관광객에게는 상점 틈틈이 숨어있는 바와 카페, 소품숍이 훨씬 더 매력적인 쇼핑거리다. 프라하가 쇼핑하기에 딱히 만족스러운 도시는 아니지만, 여행을 하면서 필요한 가벼운 옷 등을 구하기에는 어려움이 없을 거리다.

📍 Na Příkopě 🚶 지하철 A/B선 Můstek역에서 하차 또는 화약탑에서 도보 3분

가격과 품질, 착용감까지 빠지지 않는 신발 천국 ⋯⋯⋯ ②

Bata ◀) 바타

질 좋은 가죽 제품을 합리적인 가격에 구매할 수 있는 체코의 신발 브랜드다. 가죽 외에도 다양한 소재와 디자인의 구두나 부츠, 운동화를 비롯한 각종 신발부터 가방과 재킷까지 폭넓은 상품을 취급하고 있어 구경하는 재미가 있다. 깔끔하고 무난한 디자인부터 독특한 디테일이 돋보이는 제품도 있어 어떤 취향이더라도 만족할 만한 신발 하나쯤은 찾을 수 있을 만큼 스펙트럼이 넓다. 체코 전역에서 찾아볼 수 있지만 프라하 바츨라프 매장이 제일 크고 물건도 많다. 가격도 크게 비싸지 않고 5층은 아울렛 매장으로 사이즈별로 나뉘어 있어 잘만 고르면 단돈 만원에도 새 신발을 장만할 수 있다.

📍 Václavské nám. 6　🚶 바츨라프 광장과 나 프르지코페 거리가 만나는 교차로에 위치
🕐 일~금요일 10:00~20:0, 토요일 10:00~21:00
📞 221 088 411　🏠 www.bata.cz

가성비를 생각한다면 이곳으로 ⋯⋯⋯ ③

Primark ◀) 프리마크

미처 챙겨오지 못한 옷이 있거나 갑작스러운 날씨 변화에 필요한 옷이 생겼다면, 그리고 스냅 사진을 찍어야 하는데 깜빡 잊고 가져오지 않은 소품이 있다면 바츨라프 광장에 있는 프리마크에 들러보자. 유럽과 미국에 400개 이상의 매장을 둔 프리마크는 합리적인 가격으로 시장을 매료시킨 잡화점이다. 층별로 여성복과 남성복, 액세서리며 각종 생활용품이 몹시 저렴한 가격에 준비되어 있어서 언제나 발 디딜 틈이 없다. 좋은 품질을 기대하기는 어렵지만, 지갑에 큰 부담을 주지 않고도 여행에 아쉬웠던 2%를 채워주기에는 충분한 물건들이 기다리고 있다.

📍 Václavské nám. 47　🕐 매일 09:00~21:00
📞 255 712 679　🏠 stores.primark.com

마시면 소화가 된다는 마법의 술 ······ ④
Jan Becher Prague 🔊 얀 베헤르 프라구에

체코의 전통 술이자 국민 소화제로 불려서 집집마다 한 병씩은
갖고 있다는 베헤로브카를 판매하는 곳이다. 베헤로브카 박물
관이 있는 카를로비 바리에 가지 않아도 다양한 버전의 베헤로
브카와 이를 베이스로 한 칵테일을 맛볼 수 있는 곳이다. 여러가
지 맛 미니어처 세트도 있고 멋진 잔과 함께 구성된 제품도 있는
데다 원하면 각인 서비스도 제공하고 있으니 선물용으로도, 나
를 위한 기념품으로도 제격이다.

📍 Václavské nám. 773/4 🚶 지하철 Mǔstek역 도보 1분 거리,
바타 매장 옆에 위치 🕐 매일 10:00~23:00 📞 223 558 585

프라하에서 만나는 동심의 세계 ······ ⑤
Hamleys Praha 🔊 햄리스 프라하

세계에서 가장 오래된 영국의 유명 장난감 가게 햄리스를 그대
로 옮겨 놓은 곳이다. 3개 층으로 이루어진 매장에는 거대한 미
끄럼틀과 회전목마도 있고 직접 장난감을 갖고 놀거나 VR을 체
험할 수 있는 시설, 나비 박물관 등이 있어 마치 놀이공원처럼
흥거운 분위기를 풍긴다. 체코 국민 캐릭터인 '크르텍'은 사람
몸집만 한 크기에서부터 작은 열쇠고리 사이즈까지 다양하게
만나볼 수 있다. 그밖에도 각종 장난감과 인형, 오락시설이 빈틈
없이 들어차 있어 어린이와 함께 여행하는 가족 단위 여행객에
게 추천하는 곳이지만 아이들만큼이나 어른들도 흥분을 감추
지 못하고 즐겁게 구경할 수 있는 곳이다.

📍 Na Příkopě 854/14 🕐 매일 10:00~20:00
📞 734 447 652 🏠 www.hamleys.cz

작아도 있을 건 다 있는 한인 마트 ······ ⑥
K-Food 🔊 케이푸드

짧게 다녀가는 여행자라면 굳이 한식이 끌리지 않을 테지만, 장
기간 여행을 했다거나 쌀쌀한 날씨에 으슬으슬한 몸을 녹이는
데는 컵라면 만한 것도 없다. 그밖에도 부모님 또는 어린아이와
여행을 한다면 한번쯤은 들르게 되는 곳이 한인 마트인데, 이곳
은 규모가 크지는 않아도 웬만한 물건은 다 갖추고 있다. 신시가
지는 물론 구시가지와도 가까운 공화국 광장 근처에 있어서 언
제든지 편하게 들르기 좋고, 가격도 크게 부담스럽지 않다.

📍 V Celnici 1031/4 🚶 공화국 광장에서 도보 1분
🕐 월~토요일 10:30~20:30 ❌ 일요일

블타바 강에서 맛보는 신선한 프라하 ······ ⑦

Náplavka-Farmers' Saturday Market
🔊 나플라프카 파머스 마켓

토요일에만 잠깐 열리는 강변 시장이다. 트램을 타고 Vyton(비톤) 정거장에서 내리면 아침부터 직접 구운 빵과 정성껏 기른 농작물, 직접 만든 치즈나 페스토 등을 들고 나온 상인들이 가득하다. 즉석에서 굽는 소시지와 오픈 샌드위치, 커피며 맥주, 와인까지 먹거리도 풍성하고, 먹음직스러운 과일과 꽃도 저렴하게 판매하고 있다. 걷다 보면 작은 여객선이 이쪽과 강 건너편을 부지런히 오가는데, 배를 타고 반대편으로 넘어가면 각국의 먹거리를 잔뜩 파는 노점상과 작은 바가 늘어서서 또다른 볼거리와 먹거리를 제공한다.

📍 Rašínovo nábřeží Vltavská, Náplavka
🏃 트램을 타고 Palackého náměstí(nábřeží)에서 하차 또는 댄싱하우스에서 강을 따라 남쪽으로 도보 10분
🕐 토요일 08:00~14:00
📞 www.farmarsketrziste.cz

은은하고 달콤한 황금빛 꿀술 ······ ⑧

Medovinárna 🔊 메도비나르나

꿀도 맛있고 술도 맛있는데, 이 둘이 만난 꿀술을 파는 곳이라니! 천국임에 틀림없다. Medovina는 꿀을 물과 함께 발효시켜 만든 알코올 음료를 말하는데, 기원 전부터 마셨던 전통이 깊은 술이다. 매장 내에는 황금빛 꿀술과 꿀에 관련된 제품이 100종류도 넘게 진열되어 있다. 종류가 너무 많아 혼란스럽다면 샘플러로 우선 맛을 보자. 한 잔만 맛볼 수도 있지만, 원한다면 5~10가지 꿀술을 시음할 수 있는 샘플러도 있다. 색도 각기 다르고 풍미도 다른 꿀술 맛을 보면 사지 않고는 매장 밖을 나서기 힘들어진다. 시음은 술의 가격과 양에 따라 다른데 45Kč부터 시작되며, 10종류를 맛보는 샘플러는 295Kč다.

📍 Na Zderaze 260/14　🏃 트램 이용 시 Myslíkova 정거장에서 하차 후 도보 2분　🕐 화~금요일 13:00~19:00　❌ 토~월요일
📞 775 633 077　🏠 www.medovinarna.cz

프라하의 역사가 살아 숨쉬는

프라하 성과 흐라드차니

Prague Castle and Hradcany

Pražský hrad a Hradčany 🔊 프라슈스키 흐라트 아 흐라트차니

프라하 성은 9세기에 보헤미아 공국의 요새로 세워진 이래로
이 땅의 역대 왕들과 역사를 함께 했고, 1918년 대통령 궁으로
개조된 이후 지금까지 약 천 년 동안 체코에서 일어나는
중대사가 결정된 곳이다. 기네스북에 '세계에서 가장 큰 성'으로
등재될 만큼 어마어마한 규모의 프라하 성 단지는 구왕궁과
성당, 정원, 미술관으로 이루어져 있다. 프라하 최고의 관광지답게
언제나 사람이 가득하므로 가능하면 평일 이른 시간에
둘러보는 것이 좋다. 성 입구와 정원은 무료로 입장이
가능하지만 각 건물 내부는 티켓을 소지해야만 둘러볼 수 있다.

이국적인 꽃과 나무로 화려하게 치장한 **왕궁정원**

도보 3분

스테인드글라스를 뚫고 들어오는 아침 햇살,
성 비투스 성당

도보 2분

30년 동안 유럽을 피바다로 만든 역사의 시작점, **구왕궁**

도보 1분

프라하 성에서 가장 먼저 지어진 터줏대감,
성 이르지 성당

도보 3분

아기자기한 집을 구경하는 재미가 쏠쏠, **황금소로**

도보 2분

귀족의 품격이 가득한 **로브코비츠 궁**

도보 1분

한쪽에는 꽃길, 한쪽에는 가슴 설레는
전망이 펼쳐지는 **프라하 성 남쪽 정원**

도보 5분

성문을 지키는 늠름한 근위병이 있는 **흐라트찬스케 광장**

도보 6분

나사렛의 산타 까사를
본떠 만든 **로레타**

도보 8분

양조장 맥주로 더 유명한 **스트라호프 수도원**

프라하 성과 흐라드차니

Královský Letohrádek

프라하 성 아래 궁정원

로브코비츠 궁

황금소로

왕궁정원

프라하 성 남쪽 정원

Malostranské Náměstí

성 이르지(조지) 성당

01 프라하 성 단지

구왕궁

성 비투스 성당

우체국

Pražský Hrad

02 Starbucks Pražský Hrad

Prašný Most

Lumbeho Zahrada

흐라트찬스케 광장

Lobkovická Zahrada

병원

U 브루스니체

약국

U 브루스니체

U 카시렌

03 로레타

01 Rocking Horse Toy Shop

N

0   100m

Zahrada Černínského Paláce

Park Maxe van der Stoela

02 스트라호프 수도원

포호르젤레츠

Pohořelec

01 Pivovar Strahov

Hládkov

Park Maxe van der Stoela

143

프라하 성 단지 Prague Castle Complex Pražský Hrad 🔊 프라슈스키 흐라트

프라하 성으로 가는
다섯 가지 길

01
가장 무난한 루트
22, 23번 트램을 타고 Pražský hrad에서
내린 뒤 5분 정도 걷는다.

05
여름궁전을 통해 오는 길
여름 시즌인 4~10월에 이곳을 찾는다면
추천한다. 22번 트램을 타고 Královský
letohrádek에서 내려 여름궁전이 있는
왕궁정원(Královská zahrada)을 15분 정도
걸으면 성에 닿는다. 시간은 가장 많이
소요되지만 아름다운 여름궁전을 거닐며
프라하 성을 만끽할 수 있는 최고의 방법이다.

02
**스트라호프 수도원에서
오는 길**
Pohořelec(22, 23번 트램)
정류장에 위치한
스트라호프 수도원에서부터
내리막길을 따라 10분
정도 걸어내려가면 된다.

04
지하철로 오는 길
지하철 A선을 타고 Malostranská역에서
내린 뒤 벨기에 대사관 우측 계단을 통해
올라간다. 계단이 꽤 많아서 쉽지는 않은데
왼쪽으로 펼쳐지는 풍경을 보며
걸을 수 있어 좋다.

03
말라스트라나에서 오는 길
22번을 트램을 타고 Malostranské
náměstí에서 내려 오르막길을 따라 걷는다.

오픈 시간

	여름 시즌(4/1~10/31)	겨울 시즌(11/1~3/31)
프라하 성 단지	매일 06:00~22:00	
성 비투스 성당	월~토요일 09:00~17:00 일요일 12:00~17:00 16:40 이후 입장 불가	월~토요일 09:00~16:00 일요일 12:00~16:00 15:40 이후 입장 불가
성 비투스 성당 타워	매일 10:00~18:00	매일 10:00~17:00
구왕궁	매일 09:00~17:00	매일 09:00~16:00
성 이르지 성당		
황금소로		
왕궁정원 Královská zahrada	매일 10:00~18:00	폐쇄
프라하 성 남쪽 정원		

프라하 성 단지 요금

- **통합권(구왕궁, 성 이르지 성당, 성 비투스 성
  당, 황금소로)** 성인 250Kč, 학생 및 시니어
  125Kč
- **성 비투스 성당 타워** 성인 150Kč, 학생 및 시
  니어 80Kč
- **오디오 가이드(한국어 지원)** 350Kč~, 3시간
  이용 가능, 개당 보증금 500Kč
- *티켓은 이틀 동안 유효하지만 유효 기간 내 각 건물
  입장은 1회로 제한된다.
- *성 비투스 성당 맞은편 인포메이션센터에서 티켓을
  구매할 수 있다.
- *왕궁 정원, 성 남쪽 정원, The Upper Part of Stag
  Moat은 10:00~18:00 동안 입장 가능

르네상스의 아름다움이 가득

왕궁정원 Royal Garden Královská Zahrada 🔊 크랄로프스카 자흐라다

4월부터 10월까지만 입장이 가능한 정원이지만, 프라하 성 여행을 시작하기
에는 이만한 곳이 없다. 레트나 공원에서 이어지는 성 북쪽에 위치한 곳으로,
합스부르크 왕가가 보헤미아를 지배하던 시절 페르디난트 1세가 프라하 성
을 여름 별궁으로 쓰면서 이곳에 왕실 정원을 꾸몄다. 자신의 권위를 내세우
기 위해 체코에서는 보기 힘든 무화과 나무나 오렌지 나무, 튤립 등 온갖 이국
적인 식물을 심어 두었다. 정원 앞에는 '노래하는 분수'가 있는데, 멀리서 보면
평범한 분수지만 가까이 가면 물방울이 떨어지는 소리가 마치 노래처럼 들린
다고 해서 어린아이들이 분수 아래에 모여 앉아 즐거워하는 모습을 볼 수 있
다. 왕궁정원은 비교적 한산한 편이라 다른 출입구에 비하면 줄도 거의 없는
편이니, 정원이 오픈 된 시즌에 프라하 성을 찾는다면 산책 겸 정원을 통해 성
으로 입장하는 것도 좋은 방법이다.

📍 Pražský hrad, Hradčany 🚶 흐라트찬스케 광장에서 성문을 지나 왼쪽에 위치한
스패니쉬홀 뒤편 Prašný. Most(Powder Bridge)를 건너 도보 1분, 또는 22번이나 23번
트램을 타고 Královský letohrádek에서 내려 Queen Anne's Summer Palace로 진입
🕐 4~10월 매일 10:00~18:00 ❌ 11~3월 🆓 무료

천년의 시간을 쌓아 올린 아름다운 성당
성 비투스 성당 St.Vitus Cathedral
Katedrála Sv. Víta 🔊 카테드랄라 스바테호 비타

검색대를 통과한 후 대통령 집무실을 지나 작은 문을 통과하자마자 웅장한 모습을 드러내는 성당이다. 여기저기서 감탄이 터져 나오고, 끝없이 높은 첨탑을 어떻게든 카메라에 모두 담아보려 쭈그리고 앉은 사람들이 가득하다. 역대 체코의 왕과 왕비가 대관식을 거행하고 미사에 참여했던 이곳은 천년에 걸쳐 지은 성당으로도 유명하다. 925년 바츨라프 1세가 신성로마제국 황제로부터 받은 성물인 성 비투스의 팔을 모시기 위해 처음 예배당을 세웠고, 1344년 카렐 4세가 이를 대주교령으로 승격하고자 고딕 양식의 성당을 다시 짓기 시작해 1929년에 완공되었다.

오랜 기간에 걸쳐 지어진 만큼 다양한 건축 양식이 어우러져 있다. 성당을 밖에서 보면 돔 천장을 기준으로 건물 색이 뚜렷하게 나뉘는데, 수차례 전쟁과 식민지배를 받으며 400년 동안 공사가 중단되면서 먼저 지어진 쪽이 훨씬 어두운 빛을 띠게 된 것이다.

성당의 설립 역사를 동판으로 새긴 문을 밀고 들어가면 사방의 스테인드글라스를 통해 오색찬란한 빛이 온몸에 쏟아진다. 가톨릭 성인들과 성경 이야기를 묘사한 스테인드글라스 중에서 눈에 띄게 다른 창이 하나 있는데, 바로 알폰스 무하의 작품이다. 유리에 안료로 직접 그린 이 창에는 보헤미아의 역사를 담아 민족 정신을 고취했다.

성 비투스 성당은 체코의 위대한 성인이 잠들어 있는 곳이기도 하다. 접근이 제한된 지하 묘지에는 카렐 4세를 비롯한 보헤미아 역대 왕과 왕족,

성당 스테인드글라스

알폰스 무하의 스테인드글라스

귀족, 성직자의 유골이 안치되어 있다. 성당 제단의 오른쪽에 매달린 거대한 은 조형물 역시 순교 성인인 성 요한 네포무크의 유해 일부가 들어있는 무덤이다. 모든 장식을 은으로 만드느라 총 2.5톤의 은이 사용되었다고 한다.

성당 오른편에는 성 바츨라프의 유품이 있는 커다란 예배당이 있다. 벽면 그림은 성 바츨라프의 생애를 묘사한 것이다. 체코의 수호성인으로 추앙 받는 그가 세상을 떠난 날이자 체코 건국기념일인 9월 28일이면 관을 열어 두개골에 왕관을 씌우는 호국미사가 진행된다.

성당은 무료 입장도 가능하지만 안쪽까지 들어가려면 티켓을 구매해야 한다. 미사가 진행되는 날이면 관람 시간이 바뀌기 때문에 먼저 체크하는 것이 필수다. 가톨릭 신자라면 꼭 미사에 참여해 보자. 미사 시간에는 촬영과 내부 관람이 불가하지만, 아침 햇살을 받아 정면에서 쏟아져 들어오는 스테인드글라스의 눈부신 빛과 고딕 건축의 특징인 기둥과 아치를 타고 흐르는 파이프오르간 소리는 잊지 못할 소중한 추억이 될 것이다.

성당 오른편에는 종탑으로 올라갈 수 있는 입구가 있다. 어마어마한 계단을 한참 올라가야 하지만, 프라하에서 가장 아름다운 성당 꼭대기에 올랐다는 것만으로도 가슴 벅찬 경험이다.

30년 간 지속된 전쟁의 서막이 이곳에서
구왕궁 Old Royal Palace Starý Královský Palác 🔊 스타리 크랄로프스키 팔라츠

성에서 가장 오래된 건축물 중 하나다. 입구를 지나면 블라디슬라브홀이 나오는데, 기둥이 하나도 없어 마치 실내 광장처럼 보인다. 대관식장 및 연회장으로도 쓰였지만 비가 올 때면 실내에서 기사들이 말을 타고 경기를 할 수 있도록 만들어진 장소다. 다소 밋밋하고 볼거리가 적다고 생각할 수 있지만, 사실 구왕궁은 1618년에 30년 전쟁의 불씨가 된 창외투척사건이 벌어진 현장이자, 지금도 대통령 취임식과 훈장 수여 등의 국가 공식 행사가 거행되는 의미 있는 장소다.

창외투척사건과 30년 전쟁

오스트리아 공작 페르디난트 2세가 보헤미아의 왕으로 선출되었는데, 구교 신자였던 그가 보헤미아 개신교를 압박할 조짐이 보이자 이에 거부하는 시위가 열렸다. 얀 후스의 영향으로 이미 개신교가 우세했던 프라하에서는 페르디난트 2세가 보낸 특사 두 명을 구왕궁 총독의 방 창문 밖으로 던져버리고 프리드리히 5세를 새 왕으로 추대했다. 이를 반란이라고 규정한 페르디난트가 보헤미아를 공격하며 전쟁이 시작됐고, 이 싸움에 유럽의 강대국이 개입하면서 30년 동안 전쟁이 지속되었다.

천년이 넘어도 굳건한 로마네스크의 흔적
성 이르지(조지) 성당 St. George's Basilica Bazilika Svatého Jiří 🔊 바질리카 스바테호 이르지

성 바츨라프의 아버지인 브라티슬라브 1세가 920년에 지은, 사악함을 물리치는 성인 이르지에게 봉헌하는 성당이다. 처음에는 로마네스크 양식으로 건축했다가 이후에 바로크 양식으로 개조되었는데, 로마네스크 건축물답게 벽이 두껍고 창문이 작아 어둡지만 아늑한 느낌을 주는 곳이다. 소박하고 작은 이곳에는 두 개의 보물이 있다. 바로 성녀 루드밀라의 무덤과 얀 네포무크를 모신 제단이다. 여름이면 이곳에서 파이프오르간 연주회가 열리는데, 작은 홀을 가득 채우는 파이프오르간의 풍성한 선율을 느낄 수 있다.

성녀 루드밀라

목에 긴 스카프를 맨 여인은 성 바츨라프의 할머니인 성녀 루드밀라다. 성녀 루드밀라는 보헤미아에 첫 성당을 세우고 그리스도교를 전파했으며 너그러운 성품으로 백성들의 칭송을 받았지만, 이교도였던 바츨라프의 어머니는 아들이 할머니이자 본인의 시어머니였던 루드밀라를 의지하고 너무 많은 영향을 받는 것을 경계하여 침대보로 목졸라 죽였다고 한다. 루드밀라의 목에 감긴 건 스카프가 아니라 바로 살해 도구였던 침대보인가 보다.

황금을 만들던 거리 VS 황금색으로 빛나던 거리

황금소로 The Golden Lane Zlatá Ulička 🔊 즐라타 울리치카

좁은 골목을 따라 작고 아기자기한 집들이 다닥다닥 붙은 길이다. 한때는 성벽을 지키는 군사들의 막사가 있었는데, 세월이 지나며 이곳을 집으로 개조해 성에서 일하는 하인들이나 빈민들이 살게 되었고, 당시 연금술사도 이곳에서 작업을 했다. 그 때문에 황금소로라는 이름이 붙었다는 설도 있고, 빈민층이 거주하던 시절에는 하수도 사정이 열악해 골목을 따라 흐르는 소변 때문이라는 설도 있다. 성 이르지 성당 옆을 지나 가장 먼저 보이는 집은 당시 군사들의 막사로 쓰던 자리인데, 군사용품을 전시해 둔 박물관으로 개조되었다. 그 옆으로는 기념품 가게와 당시 황금소로 주민들의 주방이나 재단실 등을 복원해 두었다.

실제로 보면 고시원만큼이나 작은 공간인데, 아기자기하게 꾸며 놓아 인형의 집 같은 느낌을 준다. 황금소로에서 가장 유명한 집은 바로 22번, 프란츠 카프카의 작업실이다. 이곳은 카프카의 동생이 살던 곳인데 지금은 카프카의 책과 엽서를 파는 상점으로 탈바꿈해 그의 흔적을 찾으려는 팬과 관광객들이 빼곡하게 모여든다.

다섯 시가 가까워지면 황금소로 앞 티켓 개찰구에 사람들이 잔뜩 서성이는 것을 볼 수 있다. 바로 5시부터는 이곳을 무료로 지나갈 수 있기 때문이다. 아쉽게도 기념품점을 비롯한 모든 집의 문은 닫지만, 골목을 따라 걸으며 사진을 찍기에는 충분하다.

귀족의 화려한 취향이 뚝뚝 묻어나는
로브코비츠 궁 Lobkowicz Palace and Museum
Lobkowiczký Palác ◀) 롭코비츠스키 팔라츠

베토벤의 후원자였던 로브코비츠 공작이 살던 곳이다. 프라하 성 단지에 있는 사유지로, 현재는 중세 및 르네상스 작품과 도자기, 무기와 갑옷 등을 전시하고 있다. 가장 눈길을 끄는 것은 세계적인 작곡가가 직접 쓴 악보들인데, 베토벤이 공작의 오랜 후원에 감사하는 뜻으로 헌정한 '영웅 교향곡' 악보 원본도 이곳에서 볼 수 있다. 바로크 콘서트홀에서는 클래식 음악회를 정기적으로 열고 있다. 귀족의 화려한 생활상과 고급스러운 취향이 소장품과 내부 장식에 그대로 묻어나서 한번쯤 들러볼 만한 곳이다.

📍 Jiřská 3, Hradčany
🕐 매일 10:00~18:00, 콘서트 토~일요일 13:00~14:00
🎫 성인 290Kč, 학생 및 시니어 220Kč,
콘서트 490Kč 📞 702 201 145
🏠 www.lobkowicz.cz/
lobkowiczky-palac

무료로 즐기는 최고의 전망과 정원
프라하 성 남쪽 정원 Garden on the Ramparts Zahrada Na Valech ◀) 자흐라다 나 발레흐

성 비투스 성당 앞 계단을 따라 내려오면 성곽을 따라 펼쳐진 500미터에 달하는 정원이 모습을 드러낸다. 프라하 성 북쪽의 왕궁 정원처럼 이곳도 여름에만 관광객에게 개방하는 곳인데, 세 개의 작은 정원으로 구성되어 있다. 정원 자체도 한적하고 아름다워 걷기 좋은데다 빨간 지붕과 함께 탁트인 전망까지 볼 수 있다. 생각보다 정원을 찾는 사람이 적어서 여유롭게 시내를 내려다보고 싶다면 꼭 들러야 할 곳이다. 정원 동쪽 끝 계단을 이용하면 Malostranská 역에 금세 닿을 수 있다.

계단을 따라 펼쳐지는 포토 스폿
프라하 성 아래 궁정원 Gardens below Prague Castle
Zahrady Pod Pražským Hradem 🔊 자흐라디 포트 프라슈킴 흐라뎀

프라하 성 일대에서 소개하는 정원 중 제일 한적한 곳이다. 이곳만큼은 입장료가 있기 때문이다. 하지만 입장료라는 단점만 극복한다면 정성스럽게 가꾼 아기자기한 정원에서 프라하를 발 아래 두고 인생샷을 남기기엔 가장 좋은 장소가 아닐까 싶다. 한때는 프라하 성으로 이어지는 길이 개방되어 있었다고 하지만 지금은 막혀있어 아쉽다. 테라스 형태로 꾸민 정원은 계단을 조금씩 오를 때마다 새로운 허브와 꽃, 포도덩쿨이 나타나고, 액자 모양 조형물 등이 있어 사진을 남길 만한 포인트도 꽤 많다.

📍 14, Valdštejnská 158, Malá Strana 🏃 지하철 A선 또는 트램으로 Malostranská에서 하차한 뒤 벨기에 대사관을 거쳐 도보 4분, 또는 발트슈타인 궁전에서 도보 1분 🕐 4, 10월 매일 10:00~18:00, 5~9월 매일 10:00~19:00 ✖ 11월~3월 🎟 성인 130Kč, 학생 및 시니어 100Kč 📞 257 214 817 🏠 www.palacove-zahrady.cz

12시면 펼쳐지는 근위병 교대식
흐라트찬스케 광장 Hradčany Square
Hradčanské Náměstí 🔊 흐라트찬스케 나메스티

성 정문 앞에 펼쳐진 광장이다. 프라하 성 내부로 들어갈 수 있는 방
법은 여러가지지만, 근위대가 앞을 지키고 서 있는 서문을 정문이라
고 볼 수 있다. 광장에서 성문을 통과하려면 보안검색대를 지나야 하
는데, 단체 관광객이 많은 성수기나 주말이면 줄이 꽤 긴 편이므로
서두르는 게 좋다. 매일 정오가 가까워지면 성문 앞에는 근위병 교대
식을 보려는 사람들로 가득해진다. 교대식은 사실 매시간 열리지만
낮 12시의 교대식만큼 멋지지는 않다.

성문을 마주보고 오른편 성벽에서 바라보는 전망은 가슴이 벅찰 만
큼 좋다. 성문 오른편에 있는 스타벅스가 전망을 보기 좋은 곳으로
유명하지만, 굳이 카페를 이용하고 싶지 않다면 이곳에서 보는 것으
로도 거의 비슷한 시야로 풍경을 바라볼 수 있다.

체코의 대통령은 프라하 성으로 출근한다?

프라하 성은 옛 보헤미아를
통치하던 왕들이 살던 곳
이기도 하지만, 현재 체코
의 대통령이 상주하며 집무
를 보는 곳이기도 하다. 근
위병이 성을 지키고는 있지
만, 누구나 가벼운 짐 검사
만 마치면 대통령의 집무실
코앞을 지나다닐 수 있다
는 사실이 우리에게는 살짝 낯설다. 만약 광장 오른편
에 보이는 건물 끝에 깃발이 하나 휘날리고 있다면, 지
금 대통령이 체코에 있다는 것을 의미하는 대통령기다.
해외 순방 등의 일정으로 대통령이 체코를 떠나게 되면
깃발을 거둔다. 두 개의 깃발이 나부끼는 경우도 간혹
있는데, 이때는 외국 국빈이 와 있다는 뜻이며 대통령기
와 함께 해당국의 국기를 나란히 게양한다.

중세 교육과 문화를 주도한 수도원 단지 ⋯⋯ ②

스트라호프 수도원 Strahov Monastery

Strahovský Klášter 🔊 스트라호프스키 클라슈테르

1140년에 세워진 곳으로, 스트라호프 성모 승천 성당과 도서관, 양조장이 모여있다. 특히 스트라호프 수도원 도서관은 현재 문학박물관으로 쓰고 있는데, 고전을 모아둔 신학의 방과 철학의 방, 그리고 고전주의 이후 서적을 모아둔 근대도서관으로 나뉘어 총 26만 권의 책을 소장하고 있다. 각 방은 서로 다른 매력을 뽐내는데, 신학의 방은 하얗게 빛나는 천장 조각 덕분에 차분하고 은은한 아름다움이 풍겨 나온다면 철학의 방은 짙은 나무와 금빛 덕에 중후한 멋을 풍긴다. 서가 안으로 들어갈 수 없다는 것이 많이 아쉽긴 하지만, 서서 들여다보는 것만으로도 황홀한 곳이다. 수도원에 들렀다면 양조장으로 가서 목을 축이기 전에 오른쪽으로 돌아 나가서 전망을 보는 것을 잊지 말자. 수도원 아래 펼쳐진 포도밭과 멀리 보이는 성 비투스 성당의 첨탑, 그리고 페트린 타워까지 눈에 담을 수 있는 뷰 포인트다.

📍 Strahovské nádvoří 132/1, Strahov
🚶 22번 트램을 타고 Pohořelec에서 하차한 후 도보 5분
🕐 도서관 매일 09:00~12:00, 13:00~17:00
💰 도서관 성인 150Kč, 학생 및 시니어 80Kč, 사진 촬영비 50Kč
　수도원 성당 무료 📞 220 516 695
🏠 www.strahovskyklaster.cz/strahovska-knihovna

로레타 Loreto Prague Loreta Praha

흐라트찬스케 광장에서 서쪽으로 내려가다 보면 매시 정각에 맑은 종소리가 울려 퍼지는 아름다운 건축물을 만날 수 있다. 기적을 행하는 산타 까사의 이야기에 매료된 로브코비츠 남작 부인이 흑사병 극복을 기원하는 의미에서 1626년에 지은 성당이다. 성당 가운데에는 나사렛의 산타 까사를 본떠 만든 예배당이 있다. 산타 까사는 대천사 가브리엘이 마리아에게 예수를 잉태할 것이라는 수태고

🔎 Loretánské nám. 7, Hradčany
🚶 흐라트찬스케 광장에서 성을 등지고 도보 5분 🕐 매일 10:00~17:00
🎫 성인 180Kč, 학생 120Kč, 사진 촬영 100Kč 📞 220 516 740
🏠 www.loreta.cz

지를 한 성지이자 성모 마리아와 요셉의 거처인데, 원래 나사렛에 있던 건물을 이슬람 교도의 공격에서 지켜내기 위해 분해한 뒤 로마로 옮겼으나 불이 나 손상되고 말았다. 이런 이유 때문에 복제품인 프라하의 로레타를 찾는 사람이 더 많아졌다고 한다. 2층 전시관에는 로브코비츠 가문에서 사용하던 진귀한 성물을 전시하고 있다. 그중에서도 가장 유명한 것은 '프라하의 태양'이다. 성체를 모시는 도구인데, 6,222개의 다이아몬드로 장식되어 화려함의 극치를 보여준다.

©Pivovar Strahov

Pivovar Strahov 🔊 피보바르 스트라호프

스트라호프 수도원을 찾는 대다수의 관광객은 엄밀히 말하면 이곳의 맥주를 맛보기 위해 온다고 할 만큼 스트라호프 양조장은 수도원 단지의 명물이다. 지금은 어디서나 맥주 양조가 가능하지만, 과거에는 오직 수도원에서만 맥주 양조가 가능했다고 한다. 600년 전부터 수도원에서 생산한 전통을 이은 '세인트 노버트'는 2000년부터 옛 양조장이 있던 이 자리에서 맥주와 체코 전통 음식을 판매하고 있다. 상시 판매하는 라거와 흑맥주, IPA 외에도 시즌에 따라 상큼한 체리 페일에일이나 초콜릿 향이 나는 스타우트도 맛볼 수 있다. 샘플러가 없는 대신 250㎖의 작은 용량부터 판매하니 조금씩 맛보며 내게 딱 맞는 맥주를 찾아보자.

🔎 Strahovské nádvoří 301, Hradčany
🕐 매일 10:00~22:00 📞 734 852 382
🏠 klasterni-pivovar.cz

세상에서 전망이 가장 멋진 글로벌 카페 ┈┈ ②

Starbucks Pražský Hrad
🔊 스타벅스 프라슈스키 흐라트

굳이 설명하지 않아도 아마 세상에서 가장 유명한 카페 브랜드 중 하나가 아닐까 한다. 그중에서도 프라하 성문 바로 옆에 있는 스타벅스는 우리나라 관광객들에게 익히 알려진 명소다. 야외에 놓인 테이블에서 커피를 마시며 평화롭게 전망을 감상하기 좋고, 콘센트를 마음껏 이용할 수 있어 죽어가는 휴대전화에 생명을 불어넣기도 좋다. 무엇보다도 아이스 음료를 찾기 쉽지 않은 체코에서 아이스커피가 그리운 사람들에게는 피로를 달래는 데 이만한 곳이 없다. 게다가 음료를 주문하면 영수증 아래에는 화장실을 무료로 이용할 수 있는 비밀번호까지 공유해 준다. 예전에는 모서리 난간에 앉아 기념사진을 찍는 사람이 많았는데, 워낙 위험해 지금은 절대 앉지도 올라가지도 말라는 경고 문구가 붙어있으니 위험한 시도는 하지 말자.

📍 Ke Hradu, Hradčanské nám., Malá Strana
🏃 흐라트찬스케 광장에서 성문 오른쪽 끝에 위치
🕐 월~목요일 10:00~18:00, 금~일요일 10:00~19:00
📞 235 013 536

빈티지한 목각 인형이 한가득 ┈┈ ①

Rocking Horse Toy Shop 🔊 록킹 홀스 토이숍

로레타를 지나 스트라호프 수도원 방향으로 조금만 걷다 보면 나타나는 작은 장난감 가게다. 간판보다 먼저 눈에 띄는 귀여운 목마 아래 문으로 들어가면 친절하고 해맑은 웃음을 짓는 사장님이 반겨주고, 내부는 마리오네트와 목각 인형을 비롯한 수많은 장난감으로 빈틈이 없다. 아이를 위한 선물로도 손색없겠지만 빈티지한 느낌이 물씬 풍기는 작고 포근한 가게에는 어른이 더 좋아할 만한 것들이 많고, 특히 나무로 만든 작은 인형들은 꽤 정교해서 넋을 잃고 구경하게 된다. 마리오네트를 살 계획이라면 시내 기념품 숍에서 보던 것보다는 만족스러운 퀄리티의 인형을 만날 수 있을 것이다.

📍 Loretánské nám. 3/109, Hradčany 🏃 흐라트찬스케 광장에서 로레타 가는 골목을 지나쳐 직진하는 곳에 바로 위치
🕐 월~수요일, 금~토요일 12:00~18:0, 목, 일요일 11:00~18:00
📞 603 515 745

낭만이 가득한 프라하
클래식과 재즈

프라하 곳곳에 있는 극장에서는 매일 밤 다양한 공연이 이어진다. 수많은 음악가를 배출해서
'유럽의 음악학원'이라고도 불리는 프라하에서 한번쯤은 정통 오페라 공연을 감상하는 것도 좋고,
언어에 대한 부담감이 없는 발레 공연도 추천한다. 극장마다 '라 트라비아타', '돈 조반니' 등
우리에게도 익숙한 오페라의 상시 공연이 있으니 관심이 있다면 온라인으로
상연 일정을 확인하여 티켓을 예매하자. 학생과 어린이에게는 최대 50%까지 할인율이 적용되니
우리나라보다 훨씬 저렴한 가격으로 고품격 문화생활을 누릴 수 있는 기회다.

프라하 국립극장

체코를 대표하는 공연장을 만들자
는 목적으로 체코의 예술가와 귀족
의 자발적 후원, 시민들의 아낌없는
지원을 딛고 세워졌다. 체코 예술가
의 작품을 위주로 상연하며 공연마
다 영어자막을 지원한다. P.129

©Narodni Divadlo

스타보프스케 극장

프라하 최초의 극장이자 모차르트가 '돈 조반니' 초연을 직접
지휘했던 극장이다. 다른 극장에 비해 내부가 아담한데, 덕분에
오케스트라의 음향이 더욱 풍성하게 들리고 무대가 가까이 보
인다. 이곳에서는 아무래도 돈 조반니를 감상하는 것이 의의가
있다. P.095

국립 오페라극장

1888년 '신독일극장'이라는 이름으로 오픈했으며 이
후 스메타나 극장으로 명칭이 변경되었다. 현재는 체
코 국립극장의 일부로, 오페라 전용 극장답게 수많은
오페라 공연이 매일같이 이어지고 있다. P.128

루돌피눔

1885년 콘서트홀 겸 문화센터로 계획되어 설립되었으나 1946년에 체코 필하모니 오케스트라가 이곳에서 창단을 하며 지금의 목적으로 활용되고 있다. 음향시설이 뛰어나 프라하의 봄 음악축제에서 중요한 콘서트 장소로도 쓰인다. P.103

시민회관 오베츠니 둠

프라하 시민의 문화 공간으로 계획된 오베츠니 둠 안에서도 콘서트를 위해 만들어진 스메타나 홀 천장에는 알폰스 무하의 그림이 가득하다. 공간이 크지 않아 뒷좌석에서도 음향 문제는 느낄 수 없지만 좌석 간 단차가 거의 없어 무대를 보려면 앞쪽 자리를 예매하는 것이 좋다. P.094

© obecni dum

공연 예약 페이지

🏠 www.narodni-divadlo.cz/en
국립극장, 국립 오페라극장, The New Stage, 스타보프스케 극장의 공연을 예매할 수 있다.

🏠 www.obecnidum.cz/cs
오베츠니 둠 스메타나 홀 공연을 예매할 수 있다.

🏠 www.colosseumticket.cz/en
앞서 소개한 모든 공연장의 예약을 진행할 수 있는 티켓 예매 전문 사이트이다.

낭만적인 공연에 감동을 더하는 Tip

❶ 인터넷 예매는 보통 e-ticket을 받지만, 기념용으로 종이 티켓을 받고 싶다면 예매할 때 '직접 수령'을 선택하면 된다.

❷ 대부분의 공연은 영어 자막을 지원하지만 원활한 극 이해를 위해서라면 미리 줄거리를 찾아보자. 대표곡의 가사까지 훑어보고 나면 배우들의 연기에 훨씬 집중이 잘 된다.

❸ 박스석은 프라이빗하게 공연에 집중할 수 있어 좋지만 무대와 가까울수록 시야 제한이 있어 무대 한켠이 보이지 않을 수 있다. 그러한 자리는 가격이 저렴한데 연기를 볼 필요가 없는 음악회라면 고려해 볼 만하다.

❹ 예매를 하지 않았더라도 당일 극장의 박스 오피스에서는 남은 좌석을 판매하고 있다. 다만 좋은 자리는 이미 주인이 있을 확률이 높다.

❺ 극장마다 공연 시작 전과 막 사이의 쉬는 시간인 인터미션 때 음료와 간단한 다과를 즐길 수 있는 바가 있다. 미리 도착해서 샴페인 한 잔을 마시며 아름다운 인테리어를 구경하는 것도 공연 관람의 묘미다.

❻ 여름인 7월과 8월이 되면 극장에선 모든 공연이 사라진다. 오케스트라나 공연단이 해외 원정을 떠나기도 하고 휴식을 갖는 기간이기 때문이다. 그 대신 여름의 프라하를 채우는 음악 페스티벌과 성당에서 열리는 콘서트는 물론, 거리의 악사들까지 기다리고 있으니 너무 실망할 필요는 없다.

클래식이 질색인 당신에게
추천하는 재즈 바

신시가지 파트에서 소개한 레두타 **P.136**가 아니더라도, 프라하에는 멋진 재즈 바가 우리를 기다리고 있다.
클래식 취향이 아니라면 재즈의 감성을 한껏 느껴보는 것도 좋겠다. 각 재즈 바 홈페이지에서는
공연 일정과 뮤지션을 미리 볼 수 있고 예약이 가능한데, 인기있는 뮤지션의 공연은 마감도 빠르다.

JAZZ REPUBLIC Live Music Club

1997년에 구시가지에 문을 연 재즈 리퍼블릭은 대부분의 공연
이 입장료가 없어 무료로 관람이 가능한 대신 공연장 내부
바에서 음료를 주문해야 한다. 입장료가 없다 보니 다소 어
수선한 느낌도 있고, 관광객이 많은 날에는 공연 중 관객 몰
입도도 비교적 떨어지는 편이다. 특별한 드레스 코드는 없고
남성은 긴바지 착용이 필수다.

📍 Jilská 1a, Staré Město 🕐 수~월요일 20:00~24:00,
공연 21:15~23:45 🎫 공연 무료, 맥주는 75Kč~
🏠 www.jazzrepublic.cz/en

Ungelt Jazz & Blues Club Prague

동굴 같은 실내에서 공연이 열려, 풍부한 음향을 즐길 수
있다. 예약을 하면 50Kč 할인도 적용된다. 뮤지션에 따라
다르겠지만, 공연비를 받는 만큼 퀄리티에 대한 만족도도
높은 편이다. 가볍게 음료만 주문해도 되고, 식사 메뉴를
선택할 수도 있다.

📍 Týnská 632/10, Staré Město 🕐 공연 21:15~23:45
🎫 성인 300Kč (예매 시 250Kč) 학생 200Kč 🏠 jazzungelt.cz

ⓒ Jazz Dock

Jazz Dock

캄파 섬에서 강을 따라 10분 정도 내려오면 강물에 떠
있는 화려한 유리 상자가 눈에 들어온다. 밖에서 바라
본 그 감성 그대로 칵테일과 함께 즐기는 재즈는 더할
나위 없이 만족스럽다. 가격대는 높은 편인데 좌석과
스탠딩으로 티켓 가격이 나뉘고, 뮤지션에 따라 입장
료가 천차만별이다.

📍 Janáčkovo nábř. 3249/2, Praha 5-Smíchov
🕐 월~목요일 17:00~02:00, 금~토요일 15:00~02:00
🏠 www.jazzdock.cz/en

이야기로 가득한 작은 마을

말라 스트라나
Lesser Town Malá Strana

프라하 성 아래쪽의 말로스트란스카 역부터 캄파 섬을 포함해
레기교까지의 일대를 말한다. '강 옆의 소지구'라는 뜻을
가진 이 동네는 13세기부터 프라하 성 아래에 자리를 잡았다.
각국의 대사관이 모여 있고, 블타바 강 오른편의 구시가지,
신시가지보다 훨씬 한적하고 여유로운 편이라 골목 곳곳을
산책하기 좋다. 프라하 성까지 걸어간다면 보통
말라 스트라나를 거쳐가야 하므로 같은 날 일정에 넣으면 좋다.

추천 코스

예상 소요 시간
약 5시간 30분

백조가 헤엄치는 연못과 정원이 아름다운 **발트슈테인 궁**

도보 8분

들여다 보는 재미가 있는 **네루도바 거리**

도보 2분

모차르트의 오르간이 있는 **성 미쿨라셰 성당**

도보 7분

실존주의 문학의 선구자 **카프카 박물관**

도보 1분

신호등까지 있는 **프라하에서 가장 좁은 골목**

도보 4분

평화의 메시지로 가득한 포토월 **레넌 벽**

도보 4분

프라하의 아기예수를 모신 **승리의 성모 마리아 성당**

도보 4분

반짝이는 물결이 일렁이는 **캄파 섬**

도보 1분

'기어가는 아기들'의 엉덩이가 반겨주는 **뮤지엄 캄파**

푸니쿨라까지 도보 8분

가장 높은 곳에서 프라하를 볼 수 있는 **페트린 타워**

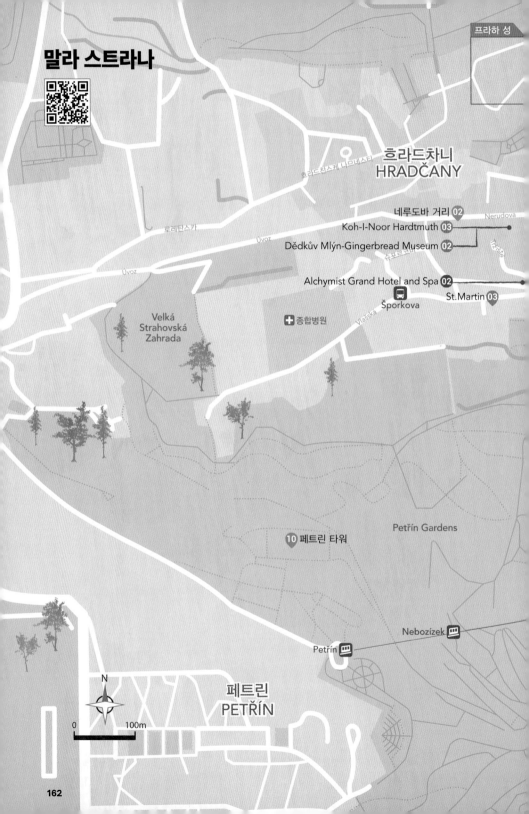

말라 스트라나

흐라드차니
HRADČANY

흐라드찬스케 나메스티

네루도바 거리 **02**   Nerudova
Koh-I-Noor Hardtmuth **03**
Dĕdkův Mlýn-Gingerbread Museum **02**
슈포르코바
Alchymist Grand Hotel and Spa **02**
Šporkova   St.Martin **03**
종합병원
Vlasska

로레탄스카

Úvoz

Úvoz

Velká
Strahovská
Zahrada

Petřín Gardens

10 페트린 타워

Nebozízek

Petřín

N

페트린
PETŘÍN

0   100m

M Malostranská

🚊 Malostranská

🚊 Valdštejnské Náměstí

01 발트슈테인 궁

클라로프

마네수프 브리지

Vojanovy
Sady

04 카프카 박물관

03 성 미쿨라셰 성당

🚊 Malostranské Náměstí

05 프라하에서 가장 좁은 골목

U Glaubicǔ

06 Malostranská Residence

05 Café Club Míšeňská

04 Residence U Mecenáše

02 Pork's

01 Local Artists

03 Hotel Pod Věží

07 Aria Hotel Prague

05 Old Royal Post Hotel

06 레넌 벽

07 승리의 성모 마리아 성당

01 Mandarin Oriental Prague

08 캄파 섬

🚊 Hellichova

Národní Divadlo 🚊

09 뮤지엄 캄파

🚠 Újezd

스트르젤레츠키 섬

🚊 Újezd

Most Legíí

🚊 Evropská

04 Café Savoy

🚊 Újezd

Národní Divadlo 🚊

데트스키 섬

발트슈테인 궁 Waldstein Palace

Valdštejnský Palác 🔊 발트슈테인스키 팔라츠

황제 다음으로 큰 부와 권력을 가졌던 발트슈테인 장군을 위해 이탈리아 건축가들이 7년 동안 공들여 지은 저택. 그러나 날로 커지는 발트슈테인 장군의 세력에 위협을 느낀 귀족들과 신성 로마제국의 황제가 그를 반역자로 몰아 암살하는 바람에 정작 그가 이 저택에 거주한 기간은 1년 남짓이라고 한다. 2차 세계대 전 후 국가 소유로 넘어와 지금은 체코 상원의회 건물로 쓰이고 있다.

아름다운 정원과 연못은 이곳의 하이라이트다. 한복판에 섬세 한 헤라클레스 동상이 서 있는 연못은 배를 타고 노닐기 위해 인공적으로 조성한 곳인데, 그만큼 상당한 규모를 자랑한다. 연 못에서 이어지는 미로 같은 정원과 시원하게 물을 뿜어내는 분 수, 만발한 수국 뒤 인공 종유석 벽은 당시 최고의 부와 권력을 누렸던 귀족의 삶을 엿볼 수 있게 하는 것들이다. 여름이 되면 궁 앞 정원은 로맨틱한 공연장으로 거듭나, 콘서트와 연극이 상 연된다. 무료로 진행되기도 하니 일정이 맞는다면 들러서 감상 해 보자.

📍 Valdštejnské nám. 4
🚶 지하철 A선 또는 트램을 타고 Malostranská 하차, 도보 2분
🕐 정원 4월~11월 평일 07:00-19:00, 주말 및 공휴일 09:00-19:00
❌ 11~3월 📞 257 075 707
🏠 www.senat.cz/informace/z_historie/palace/valdstejn.php

네루도바 거리 Nerudova

프라하 성에서 말라스트라나를 잇는 고풍스러운 언덕길이다. 이 거리의 47번 저택에 살았던 체코 국민 작가 얀 네루다의 이름을 따서 거리 이름을 지었다고 한다. 경사가 꽤 있는 편인데, 성에서 내려오며 곳곳에 있는 기념품점이나 독특한 소품숍을 구경하다 보면 어느새 말라스트라나 광장에 도착하게 된다.

이 길을 걷다 보면 건물마다 바이올린이나 양, 사자 등 다양한 장식이 붙은 것을 볼 수 있다. 얀 네루다의 47번지 집에는 금빛 태양 두 개가 빛나고 있다. 이 상징은 18세기에 주소 제도가 생길 때까지 번지를 대신해 집주인이 누구인지를 알리는 표식이었다고 한다. 프라하 곳곳에서 볼 수 있지만 네루도바 거리만큼 한 자리에서 다양한 표식을 볼 수 있는 곳도 드물다. 볼거리가 가득한 거리라 눈이 바쁘지만, 내려가면서 광장 방향을 바라보면 바로크 양식의 건물 사이로 멀찍이 지나가는 트램과 그 앞에 웅장하게 서 있는 성 미쿨라셰 성당이 보인다. 조화로운 이 풍경은 꼭 놓치지 말고 눈에 담아 보자.

📍 Nerudova 🚶 트램을 타고 Malostranské náměstí에서 하차, 성 미쿨라셰 성당을 지나 도보 1분

네루도바에서 만날 수 있는 다양한 표식

얀 네루다의 집

모차르트가 연주한
파이프오르간이 남아있는 곳 ⋯⋯⋯ ③
성 미쿨라셰 성당 St. Nicholas Church
Kostel sv. Mikuláše 🔊 코스텔 스바테호 미쿨라셰

아버지와 아들, 사위 건축가가 3대에 걸쳐 100년 동안 지은 곳으로, 프라하에서 가장 유명한 바로크 양식 성당으로 손꼽힌다. 안으로 들어서면 화려하고 정교한 조각으로 빈틈없이 채워진 웅장한 실내 장식들이 눈길을 끈다. 2층으로 올라가면 예수님의 일생 일부를 표현한 작품과 천장을 가득 수놓은 프레스코화도 볼 수 있다. 이 대형 프레스코화는 성당의 이름인 성 미쿨라셰(니콜라스), 즉 어린이들의 수호성인인 산타클로스를 그리고 있다. 하지만 사람들이 이 성당을 가장 많이 찾는 이유는 바로 세계적인 음악가 모차르트와 깊은 인연이 있기 때문이다. 그가 1787년에 프라하에 머무는 동안 직접 연주했던 파이프오르간이 성당 2층에 자리하고 있다. 모차르트가 사랑하고 또 큰 사랑을 받았던 프라하에서는 그가 세상을 떠난 뒤 이곳에서 추모 미사가 열렸다고 한다. 구시가지 광장에 있는 성 미쿨라셰 성당과 이름은 같지만 전혀 다른 곳이니 찾아갈 때 주의하자.

📍 Malostranské nám 🚶 카를교를 건너 레서타운 브리지 타워에서
도보 4분 🕐 1~2월 월~금요일 09:00~16:00, 토~일요일 09:00~17:00,
3~6월, 10~12월 매일 09:00~17:00, 7~9월 매일 09:00~18:00
💰 성인 100 Kč, 학생 및 시니어 60 Kč 📞 257 534 215
🏠 www.stnicholas.cz

카프카 박물관 Kafka Museum

Muzeum Franze Kafky 🔊 무제움 프란제 카프키

프란츠 카프카의 모든 작품의 초판 원고와 일기, 유서 등을 소장하고 있는 곳이다. 전시관 자체가 '카프카적인 분위기'를 풍기고 있어서 카프카의 팬이라면 극찬하는 곳이지만, 카프카에 관심이 없는 사람들은 혹평을 하는 등 방문 후기가 극과 극으로 나뉜다. 오히려 박물관 앞에 설치된 다비드 체르니의 '오줌 누는 사람들' 조각의 인기가 더 높을 정도다. 카프카는 프라하에서 나고 자랐지만 당시 미움을 한껏 받았던 유대인이었던 데다가 작품은 적국인 독일어로 적었던 인물이다. 우리로 치자면 일제강점기 때 일본어로 작품활동을 했던 작가를 세계인이 사랑하는 격이랄까. 그래서 체코에서는 그다지 사랑받지 못하지만 여전히 그만의 독특한 작품 세계를 사랑하는 사람들이 이곳에서 그를 한껏 느끼고 간다. 이곳을 관람하는 사람은 알폰스 무하 박물관 티켓을 반값에 살 수 있다.

📍 2b, Cihelná 635 🚶 성 미쿨라셰 성당에서 레서타운 브리지 타워를 지나 도보 4분, 또는 Malostranská. 전철역이나 트램 정거장에서 남쪽으로 도보 4분 🕐 매일 10:00~18:00 💰 성인 240 Kč, 학생 및 시니어 160 Kč 📞 257 535 373 🏠 kafkamuseum.cz

프라하에서 가장 좁은 골목

The Narrowest Street of Prague

Nejužší Pražská Ulička 🔊 네유슈시 프라슈스카 울리치카

카프카 박물관에서 조금 걸어 내려오면 사람들이 줄을 길게 선채 목을 빼고 한 지점을 응시하는 재미있는 광경을 볼 수 있다. 바로 '프라하에서 가장 좁은 골목'을 지나가려고 순서를 기다리는 사람들이다. 네유슈시(가장 좁은) 프라슈스카(프라하의) 울리치카(골목, 샛길)는 역사와 전통이 깃든 특별한 관광 스폿이 아닌데도, 이름만 듣고 호기심에 가득 차 몰려든 사람들 덕분에 말라 스트라나의 작은 명소가 되었다. 좀처럼 건물 사이 빈틈이 없는 프라하인데, 이곳은 사람 한 명이 겨우 지나갈 좁은 틈새에 신호등까지 갖춘 어엿한 '길'이다. 반대쪽에서 사람이 오고 있다면 빨간 불이 켜졌다가, 파란 불이 켜질 때 지나가야 골목 중간에서 애매하게 충돌하지 않는다. 사실 이 길 끝에서 우리를 기다리고 있는 것은 블타바 강 전망과 함께 식사를 할 수 있는 레스토랑이다. 한마디로 이 골목은 레스토랑의 입구고, 호기심에 가득한 관광객이 이리로 들어왔다가 손님이 되어 자리에 앉으면 좋은, 천재적인 손님 끌기 방식이다.

📍 U Lužického semináře

자유를 향한 염원 ⑥
레넌 벽 Lennon Wall
Lennonova Zeď 🔊 렌노노바 제티

매일 새로운 메시지가 더해지면서 단 하루도 같은 모습인 적이 없었다는 이곳은 사랑과 평화를 바라는 마음이 가득한 벽이다. 빈틈없이 빼곡한 그래피티와 낙서가 겹치고 쌓여 알록달록한 색감을 뽐내는 이 벽을 배경으로 사진을 찍으려는 사람들로 늘 붐비는 곳이기도 하다. 영국인 존 레넌과 프라하가 무슨 상관이 있길래 이 벽이 그렇게도 유명한 걸까. 자유를 꿈꾸던 '프라하의 봄'이 실패로 돌아가고 더 거센 통제를 받던 시절, 부인 오노 요코와 함께 반전을 외치던 비틀즈의 존 레넌은 억압받던 프라하의 젊은이들에게 한 줄기 빛이었다. 그러던 그가 세상을 떠나자 누군가가 추모 메시지를 이 벽에 남겼다. 처음에는 그저 존 레넌을 기리는 문구로 시작했지만 세계평화와 자유를 노래했던 곡 'Imagine'의 가사와 함께 전체주의 정권을 비판하는 문구 등이 벽 여기저기에 나타났다. 표현의 자유마저 억압받던 시절, 벽 위에 적힌 메시지는 당시 정권에 저항하는 젊은이들의 동조를 불러일으키고 서로에게 위안이 되었다. 지금은 우리말을 포함한 30개 국어로 쓰인 '자유'와 함께 수많은 사람들의 메시지가 적혀 있으며, 벽 앞에는 러시아와 힘겨운 전쟁을 이어가는 우크라이나를 위한 시가 있다. 워낙 많은 관광객이 인증샷을 남기러 찾아오니, 아무도 없는 벽에서 마음껏 포즈를 취하고 싶다면 이른 아침에 찾아가야 한다.

📍 Velkopřevorské nám. 🚶 카프카 박물관에서 도보 5분. '프라하에서 가장 좁은 골목' 방향으로 걷다가 Na Kampě 거리를 지나 물레방아가 돌고 있는 운하를 지나면 오른편에 위치

승리의 성모 마리아 성당

Church of Our Lady Victorious

Kostel Panny Marie Vítězné 🔊 코스텔 판니 마리에 비테즈네

1613년에 완공된 성당으로, 작고 평범해 보이지만 1628년 로브코비츠 가문에서 기증한 아기 예수상을 모시고 있는 체코의 대표 순례지 중 하나다. 나무에 밀랍을 덧붙여 만든 47㎝ 가량의 조각상은 한때 수도원이 약탈당하며 쓰레기 더미에서 뒹구는 수난을 겪었지만, 1655년 프라하 주교가 대관한 이후로는 수많은 신도들이 세계 각국에서 몰려오는 원동력이 되었다. 성당 2층에 있는 박물관에서는 2009년 교황 베네딕토 16세가 방문했을 때 선물한 면류관과 마리아 테레지아 황후가 직접 수놓은 예복, 그리고 우리나라 한복을 비롯해 각 나라에서 기증한 전통 의상을 만나볼 수 있다. 이 예복과 면류관은 가톨릭 전례 시기에 맞춰 아기 예수를 단장하는 데 쓰인다. 성물방에서는 아기 예수상 기념품을 구매할 수 있고, 우리말로 된 아기 예수를 위한 기도문도 준비되어 있으니 천주교 신자라면 꼭 들러 보기를 추천한다.

📍 Karmelitská 9. 🏃 레넌 벽에서 도보 4분, 또는 트램을 타고 Hellichova에서 하차 🕐 월~토요일 08:30~18:00, 일요일 08:30~19:00 📞 257 533 646 🏠 www.pragjesu.cz

아기 예수 전용 전례복

반짝이는 강을 보며 여유를 즐기는 작은 섬 ······ ⑧

캄파 섬 Kampa Island

Ostrov Kampa 🔊 오스트로프 캄파

블타바 강둑에 있는 인공 섬이다. 언제나 복잡한 카를교 옆에 놓인 계단 몇 개만 내려오면 고요하고 한적한 세계가 펼쳐진다. 섬이라고 하니 배를 타고 건너야 할 것 같지만, 막상 가 보면 대체 왜 여기를 섬이라고 부르는지 궁금해지는 곳이다. 사실 이곳은 블타바 강과 강에서 끌어온 인공 운하인 체르토프카 운하 사이를 말하는데 운하가 워낙 좁다 보니 그 위에 놓인 다리도 짧아 섬이라는 생각이 별로 들지 않는 것이다. 하지만 그런 건 별로 중요하지 않다. 아담하고 평화로운 캄파 섬에는 골목마다 레스토랑과 바, 카페와 작은 갤러리들이 모여 있고, 섬의 절반 가까이를 차지하는 푸릇한 공원이 있어 언제나 여유와 낭만이 넘친다. 강둑에 앉아 블타바 강을 오가는 유람선과 오리배를 구경하는 것만으로도 기분 좋은 곳이다.

📍 Kampa Island 🚶 프라하 성 방면으로 가는 카를교의 왼편 계단을 따라 내려가면 나오는 블타바 강 일대

체코 현대미술과 조각이 한 자리에 ⑨

뮤지엄 캄파 Museum Kampa Kampa Muzeum 🔊 캄파 무제움

현대 추상화의 창시자로 알려진 프란티세크 쿠프카의 대표작과 20세기 체코를 비롯한 동유럽 근현대 작품이 전시된 곳이다. 한때 방앗간으로 쓰이던 곳을 미술품 수집가였던 메다 믈라드코바가 평생에 걸쳐 수집한 작품과 함께 박물관으로 재탄생시켰다. 아담한 규모지만 체코 현대미술과 조각을 감상할 수 있어 미술학도들이 짬을 내어 꼭 찾는 박물관이다. 미술을 전공하는 학생이라면 파격적인 할인 가격으로 입장할 수 있으니 국제학생증을 유용하게 쓸 수 있는 기회. 박물관 밖으로 나가면 프라하의 유명한 조각가 다비드 체르니의 작품인 '기어가는 아기들'이 있고, 강둑으로 내려가면 '프라하의 노란 펭귄'을 볼 수 있다. 심지어 이 야외 작품들은 관람료를 내지 않아도 되니 캄파 섬을 지난다면 한번쯤 찾아보자.

📍 U Sovových mlýnů 2 🕐 매일 10:00~18:00
🎫 성인 190Kč, 학생 및 시니어 100Kč
📞 257 286 147 🏠 www.museumkampa.cz

허공을 향해 기어가는 아기들도 있다고?!

캄파 섬의 명물인 기어가는 아기들을 무려 일곱이나 만날 수 있는 곳이 또 있다. 바로 프라하 3지구에 있는 지슈코프 티비 타워(Zizkov tv tower / Žižkovská televizní věž)로, 1992년에 완공된 TV송신탑이다. 216m나 되는 길쭉한 이 타워는 세계에서 두 번째로 못생긴 건축물로 선정되었는데 이 탑에 기어가는 아기들까지 붙어있어 디자인에 대한 의견이 분분하다. 해넘이가 멋진 리에그로비 공원에서 그리 멀지 않은 곳에 있으니 프라하에 오래 머물 계획이 있다면 하늘을 향해 열심히 기어가는 아기들을 만나러 가보자.

프라하에서 제일 높은 곳을
찾는다면 바로 여기 ⋯⋯ ⑩

페트린 타워 Petrin Tower

Petřínská Rozhledna 🔊 페트르진스카 로즈흘레드나

프라하 가장 높은 곳에서 전망을 보고 싶다면 꼭 올라야
하는 곳이다. 프랑스의 에펠탑에서 영감을 받아 1:5 비율
로 축소해 그와 쏙 빼닮은 모양으로 만들었다. 언덕 위에
있어 꼭대기에서는 에펠탑과 같은 고도로 도시를 내려다
볼 수 있게 했는데, 맑은 날이면 프라하뿐 아니라 보헤미
아가 거의 다 보인다고 할 수 있을 만큼 탁 트인 시야를 자
랑한다. 타워 위쪽 계단은 사방이 뚫려 있어 바람이 불면
탑이 살짝 흔들리는 아찔한 느낌을 주지만, 그만큼 깨끗
한 전망을 보며 올라갈 수 있어서 좋다. Újezd에서 푸니
쿨라를 타고 올라가는 것이 가장 쉽고 빠르게 타워 입구
에 닿는 방법이다. 공원을 천천히 가로질러 올라가면 기분
좋은 산책을 즐길 수 있지만 생각보다 꽤 많이 올라가야
한다. 24시간 대중교통권이 있으면 푸니쿨라도 무료로 이
용할 수 있으니 타워에 오를 다리 힘을 남기려면 꼭 푸니
쿨라를 타자.

📍 Petřínské sady 633
🚶 뮤지엄 캄파에서 푸니쿨라 탑승장까지 도보 8분
🕐 1~3월 매일 10:00~18:00, 4~5월 매일 09:00~20:00,
6~9월 매일 09:00~21:00, 10~12월 매일 10:00~20:00
💰 성인 150Kč, 학생 및 시니어 100Kč,
엘리베이터 150Kč 📞 775 400 052

깊은 맛의 굴라쉬를 맛보려면 예약은 필수 ······ ①

U Glaubiců 🔊 우 글라비추

말라스트라나 광장의 아케이드를 따라 카를교 쪽으로 걷다 보면 레스토랑이 줄지어 나오는데, 그중에서도 끊임없이 손님이 들고 나는 집이다. 이 자리에서 최초로 맥주를 양조한 때가 1521년이니 엄청난 역사를 가지고 있는 곳이기도 하다. 지금은 필스너 우르켈 양조장에서 맥주 탱크를 공수해 신선한 맥주와 함께 다양한 체코 요리를 선보이고 있는데 전통 요리인 스비치코바와 굴라쉬가 인기 메뉴다. 워낙 손님들이 많아 직원들이 다소 퉁명스럽고 음식이 나오는 데도 시간이 걸리는 편이다. 운이 좋아 자리가 있다면 다행이지만 웬만하면 미리 예약할 것을 추천한다. 500㎖ 맥주 한 잔이 43Kč, 대표 메인인 굴라쉬는 240Kč다. 홈페이지로 들어가면 영어는 물론 한국어 메뉴도 제공하고 있다(메인 페이지 언어 설정에서 영어로 바꾼 후 메뉴 항목에 들어가면 한국어 옵션이 보인다).

📍 Malostranské nám. 266/5　🕐 매일 10:30~23:00
📞 257 532 027　🏠 uglaubicu.com

코젤 흑맥주에 바싹한 슈니첼 한 입 ······ ②

Pork's 🔊 포크스

이름에 걸맞게 다양한 돼지고기 요리를 선보이는 레스토랑이다. 카를교를 건너기 직전, 길 왼쪽에 위치하고 있는데 오고 가는 사람이 많아 자칫하면 지나치기 쉽다. 하지만 150명을 수용할 수 있는 넓은 공간임에도 늘 손님으로 가득 찬다는 건 감출 수 없는 매력이 가득하다는 뜻. 관광지 근처 식당이 비싸고 맛이 없다는 편견이 무색하게도, 신선한 맥주와 푸짐하고 맛 좋은 음식들이 일품이다. 테이블마다 심심치 않게 찾아볼 수 있는 꼴레뇨는 껍질의 바삭함과는 정반대인 촉촉한 속살로 이곳의 자랑이 되었다. 그 밖에도 워낙 먹음직스러운 메뉴가 많아 다른 테이블에서 주문한 음식이 지나가면 나도 모르게 눈길이 그리로 향한다. 비어 마스터가 탱크에서 뽑아주는 맥주에 슈니첼과 체코식 감자전을 곁들여 먹으면 입꼬리가 올라가는 것을 막을 수 없을 것이다.

📍 Mostecká 16　🚶 말라 스트라나의 성 미쿨라셰 성당에서
도보 3분　🕐 매일 12:00~23:30　📞 725 181 828
🏠 www.porks.cz

St.Martin 🔊 세인트마틴

미국 대사관 옆 작은 골목에서 쨍한 하늘색 간판을 찾으면 보이는 집이다. 겉에서 보면 작아 보이지만 예쁘게 꾸민 정원 테이블까지 합치면 생각보다는 규모가 크고, 관광객보다 현지인이 더 많이 보인다. 메뉴를 보면 두 번 놀라게 되는데, 전반적으로 가격대가 저렴하다는 점과 김치가 있다는 점이다. 한국 음식에 관심이 많은 셰프가 돼지고기와 김치의 궁합이 좋아 개발했다는 메뉴는 눈과 입을 모두 즐겁게 하는 퓨전 음식이다. 이곳은 와인리스트가 특히 좋은데다 가격도 부담스럽지 않으니 맛있기로 유명한 모라비아 와인을 곁들이는 것을 추천한다.

📍 Vlašská 7 🏃 프라하의 아기예수 성당에서 서쪽으로 도보 3분 🕐 월~금요일 11:00~22:00, 토~일요일 12:00~22:00 📞 257 219 728 🏠 www.stmartin.cz

Café Savoy 🔊 카페 사보이

1893년에 문을 연, 100년도 더 된 고풍스러운 네오 르네상스풍 카페 겸 레스토랑이다. 층고가 높고 큰 창으로 들어오는 햇살을 받으며 기분 좋게 커피와 디저트를 즐기는 사람들이 늘 가득하다. 11시 30분까지 제공되는 브런치 메뉴가 특히 인기 많고, 체코식 디저트도 좋은 평가를 받고 있어 자칫하면 대기가 길 수 있으니 예약을 하는 편이 좋다. 행정구역상 스미호프로 구분되지만, 캄파 섬 남쪽 끝에서 길만 건너면 되는 위치라 말라 스트라나 지구에 들를 때 가는 것이 더 편하다.

📍 Vítězná 5, Smíchov
🕐 월~금요일 08:00~22:00,
토~일요일 09:00~22:00
📞 731 136 144
🏠 cafesavoy.ambi.cz

아담하고 분위기 좋은 숨은 카페 ····· ⑤

Café Club Míšeňská
🔊 카페 클럽 미셴스카

카를교에서 불과 1분 거리로 관광객이 오가는 길목에 있지만, 입구가 깊숙해서 눈에 잘 띄지 않는 카페다. 그래서인지 카페에는 조용하게 커피와 음악을 즐기며 대화하는 현지인이 더 많다. 큰 규모는 아니지만 입구에서부터 테라스 자리까지 이어지는 테이블이 여유롭게 배치되어 있어 프라하 여행 내내 사람들과 부대끼며 지친 몸과 마음을 재충전하기 딱 좋은 곳이다. 음료와 함께 즐길 수 있는 가벼운 디저트와 식사류도 있으니 마음껏 늘어져서 시간을 보내 보자.

📍 Míšeňská 71/3 🕐 매일 10:00~24:00
📞 722 659 139 🏠 www.facebook.com/misenskafe

체코인이 만든, 체코에서 만든 ····· ①

Local Artists 🔊 로칼 아티스트

친구에게 줄 기념품을 고심해서 골랐는데, 집에 가 보니 '메이드 인 차이나'라고 쓰인 물건을 보며 허탈했던 경험이 있다면, 이곳에서는 마음 편히 쇼핑할 수 있을 것이다. 스타레 메스토에 두 지점을 포함해서 프라하에 총 세 군데 지점이 운영되고 있는데, 모든 물건은 체코 출신 아티스트가 만든 것들이다. 전통적인 공예품도 있지만 세련된 느낌이 물씬 담긴 실용적인 물건도 많아서 자꾸 집어들다 보면 어느새 손에 한가득 쥐고 있게 된다. 그저 팔기 위해 적당히 만든 게 아니라 나름대로 체코의 이야기를 담고 있는 물건들이니 여행담과 함께 건네 줄 선물로 이만한 것들이 없다.

📍 Karmelitska 26, Prague 1 - Lesser Quarter 🕐 월~일요일 10:00~19:00,
스타레 메스토 지점은 23:00까지 운영 📞 702 110 626 🏠 www.localartists.cz

귀여운 진저맨이 한가득 ······ ②

Dědkův Mlýn-Gingerbread Museum ◀) 데트쿠프 믈린-진저브레드 뮤지엄

네루도바 거리를 걷다가 고소하고 은은하게 길에 퍼
져있는 달콤한 향을 따라가면 반갑게 인사하는 진
저브레드맨을 만날 수 있다. 체코어로 페르니츠키
(Perníčky)라고 하는 진저브레드는 크리스마스를 앞
두고 굽는 전통 쿠키로, 체코에서 가장 유명한 진저브
레드 제빵사가 네루도바 거리에 살았다고 해서 이곳
에 쿠키가게를 열었다고 한다. 가게 안에는 기분 좋은
향만큼이나 눈을 즐겁게 하는 쿠키와 비스킷이 가게를
한가득 메우고 있는데 진저브레드 쿠키 반죽에는 카
다멈, 시나몬, 아니스나 정향 등 독특한 향신료가 많이
들어가서 마냥 달고 맛있는 쿠키라기보단 어른스럽고
이국적인 맛이다. 색색의 아이싱으로 예쁘게 꾸민 옷
을 입은 진저브레드 쿠키는 먹기보다는 곱게 집에 가
져가 크리스마스 트리에 달고 싶은 모양새다.

📍 Nerudova 254/9 🚶 흐라드찬스케 광장에서 네루도바
거리를 따라 도보 5분 🕐 11:00~18:00 📞 602 307 586
🏠 www.dedkuv-mlyn.cz

노란 연필의 역사가 시작된 곳 ······ ③

Koh-I-Noor Hardtmuth ◀) 코이노르 하르트무트

훌륭한 품질에 저렴한 가격으로 세계적으로도 큰 사
랑을 받고 있는 체코의 대표적인 문구 및 미술용품 브
랜드다. 1790년부터 시작된 역사를 자랑하는데, 특히
우리가 흔히 떠올리는 노란 몸통의 연필은 바로 코이
노르에서 최초로 몸체를 도색해 세상에 선보였고, 점
토와 흑연을 섞어 심의 진하기를 조절하는 방식으로
특허를 받았다. 우리나라에는 연필 정도만 수입되어
다른 문구 브랜드에 비해 잘 알려져 있지는 않지만, 체
코에 있는 매장에 들러 보면 연필과 색연필, 물감, 분필
등 다양한 제품군을 볼
수 있다.

📍 Nerudova 250/13
🕐 매일 10:00~19:00
📞 731 534 401
🏠 www.koh-i-noor.cz

일상이 녹아있는

스미호프
Smichov Smíchov

내로라 하는 유명 관광지는 없지만, 그래서 더욱 프라하의
진짜 모습을 엿볼 수 있는 곳이다. 오랫동안 서민의 지역이었고,
체코인이 사랑하는 또하나의 맥주 '스타로프라멘' 양조장이
이곳에 있다. 스미호프 중심에 있는 안델 역은 프라하 근교
도시를 오고 가는 사람들로 늘 북적이고, 세련되고 쾌적한
몰에서 쇼핑을 즐길 수도 있다. 가족 친화적인 쇼핑몰과
온갖 탈것의 모형이 가득한 '철도의 왕국'이 있어 아이들과 함께
프라하를 찾은 가족 단위 관광객이라면 근교 도시를
다녀오는 김에 여유 있게 찾아가도 좋을 곳이다.

예상 소요 시간
약 5시간

**추천
코스**

언제나 활기찬 **안델 역**

도보 1분

테스코도 있고 푸드코트도 있는 **노비 스미호프 쇼핑센터**

도보 1분

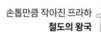

손톱만큼 작아진 프라하
철도의 왕국

도보 4분

프라하 힙스터의 SNS에 어김없이 등장하는
마니페스토 마켓

도보 4분

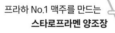

프라하 No.1 맥주를 만드는
스타로프라멘 양조장

트램 16분

폐공장에서 피어나는 예술의 혼, **미트 팩토리**

스미호프

Park Sacré Coeur

노비 스미호프 쇼핑센터 01

Zborovská

플젠스카

철도의 왕국 02 Anděl

Anděl 03 Andel Apartment

Anděl M

OREA Hotel Angelo Praha 01

Mrázovka

02 Manifesto Market Anděl

Na Knížecí

Ostrovského

Na Knížecí

Na Knížecí

01 Staropramen Brewery

Palackého Náměstí

02 Brunetti Design Apartment

나플라프카 파머스 마켓

Výtoň 01 Výtoň

비셰흐라드

Císařská Louka

Santoška

Křížová

Praha-Smíchov sev.n.

M Smíchovské Nádraží

Smíchovské Nádraží

Praha-Smíchov

라들리츠카

Císařská Louka

Vltava

Vltava

N

0 200m

베슬라르주스키 섬

미트 팩토리 03

Lihovar

179

쇼핑하고 밥 먹고 장보기까지,
역시 편리한 건 쇼핑몰! ······①

노비 스미호프 쇼핑센터

Nový Smíchov Shopping Centre
Obchodní Centrum Nový Smíchov
🔊 옵호드니 첸트룸 노비 스미호프

프라하를 잠깐 다녀가는 사람이라면 몰라도, 한 달 살기 등을 하면서 구시가지의 팔라디움이나 신시가지 쇼핑 거리에서 뭔지 모를 아쉬움이 남았다면 이곳으로 가 보자. 우리에게 훨씬 익숙한 쇼핑몰의 모습을 한 노비 스미호프에는 맛있는 음식만 쏙쏙 골라 둔 푸드코트와 익숙한 브랜드로 가득하다. 로비층에는 대형 슈퍼마켓인 테스코가 자리잡고 있어 저렴하게 생필품이나 먹거리를 사기에 좋고, 한 층 올라가면 아이들이 놀기 좋은 Sacré Coeur공원으로 이어지는 구름다리도 있어 포장해 온 음식으로 가볍게 피크닉을 즐길 수도 있다. 맨 윗층에는 테라스와 세계 각국의 음식부터 디저트까지 골라 먹을 수 있는 푸드코트가 있다.

📍 Plzeňská 8　🏃 지하철 B선 또는
트램을 타고 Anděl에서 하차, 도보 1분
📞 251 511 151
🏠 novy-smichov.klepierre.cz

철도의 왕국 Kingdom of Railways

Království Železnic 🔊 크랄로프스트비 젤레즈니츠

밖에서 보기에는 구멍가게 같아 이만한 입장료를 낼 만한 곳인지 의심이 가지만, 직원이 안내해 주는 대로 에스컬레이터를 타고 내려가면 완전히 새로운 세상이 펼쳐진다. 프라하 시를 레고처럼 작게 축소해서 만들어 둔 정교한 모형이 넓은 공간을 가득 채우고, 그 사이를 신나게 돌아다니는 기차와 트램 등 바퀴 달린 온갖 미니카가 가득하다. VR체험과 미니카 경주, 시뮬레이션 체험 공간까지 아이들이 좋아할 만한 것 투성이인데다가 곳곳에는 실물 크기의 기차 조종실 등이 있어 그곳에 앉고 싶어 발을 동동거리는 귀여운 아이들의 천국이다. 프라하의 랜드마크에 시선을 빼앗겨 감탄하는 사이, 갑자기 모형을 비추던 조명이 하나 둘씩 꺼지고 박물관 전체가 어두워진대도 놀라지 말자. 해가 뜨고 지는 모습까지 보여주는 섬세한 연출이다.

📍 Stroupežnického 23 🚶 노비 스미호프 쇼핑센터에서 남쪽으로 도보 2분
🕐 매일 09:00~19:00 🎫 전 연령 260 Kč (*당일 유효한 기차표를 제시하면 10%할인), 키 1미터 이하 어린이 50 Kč 📞 257 211 386
🏠 www.kralovstvi-zeleznic.cz

다비드 체르니의 손길이 느껴지는 복합 문화공간 ······ ③

미트 팩토리 Meet Factory

캄파 섬과 지슈코프 타워의 명물인 '기어가는 아기들'을 조각한 다비드 체르니가 2001년 설립한 비영리 현대예술센터. 안델 역에서도 꽤 내려가야 해서 다소 먼 감이 있지만, 예술에 관심이 많은 사람이라면 이 독특한 공간의 매력에 푹 빠질 것이다. 더이상 쓰임이 없는 철도회사의 폐공장을 개조해서 비주얼 아트와 연극, 음악 등 예술가의 독창적인 프로젝트를 지원하고 대중이 쉽게 접근해서 함께 어울릴 수 있는 공간을 만들었다. 아티스트가 머물 수 있는 스튜디오와 갤러리, 영화관, 바를 운영하고 있어서 독특한 예술들의 공연과 작품을 찾는 트렌디한 젊은이들의 발길이 끊이지 않는다.

📍 Ke Sklárně 3213/15 🚶 안델 역에서 5/12/20번 트램을 타고 Lihovar에서 하차 후 도보 7분 🕐 매일 13:00~20:00 📞 251 551 796 🏠 www.meetfactory.cz

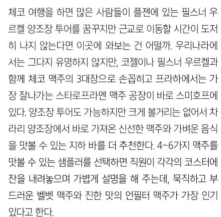

다른 건 몰라도 언필터 맥주는 최고 ······ ①

Staropramen Brewery
🔊 스타로프라멘 브루어리

체코 여행을 하면 많은 사람들이 플젠에 있는 필스너 우르켈 양조장 투어를 꿈꾸지만 근교로 이동할 시간이 도저히 나지 않는다면 이곳에 와보는 건 어떨까. 우리나라에서는 그다지 유명하지 않지만, 코젤이나 필스너 우르켈과 함께 체코 맥주의 3대장으로 손꼽히고 프라하에서는 가장 잘나가는 스타로프라멘 맥주 공장이 바로 스미호프에 있다. 양조장 투어도 가능하지만 크게 볼거리는 없어서 차라리 양조장에서 바로 가져온 신선한 맥주와 가벼운 음식을 맛볼 수 있는 지하 바를 더 추천한다. 4~6가지 맥주를 맛볼 수 있는 샘플러를 선택하면 직원이 각각의 코스터에 잔을 내려놓으며 가볍게 설명을 해 주는데, 묵직하고 부드러운 벨벳 맥주와 진한 맛의 언필터 맥주가 가장 인기 있다고 한다.

📍 Pivovarská 🏃 안델 역에서 Nádražní 거리로 한 블록 내려오다가 좌회전, 다시 한 블록을 걸으면 길 끝 오른편에 위치
📞 251 553 389 🏠 www.centrumstaropramen.cz

저녁에 가면 더 느낌있는 푸드마켓 ······ ②

Manifesto Market Anděl
🔊 마니페스토 마켓 안델

중세 느낌 가득한 프라하에서 새롭게 떠오른 힙스터들의 성지다. SNS느낌 가득한 이 푸드마켓에는 분위기에 취해 사진을 찍는 '요즘 사람들'이 가득하다. 체코에서 한창 인기를 얻고 있는 '팬시 프라이즈'를 비롯해 바베큐, 수제버거, 타코도 있고 심지어 한식을 파는 매장도 있다. 맛과 가격을 생각하면 굳이 찾아가지 않을 법도 한데, 신나는 노래와 조명 아래 몸을 들썩이며 조그마한 수영장에 발을 담그고 홀짝이는 맥주나 칵테일이 자아내는 분위기 덕분에 절로 눈웃음이 나오는 즐거운 곳이다.

📍 Ostrovského 34
🏃 스타로프라멘 양조장에서 서쪽으로 도보 5분
🕐 화~일요일 11:00~22:00 📞 702 011 638
🏠 www.manifestomarket.com

고요하고 평온한 요새

비셰흐라드
Vysehrad Vyšehrad

'높은 곳의 성'이라는 뜻을 가진 비셰흐라드는
프라하 성이 지어진 이후 10세기 경 요새로 쓰기 위해
만들었다고 한다. 블라디슬라프 1세와 카를 4세 덕분에
주목을 받긴 했지만 늘 프라하 성의 그늘에 가려진
곳이기도 하다. 넓은 정원은 한적하고 여유로워 관광객에
치이지 않고 여유롭게 프라하의 아름다운 모습을
마음껏 눈에 담을 수 있다. 비셰흐라드에서 가장 큰
지하공간인 골리체에는 카를교의 석상 중
여섯 개의 원본을 보관하고 있으니 관심이 있다면
케이스메이트 가이드 투어에 참여해 보자.

예상 소요 시간
약 3시간

추천
코스

비셰흐라드로 들어가는 가장 멋진 입구 **레오폴드 게이트**

도보 1분

천년 넘게 자리를 지킨 로마네스크 예배당, **로툰다**

도보 3분

블타바 강 오른편의 대표 랜드마크
성 베드로와 바울 성당

도보 1분

체코의 영웅들이 잠든 아름다운 **국립묘지**

도보 1분

색다른 각도로 프라하를 바라볼 수 있는
비셰흐라드 공원

도보 5분

카를교 석상의 원본을 볼 수 있는 **골리체**

비셰흐라드

뷔셰흐라드

04 골리체
Brick Gate

Vyšehrad Cemetery

02 성 베드로와 바울 성당

03 비셰흐라드 공원

Vyšehradské Sady

01 로툰다

놀이터

Leopold Gate

N

0   50m

산부인과
The Institute for the Care of Mother and Child

공중화장실

i 인포메이션센터

Vltava 블타바 강

Ostrčilovo
Náměstí

작지만 울림이 있는
로마네스크 예배당 ⋯⋯⋯ ①

로툰다 Rotunda of St Martin

Rotunda Sv. Martina 🔊 로툰다 스바테호 마르티나

레오폴드 문을 지나면 가장 먼저 볼 수 있는 건축물로, 프라하의 로툰다 중 가장 크다. 11세기 후반에 로마네스크 양식으로 지어져 천년 넘게 이 자리를 지키고 있는데 아담한 원통형 건물 내부는 현재 예배당으로 쓰이고 있다. 미사 시작 10분 전에만 문이 열리기 때문에 내부를 볼 기회가 많지는 않지만, 시간이 맞는다면 천 년의 역사가 살아 숨쉬는 곳에서 은은하게 울려 퍼지는 체코어 미사에 참여하는 멋진 경험을 할 수 있다.

📍 10, K Rotundě 100 🏃 지하철 C선 비셰흐라드 역에서 내리거나 트램을 타고 Ostrčilovo náměstí에서 하차 후 레오폴드 게이트까지 도보 10분
📞 224 911 353 🏠 www.praha-vysehrad.cz/cs

성 베드로와 바울 성당 St. Peter and Paul Basilica

Bazilika Svatého Petra a Pavla 🔊 바질리카 스바테호 페트라 아 파블라

블타바 강 왼편의 야경을 완성하는 것이 프라하 성이라면, 강 오른편을 대표하는 랜드마크는 바로 비셰흐라드의 성 베드로와 바울 성당이다. 1070년 이 자리에 브로츠와프 2세 대공이 성당을 짓고 이후 확장과 수리를 거치며 처음에는 로마네스크였던 성당의 모습은 차츰 고딕, 바로크 양식의 모습을 함께 지니게 되었다. 성전 내부는 조각이며 장식 등 볼거리가 풍성한데, 무하의 아르누보 작품도 만날 수 있다. 성당 왼편 국립묘지는 체코 각 방면에서 큰 업적을 남기거나 헌신했던 인물들의 마지막 안식처. 원래 이곳에 있던 공동묘지를 1870년대에 국립묘지로 손보며 현재 600위가 넘는 시신이 안장되어 있다. 워낙 규모가 커서 묘지 입구에는 그중에서도 유명한 묘의 위치를 빨간색으로 표시해 두었다. 각각의 묘는 생전의 업적을 기리는 조각으로 아름답게 장식되어 있는데, 이곳을 찾는 관광객들이 가장 많이 찾는 곳은 아무래도 세계적으로 유명한 드보르작과 얀 네루다, 스메타나, 무하가 잠든 곳이다. 매 시간마다 성당에서 들려오는 아름다운 종소리 덕분에 국립묘지가 더욱 평화롭고 경건하게 느껴진다.

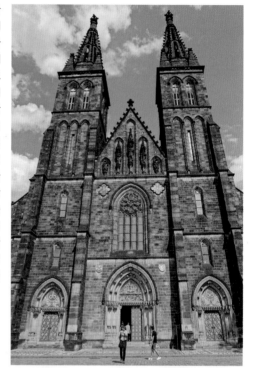

📍 Štulcova ⏰ 4~10월 월~수요일 및 토요일 10:00~18:00, 목~금요일 10:00~17:30, 일요일 11:00~18:00, 11월~3월 월~토요일 10:00~17:00, 일요일 11:00~17:00
🆑 성인 90 Kč, 학생 및 시니어 50 Kč 🏠 www.kkvys.cz

비셰흐라드 공원 Vyšehrad Gardens

Vyšehradské Sady 🔊 비셰흐라트스케 사디

비셰흐라드 성벽을 따라 조성된 널찍한 공원이다. 뷰 포인트마다 눈에 들어오는 전망이 달라져서 감상하다 보면 한 바퀴 도는 데도 시간이 꽤 걸린다. 놓치지 말아야 할 뷰포인트 두 곳이 있는데, 공원 남쪽 끝의 Staré Purkrabství에서는 탁 트인 블타바 강줄기와 강을 따라 펼쳐지는 푸른 나무들 덕에 두 눈이 시원해지고 Vyšehradské hradby에서는 블타바 강을 가로지르는 다리와 멀찍이 보이는 프라하 성이 조화를 이루는 모습을 볼 수 있다. 비셰흐라드가 아무래도 구시가지나 신시가지와는 다소 거리가 있는데다 언덕 위에 있어서 조용히 산책하는 현지인을 훨씬 많이 볼 수 있다. 해질 무렵의 프라하를 한적하게 바라볼 수 있는 최고의 장소 중 하나지만, 너무 늦은 시간은 피하는 것이 좋다.

골리체 Gorlice Hall

비셰흐라드 성채의 지하에는 약 330㎡ 면적의 작지 않은 공간이 숨어있다. 이곳은 군사들이 신속하게 이동할 수 있도록 만든 이동 통로였는데, 식량과 탄약을 비축하는 곳으로 쓰였고, 공습에 대비한 대피소로써의 역할을 하기도 했다. 하지만 사람들이 지금 이곳을 찾는 가장 큰 이유는 프라하의 명물 카를교 위 석상 중 여섯 작품의 원본이 이곳에 보존되어 있기 때문이다. 카를교에 두면 새의 배설물이나 눈 또는 비로 석상이 훼손될 염려가 있기에 역사적 가치가 있는 원본은 온도와 습도가 안정적인 이곳 골리체에서 보관하고 있다. 내부를 둘러보기 위해서는 그룹으로 진행되는 투어에 참여해야 하며, 매시간마다 한 번씩 진행되니 관심이 있다면 비셰흐라드에 도착해서 가장 먼저 Brick Gate(Cihelná brána)의 안내센터에 들러 진행 여부를 확인하는 것이 좋다.

📍 V Pevnosti 5B 🕐 매일 10:00-18:00 (마지막 투어 시작은 5시)
🎫 성인 90 Kč, 학생 및 시니어 50 Kč 📞 261 225 304

●

찾아가는 보람이 있는
히든 스폿

짧은 시간에 더 많은 곳을 눈에 담고 싶은 여행자들은 주요 어트랙션이 모인 구역을 벗어나는 것이
아무래도 부담스럽다. 하지만 그 덕분에 아래에 소개하는 히든 스폿은 훨씬 한적하고 여유로운 모습으로
프라하의 참모습을 보여준다. 조금만 시간을 할애해서 찾아가 보면 관광객으로
북적이던 곳에서는 느낄 수 없었던 분위기 속에서 기분 좋은 시간을 보낼 수 있을 것이다.

리에그로비 공원 Riegrovy Park

Riegrovy Sady ◀) 리에그로비 사디

관광객이 현지인보다 더 많다는 중심가를 살짝 벗어난 이곳에는 온통 현지인으로 가득해 여행온 기분을 제대로 느낄 수 있다. 널찍한 공간에서 신나게 꼬리를 흔드는 강아지들과 여유로운 한때를 즐기는 프라하 시민들, 탱크 맥주와 먹거리가 가득한 비어가든 속에서 진짜 프라하의 모습을 엿볼 수 있다. 리에그로비 공원이 가장 아름다운 시간은 해가 질 무렵이다. 넓은 공원 여기저기에 흩어져 있던 사람들이 야트막한 언덕에 자리를 잡고 잠시 후 세상에서 가장 아름다운 노을을 만날 준비를 한다.

📍 Vinohrady, Praha 2 🚶 프라하 중앙역에서 신시가지 반대편으로 나가 도보 14분

그레보프카 와이너리 Grébovka Wine Cellar

Sklep Grébovka ◀) 스클레프 그레보프카

와이너리에 가보고 싶지만 모라비아까지 갈 여력이 안된다고 너무 아쉬워하지 않아도 된다. 카를 4세가 포도 재배를 장려하면서 프라하에서도 와인을 생산했던 역사가 있다. 관광지에서 그리 멀지 않은 그레보프카 언덕은 13세기 이전부터 포도를 재배했던 지역으로, 카를 4세가 설립한 프라하의 포도밭 중 유일하게 남아있는 곳이다. 작황에 따라 쇠퇴와 재건을 거쳤던 이곳은 2009년부터 8가지 품종으로 만든 와인을 생산하고 있다. 와이너리는 보통 매주 금요일에만 개방되는데, 5분만 더 걸어가면 전망을 바라보며 와인을 마실 수 있는 포도밭 전망대(Viniční Altán)가 매일 손님을 기다리고 있다. 프라하 한복판의 포도밭에서 마시는 시원한 화이트 와인 한 모금은 이곳을 찾아온 보람을 느끼게 한다.

📍 Havlíčkovy sady, Vinohrady 🚶 13 또는 22번 트램 Krymská에서 하차 후 도보 5분 📞 774 803 293 🏠 www.sklepgrebovka.cz

카사르나 카를린 Kasárna Karlín

플로렌스 버스터미널 근처에 있는 복합문화단지다. 군인들이 막사로 쓰던 부지를 문화 공간으로 개조했는데, 입구가 다소 헷갈린다. K를 형상화한 듯한 핑크색 막대기가 있는 입구를 들어서며 여기가 맞는지, 문을 열기는 한 건지 의심스럽겠지만 단지 안쪽은 완전히 힙스터의 세상이다. 당장이라도 물을 채우면 수영할 수 있을 것 같은 공간은 카페가 되었고, 창고를 개조한 바와 클럽, 노천 사우나 시설까지 있다. 비치발리볼을 즐길 수 있는 한복판 공터에서는 해가 지면 무료로 영화를 상영하는데, 저마다 손에 맥주를 들고 간이 의자에 앉아 자유로운 시간을 즐긴다.

📍 Prvního pluku 20/2, Karlín 🚶 지하철 B/C선 플로렌스 역에서 도보 4분
🕐 월~금요일 13:00~23:30, 토~일요일 10:00~23:30 🏠 kasarnakarlin.cz

가장 젊은 프라하를 만나다

홀레쇼비체
Holesovice Holešovice

블타바 강 위쪽에 자리한 프라하 7구역 일대를 말한다.
한때는 공장지대였지만 이제는 우리나라의 연남동과
성수동을 섞어놓은 듯한 분위기를 풍긴다.
특히 홀레쇼비체에는 프라하의 대표 미술관이 두 개나 있어
예술을 사랑하는 사람이라면 꼭 들러볼 만하다.
이곳의 매력이 무엇이길래 관광지에서는 도통
보이지 않던 프라하의 요즘 사람들이 이곳에 몰리는지
궁금하다면 트램을 타고 떠나보자.

추천 코스

예상 소요 시간
약 5시간

○─ 프라하 시민의 일상이 녹아 있는 **레트나 공원**

도보 11분

○─ 세계적인 거장의 작품이 눈앞에 펼쳐지는 **프라하 국립미술관**

버스 10분 /
도보 18분

○─ 신선하고 저렴한 먹거리가 가득한
프라하 푸드마켓

도보 6분

○─ 힙스터가 사랑하는 이색 문화 공간 **Vnitroblock**

도보 9분

○─ 위트 넘치는 작품으로 가득한 **독스 현대미술관**

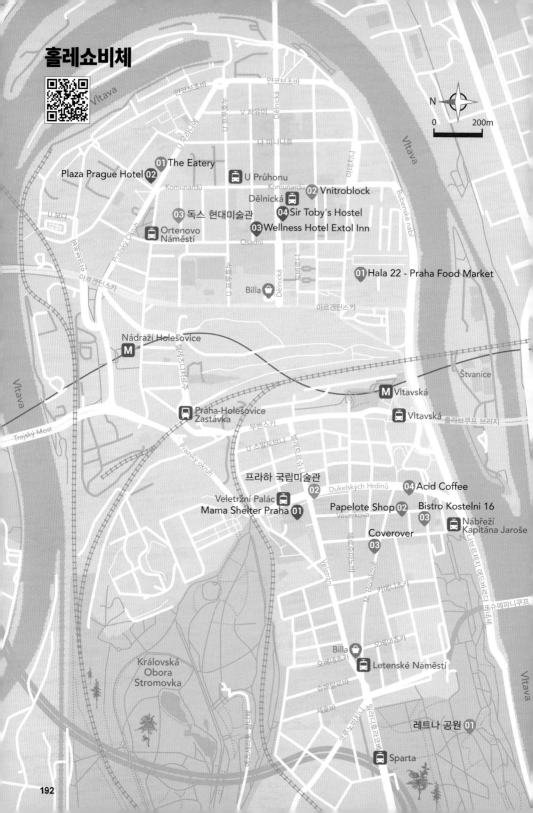

홀레쇼비체

The Eatery **01**
Plaza Prague Hotel **02**
U Průhonu
Komunardů
Komunardů
Dělnická
Vnitroblock **02**
독스 현대미술관 **03**
Sir Toby's Hostel **04**
Wellness Hotel Extol Inn **03**
Ortenovo
Náměstí
Osadní

Billa
Dělnická
Hala 22 - Praha Food Market **01**
아르겐틴스카

Nádraží Holešovice
M

Štvanice

Vltavská **M**
Praha-Holešovice
Zastávka
Vltavská
U 스밀토브니
프라하 국립미술관
Dukelských Hrdinů
Acid Coffee **04**
02
Veletržní Palác
Mama Shelter Praha **01**
Papelote Shop **02**
Bistro Kostelni 16
Veverkova
03
Nábřeží
Kapitána Jaroše
Coverover
03

Vltava

Billa
Letenské Náměstí
Králowská
Obora
Stromovka
레트나 공원 **01**

Sparta

192

프라하 시민의 일상이 궁금하다면 ⋯⋯⋯ ①

레트나 공원 Letná Park Letenské Sady 🔊 레텐스케 사디

블타바 강 위쪽에 넓게 퍼진, 25헥타르나 되는 거대한 공원이다. 왕궁 정원 오른
편에서 시작해 프라하 7지구인 홀레쇼비체까지 이어지는 이 공원은 아침부터
해가 진 뒤까지도 프라하 시민이 끊임없이 찾는 곳이다. 울창한 나무와 잔디가
끝없이 펼쳐진 곳에서 평화로운 얼굴로 요가를 즐기는 사람, 개와 함께 조깅하
는 사람, 스케이트 보드를 즐기는 사람도 있고 가족이나 연인과 함께 여유로운
시간을 보내는 현지인을 볼 수 있는 곳이다. 이곳은 블타바 강 북쪽에 있어 프라
하의 전체적인 곳을 한눈에 담을 수 있다는 장점이 있다. 한때는 공원 벤치나 잔
디에 앉아 노을을 보며 맥주나 와인을 즐길 수 있었지만, 2022년부터 프라하에
서는 야외 음주가 금지되었다. 하지만 아쉬워하기엔 이르다. 프라하에서 가장 큰
비어가든 중 하나인 공원 동쪽 끝 비어가든에서는 언제나
전망과 함께 시원한 맥주를 즐길 수 있으니 오히려 좋다.
이 공원에는 특이한 조형물이 있다. 바로 거대한 메트로놈
이다. 원래 이 자리에는 체코 공산주의 시절 만들었던 스
탈린 동상이 있었는데, 1991년 공산주의가 무너지면서 과
거를 경계하고 새로운 시대를 상징하고자 설치했다.

📍 Letná 🚶 워낙 넓은 공원이다 보니 공원으로 갈 수 있는
방법도 무척이나 많다. 프라하 성과 가까운 서쪽 끝으로는
트램이나 지하철로 Hradčanská에서 하차하면 되고, 비어가든과
가까운 동쪽 끝으로 가려면 트램을 타고 Strossmayerovo
náměstí에서 하차하면 된다.

프라하를 가장 우아하게 감상하는 법 ⋯⋯ ②

프라하 국립미술관

National Gallery Prague - Trade Fair Palace
Národní Galerie Praha – Veletržní Palác
🔊 나로드니 갈레리에 프라하-벨레트르주니 팔라츠

국립미술관에서 중요한 작품들은 프라하 구시가지와 흐라드찬스케 광장 등을 비롯해 총 12곳에 나누어 소장하고 있지만, 그중 7지구인 홀레쇼비체에 있는 미술관이 가장 규모도 크고 유명한 작품이 많다. 인상주의부터 모더니즘에 이르는 수많은 작품을 만나볼 수 있는 상설 전시관에는 우리에게도 익숙한 피카소와 르누아르, 고흐, 세잔, 모네 등 세계적인 화가의 작품이 줄지어 있고 클림트의 'The Virgin' 도 감상할 수 있어 시간 가는 줄 모르고 둘러보게 된다. 주요 작품은 3층과 4층에 모여 있는데, 전시실 규모가 커서 한적하게 작품을 즐길 수 있다는 장점이 있지만 꼼꼼하게 둘러보면 시간이 꽤 많이 걸린다.

📍 Dukelských Hrdinů 47 🏃 지하철 C선을 타고 Vltavská 역 하차, 도보로 8분 이동 또는 트램을 타고 Veletržní. palác에서 하차 🕐 화요일 및 목~일요일 10:00~18:00, 수요일 10:00~ 20:00 ❌ 월요일 💰 성인 220Kč, 학생 및 시니어 120Kč 📞 224 301 122 🏠 www.ngprague.cz

프라하를 이끄는 현대미술의 집합소 ⋯⋯ ③

독스 현대미술관

DOX Centre for Contemporary Art
Centrum Současného Umění DOX
🔊 첸트룸 소우차스네호 우메니 독스

국립미술관과 더불어 프라하 예술을 책임지는 하나의 축이다. 오래된 폐공장을 개조한 건물과 간판부터 모던함이 뚝뚝 묻어나는데, 전시관은 물론이고 디자인 소품으로 가득한 기념품숍, 서점, 카페, 세미나 공간까지 갖춘 문화 플랫폼이다. 그림과 조형물이 적절히 배치된 전시실에는 감각적이고 독특한 작품이 여유롭게 배치되어 있어 감상하는 눈이 즐겁다. 두 건물의 옥상에 걸친 '걸리버의 비행선'은 독스의 대표적인 설치미술 작품인데, 미술관 옥상으로 올라가면 나무로 만든 비행선 내부를 볼 수 있다. 이곳 기념품숍에는 독특한 소품이 많아, 뻔한 기념품에 지쳤다면 독특한 선물을 고를 수 있을 것이다.

📍 Poupětova 1 🏃 트램을 타고 Ortenovo náměstí에서 하차 🕐 수~일요일 12:00~18:00 ❌ 월~화요일 💰 성인 250 Kč, 학생 및 시니어 130 Kč 📞 295 568 123 🏠 dox.cz

눈과 입이 모두 만족하는 고급 레스토랑 ····· ①

The Eatery 🔊 더 이터리

현대식으로 재해석한 체코 요리를 맛볼 수 있는 고급스러운 레스토랑이다. 주방을 무대로 멋진 쇼를 펼친다는 콘셉트로 매장 한복판에 오픈 키친을 두어 요리하는 셰프의 모습을 지켜볼 수 있다. 마치 미슐랭 레스토랑처럼 스타일리시한 플레이팅을 거쳐 서빙된 요리는 제철 재료의 매력을 한껏 끌어내 입안을 풍성하게 한다. 세련된 분위기와 친절한 서비스에 비하면 너무나도 합리적인 가격에 즐거운 식사를 할 수 있어서 좋다.

📍 U Uranie 18   🚶 독스 현대미술관에서 도보 5분
📞 603 945 236   🏠 www.theeatery.cz

분위기로 승부하는 힙스터의 공간 ····· ②

Vnitroblock 🔊 브니트로블록

폐공장을 개조해서 만든 카페 겸 복합 공간이다. 성수동에서 한창 유명세를 탔던 대림창고와 비슷한 분위기의 공간인데, 맛보다는 힙한 분위기가 훨씬 앞선다. 꽃과 화분을 팔고 있는 입구를 지나면 널찍하고 뻥 뚫린 공간이 나오는데, 한켠에는 옷을 파는 공간도 있고, 한복판에는 음료와 가벼운 먹거리를 팔고 있다. 그럼에도 딱히 뒤죽박죽 어수선한 분위기가 아니라 노트북을 켜 놓고 작업을 하거나 책을 읽는 사람들의 여유로움까지 느껴진다. 2층에는 댄스 스튜디오가 있고, 카페 바깥에는 편집숍과 공방들이 있어 꼭 카페를 이용하지 않아도 둘러보는 재미가 있다.

📍 Tusarova 791/31   🚶 독스 현대미술관에서 남쪽으로 다섯 블록, 도보 약 10분
🕐 매일 09:00~22:00   📞 732 373 069   🏠 vnitroblock.cz

공원 산책 후 동네 사람과
어울려 먹는 맛 ⋯⋯ ③

Bistro Kostelni 16

🔊 비스트로 코스텔니 셰스트나흐트

레트나 공원 동쪽 끝에서 국립미술관까지는 골목마다 작은 카페와 레스토랑들이 숨어있는데, 그중에서도 이곳은 매일 다른 메뉴를 준비하는 소박하고 친절한 비스트로다. 반려동물도 환영 받는 곳이라 산책을 나왔다가 강아지와 함께 맛있는 식사를 즐기는 현지인들이 즐겨 찾는다. 관광객을 상대로 하는 식당과는 분위기도, 메뉴도 달라 '체코 전통 음식'에서 벗어난 맛있는 음식을 먹고 싶다면 좋은 선택이 될 것이다. 메뉴판에서 어떤 걸 시켜도 충분히 배부르고 맛있게 먹을 수 있어서 만족스럽다. 문을 일찍 닫는 편이고 주말에도 영업을 하지 않는다는 점은 아쉽다.

📍 Kostelní 1104/16 🚶 레트나 공원 동쪽 끝 초등학교를 마주보고 왼쪽 길에 위치 🕐 월~금요일 08:30~16:00 ❌ 토~일요일 📞 773 211 416 🏠 www.kostelni16.cz

도심 속 작은 정원에서
커피 한 잔 ⋯⋯ ④

Acid Coffee 🔊 애시드 커피

📍 Dukelských Hrdinů 500/25a
🚶 체코국립미술관에서 남쪽으로 도보 5분
🕐 월~금요일 08:00~18:30, 토~일요일
10:00~20:00 📞 731 838 809
🏠 www.acidcoffee.cz

국립미술관에서 남쪽으로 난 큰길에는 소소한 카페와 식당이 많은데, 이 길을 따라 조금 걷다 보면 오른편에 보이는 카페다. 버스와 트램과 다니는 큰길에서 쑥 들어간 카페의 테라스는 마치 다른 세상인 듯 여유롭고 한가하게 커피를 마시는 사람들의 차지다. 카페의 분위기만큼이나 커피잔도 독특한데, 손잡이가 없이 은은하게 자개처럼 빛나는 도자기 잔에 정성스레 담긴 라떼마저도 어딘가 힙한 이 카페에 찰떡처럼 어울린다.

현지인의 삶을 느끼고 싶다면 ······ ①

Hala 22-Praha Food Market 🔊 할라 22-프라하 푸드마켓

할라22는 프라하 최대 규모의 재래시장인 프라하 마켓의 일부로, 신선한 채소와 과일, 먹거리가 가득하다. 직접 구운 빵이나 싱싱한 해산물, 저렴한 꽃 등 소박한 것들이 주를 이룬다. 대부분의 매장에서는 카드와 고액권 지폐를 받지 않으니 잔돈을 준비해서 가는 게 좋다. 야외 마켓으로 나가면 베트남과 중국 상인들이 파는 저렴한 옷가지나 소품이 가득해서 아시아의 야시장 같은 느낌도 풍긴다. 푸드 트럭이 모인 곳에는 동남아 여행을 왔나 싶을 정도로 베트남 음식을 많이 팔고 있다. 관광객이 굳이 찾아갈 만한 관광지라고 보기는 어렵지만, 현지인의 참모습을 궁금해하는 사람이라면 이곳이 딱이다.

📍 Bubenské nábř. 306/13　🚶 지하철 C선 또는 트램을 타고 Vltavská에서 하차, 도보 8분　🕐 월~수요일 및 금요일 08:00~17:00, 목요일 08:00~19:00　❌ 일요일　📞 728 263 621

문구를 사랑한다면 달려가야 할 곳 ······ ②

Papelote Shop 🔊 파펠로테 숍

2009년부터 감각적인 문구류를 제작하는 체코 자체 브랜드 Papelote의 오프라인 매장이다. 아늑한 매장 내부의 깔끔하면서도 포인트를 잘 살린 인테리어처럼, 디자인부터 생산까지 모두 체코에서 이루어지는 문구들은 군더더기없이 깔끔하고 품질도 좋다. 연필을 만드는 나무부터 필통의 지퍼까지, 이곳에서 만드는 문구에는 가능한 한 체코산 자재를 활용하고 잊혀져 가는 체코의 전통 수공예 기술을 접목해 만들어내고 있다.

📍 Milady Horákové 11　🚶 레트나 공원 비어가든에서 도보 8분
🕐 월~금요일 10:00~19:00, 토요일 11:00~19:00　❌ 일요일
📞 774 719 113　🏠 www.papelote.cz

작고 예쁜 것들에 지갑이 절로 열리는 소품숍 ······ ③

Coverover 🔊 커버오버

홈 디자인과 라이프스타일 액세서리를 다루고 있는 소품숍이다. 재치있고 독특한 디자인 소품들이 산뜻하고 환한 매장을 가득 메우고 있는 것만 봐도 기분이 좋다. 선반의 작고 예쁜 것들은 가격이 꽤 나가 부담스러운데, 어쩐지 이런 건 여기서만 만날수 있을 것만 같아 자꾸 손을 뻗게 된다. 꼭 물건을 사지 않더라도 즐거운 구경거리가 많지만 그중에 하나쯤 심장을 뛰게 만드는 걸 만났다면 나를 위한 선물로 사는 것도 나쁘지 않다.

📍 Milady Horakové 24　🚶 프라하 국립미술관에서 도보 7분
🕐 월~금요일 11:00~18:30　❌ 토~일요일　📞 222 966 011
🏠 www.coverover.cz

●

온몸으로 느끼는 프라하
이색 체험

오래된 골목 사이를 걸으며 고풍스러운 건축물을 감상하는 프라하 여행이 다리만 아프고
밋밋하다는 생각이 들었다면, 그건 프라하를 모르고 하는 말이다. 저렴하다고는 할 수 없는 가격이지만
다른 나라에 비하면 그래도 합리적인 가격으로 다양한 체험을 즐기는 데는 프라하만한 곳이 없다.
흥미로운 체험거리가 가득한 프라하에서 온몸으로 여행하는 기쁨을 누려보자.

PRAGL Glass Experience Center

유리 공예가 발달한 프라하에서 해볼 만한 체험이다. 구시가 광장
에서 아주 가까운 곳에 있는 PRAGL에서는 직접 블로우 파이프를
이용해 유리 소품을 만들어 볼 수 있는 체험 클래스를 운영하고 있
다. 가격을 생각하면 저렴하다고는 할 수 없지만 전문가의 도움을
받으며 완성하는 나만의 기념품을 만들어 볼 수 있다. 매장에는 전
문가 직접 만든 제품도 전시 판매하고 있다.

📍 Malé Nám. 7/7, Staré Město 🕐 수~일요일 13:00~19:00
💰 유리잔에 나만의 디자인을 각인하는 체험 400Kč, 직접 파이프를 불어
만드는 촛대 체험 1000Kč 📞 602 209 940 🏠 www.pragl.glass

직접 만드는 마리오네트

체코의 전통 인형 마리오네트를 직접 깎고 색칠해
서 세상에 하나뿐인 나만의 마리오네트를 만들 수
있는 체험이다. Marionety Truhlář공방에서는 약
3시간 동안 인형 만들기 체험을 진행하고, 시간이
여의치 않은 사람들을 위한 DIY 키트도 판매하고
있다. 방문하기 전에 홈페이지나 전화로 미리 체험
이 가능한 시간을 문의할 것을 추천한다.

📍 Boleslavská 16, Vinohrady, Praha 3
🕐 월~금요일 10:00~18:00 💰 마리오네트 제작 체험
3000Kč, 마리오네트 DIY 키트 1300Kč
📞 606 924 392 🏠 www.marionety.com

비어 스파

볼거리가 모여 있는 프라하 여행을 하다 보면 나도 모르는 새 엄청난 걸음 수를 기록하게 된다. 딱딱한 돌바닥을 하루 종일 걷고 나면 발 뿐 아니라 온몸이 피곤해져서 다음 날은 걸을 수 있으려나 싶은 생각이 드는데, 그럴 때 내 몸을 위해 할 수 있는 최고의 선물이다. 게다가 대부분의 비어 스파는 욕조 옆에 무제한으로 생맥주를 마실 수 있는 탭이 설치되어 있다. 홉과 허브의 그윽한 향으로 살짝 몸이 더워질 때 직접 뽑아 마시는 생맥주는 그 자체로도 훌륭한 여행 경험이 될 것이다. 2인 기준으로 1시간 동안 스파와 생맥주를 이용하는 서비스는 보통 2500~2700Kč다.

Beer Spa Beerland
◎ Revoluční 22, Petrská čtvrť ☏ 732 277 277
🏠 www.beerspa-prague.cz

Beer Spa Bernard Prague
(마제스틱 프라하 호텔점)
◎ Štěpánská 33, Nové Město ☏ 777 001 818
🏠 www.pivnilaznebernard.cz

Original Beer Spa
◎ Rybná 3, Staré Město ☏ 212 812 301
🏠 www.beerspa.com

스카이다이빙과 열기구

어떤 높은 전망대도 비교할 수 없는, 하늘을 날며 내려다 보는 체험은 전혀 새로운 광경을 눈앞에 펼쳐준다. 살면서 한번쯤 유럽의 하늘을 날아보고 싶은 꿈이 있었다면 프라하에서 시도해보자. 아름다운 도시를 내려다 볼 수 있는 스카이다이빙과 열기구는 워낙 비싼 체험으로 유명하지만 프라하에서는 그나마 다른 유럽 국가에 비하면 다소 저렴한 가격에 즐길 수 있다. 자유롭게 하늘을 나는 짜릿함이 있는 스카이다이빙이 겁난다면 열기구에 올라 편안하게 창공을 즐겨보자. 가격은 업체와 옵션에 따라 다르지만, 대략 30만 원 선에 형성되어 있다.

투어 예약 사이트
🏠 www.tastepraha.com
🏠 travelc2b.com
🏠 www.befreetour.com/kr

블타바 강 보트 체험

프라하 한복판을 흐르는 블타바 강에서 풍경을 만끽하기로는 이만한 방법이 없다. 카를교를 건너면 강을 따라 유유자적 떠다니는 오리배와 보트를 많이 볼 수 있다. 마네 다리부터 남쪽 방향 강둑에는 보트 렌털업체가 많아서 마음만 있다면 가장 쉽게 접할 수 있는 체험이다. 보통 노를 저어 움직이거나 페달을 밟는 형태로, 가격대는 대략 1시간에 300~400Kč인데 최대 4명까지 이용할 수 있다. 좀더 몸이 편하길 원한다면 크고 작은 크루즈도 있으니 하늘이 예쁜 날 서늘한 강바람 맞으며 프라하를 느껴보자.

PART 4

취향저격
프라하
근교 여행

프라하 근교로
이동하기

시외버스터미널

우리나라 고속버스처럼 체코에도 사설업체에서 운영하는 시외버스가 있다. 체코 내 이동은 물론 인접 국가의 도시로도 이동이 가능해 장거리 이동에 가장 흔하게 이용하는 수단이다. 웹사이트나 어플리케이션으로 간편한 예매가 가능하지만 각 버스회사가 정차하는 버스터미널 창구에서도 티켓을 구매할 수 있다. 주요 탑승지는 플로렌스 버스터미널과 안델 버스터미널, 프라하 중앙역이다.

- **Regio Jet 레지오젯** 가장 저렴하고, 운행 간격도 촘촘한 편이다. 음료를 무료로 제공하고 승무원도 있다. 온라인 회원가입 후 예매하면 적게나마 할인도 제공한다. 가장 좋은 점은 출발 시간 15분 전까지는 무료 취소가 가능하다는 사실이다. 티켓을 취소하면 다음 예약 때 쓸 수 있는 포인트로 돌려받으니 갑작스레 일정이 변경될 경우 유용하다.

  🏠 Bustickets.regiojet.com

- **Flix Bus 플릭스버스** 레지오젯과 함께 가장 많이 이용하는 버스회사다. 다양한 시간대와 출발지가 있어 레지오젯에서 티켓이 매진되었어도 플릭스버스에는 남아있는 경우가 꽤 있다. 국제학생증 할인 바우처 적용은 앱에서만 가능하다.

  🏠 flixbus.co.uk

프라하 중앙역 버스터미널
📍 Wilsonova 300/8,
120 00 Vinohrady

플로렌스 버스터미널
📍 Pod výtopnou 13/10,
186 00 Florenc

안델 버스터미널
📍 Ostrovského 34/1,
150 00 Praha 5-Smíchov

- **Leo Express 레오익스프레스** 운행 대수는 적지만 노선에 따라 소요 시간이 가장 짧을 수 있다. 프라하 중앙역의 공항버스 정류장과 같은 곳에서 출발한다.

🏠 www.leoexpress.com

기차

유레일 패스가 있고 타 국가로 이동할 경우라면 얘기가 다르겠지만, 프라하 주변 소도시를 여행할 예정이고 버스로 갈 수 있는 곳이라면 굳이 기차를 추천하지는 않는다. 작은 도시는 기차역이 중심지와 그다지 가깝지 않고, 직행 기차가 아닌 경우도 있는데 변수가 많아 환승을 기다리다 반나절이 훌쩍 가기도 한다. 티켓은 프라하 중앙역 지하의 티켓 오피스 또는 온라인에서 구매할 수 있으며, 체코 철도청 사이트나 어플리케이션을 이용하면 온라인 예매도 가능하다.

체코 철도청 📞 221 111 122 🏠 www.cd.cz

프라하 중앙역 파헤치기

① 체코에서 가장 큰 기차역이자 체코 각지와 유럽 타 도시로 향하는 수많은 기차가 오고 가는 프라하 중앙역. 워낙 넓고 늘 사람들로 북적대서 아무런 정보 없이 입구에 들어서면 당황하기 쉽다. 역 내부는 층 구분이 쉽지 않아 구조가 꽤 헷갈리니 여유 있게 도착하기를 권한다.

② 맨 아래층에는 티켓 오피스와 짐 보관소가 있다. 티켓 오피스 바로 맞은편 ATM은 수수료가 저렴하다. 한 층을 올라가면 기차 탑승 플랫폼이 있으며, 메트로 C선과 트램(5, 9, 15, 26번) 정류장으로 연결되는 층이다. 가장 꼭대기 층이자 야외인 지상층에는 시외버스인 플릭스버스, 레오익스프레스 버스와 공항버스의 탑승 플랫폼이 있다. 유리 돔처럼 생긴 엘리베이터를 타면 아래층으로 내려갈 수 있다.

③ 중앙역 곳곳에 설치된 전광판을 보고 목적지와 시간을 확인한 뒤 플랫폼으로 들어가면 되는데 이 정보가 빨라야 탑승 20분 전, 심하면 탑승 5분 전에 공지되기도 한다. 그러니 플랫폼 정보가 보이지 않는다고 너무 당황할 필요는 없지만, 플랫폼을 확인하면 빠르게 움직이는 것이 좋다.

④ 플랫폼에 번호와 함께 S나 J가 표기되는 경우가 있는데 이는 체코어로 남쪽을 뜻하는 Jizni와 북쪽이라는 뜻의 Severni에서 앞 글자를 딴 것이므로 플랫폼을 찾아갈 때 헷갈리지 않도록 주의한다.

⑤ 좌석 지정 시에는 추가 요금이 있는데, 대부분의 사람들이 좌석 지정을 안 하니 빈 자리에 앉으면 된다. 종이가 꽂혀 있는 자리는 누군가가 이미 예약했다는 의미니 다른 곳을 찾아야 한다. 혹시 온라인으로 좌석을 지정했다면 해당하는 곳을 찾아 앉으면 된다.

이 모든 교통수단을 한 눈에 보는 사이트가 있다

체코의 언론사인 DNES에서 운영하는 교통 전문 사이트다. 체코 내 기차, 트램, 버스 등 모든 대중교통을 검색할 수 있고, 지방 소도시의 교통정보까지 찾아볼 수 있어 편리하다.

웹사이트 idos.idnes.cz
어플리케이션 Jízdní řády IDOS

렌터카

프라하 시내에서는 트램이 워낙 많이 다녀 운전하기 어렵지만, 근교를 여행하기에는 이만한 수단이 없다. 유럽 타 국가에 비하면 길도 까다롭지 않고 렌트 비용도 저렴한 편이라 다수가 움직이는 가족 여행에 특히 추천한다. 대형 렌터카 회사인 Hertz를 비롯해 Budget, Europcar, Sixt, 그리고 로컬 사업자인 Rentplus 등 다양한 회사가 있으니 가격과 정책을 비교해 본 후 예산에 맞게 선택하면 된다. 국경을 넘을 예정이라면 로컬 업체보다는 유럽 전역을 커버하는 회사를 선택해야 체코 바깥에서 벌어지는 일에도 대응이 가능하다.

주요 렌터카 업체는 대부분 바츨라프 하벨 공항에 사무소를 두고 있다. 하지만 시내에서 며칠 머문 뒤 차량을 픽업하려면 공항에 가지 않아도 시내에서 픽업할 수 있으니 예약할 때 픽업하기 좋은 지점을 찾으면 된다.

Hertz 📞 225 345 021 🏠 www.hertz.cz
Eurocar 📞 725 777 621 🏠 www.europcar.cz
Sixt 📞 222 324 995 🏠 www.sixt.global
Budget 📞 602 783 674 🏠 budget.cz
Rentplus 📞 775 505 550 🏠 www.rentplus.cz

렌터카, 이건 꼭 기억해 두자

① 준비물: 국제운전면허증(발급일로부터 1년간 유효), 국내운전면허증, 여권

   ★ 3개월 이상 장기 비자 소지자 또는 영주권자는 한국 운전면허증을 체코 지방자치단체(시청, 자치구청)에서 체코 면허증으로 교환할 수 있다. (직접 방문, 수수료 50Kč)

② 시내에서 렌터카를 수령할 때는 오피스 운영 시간을 잘 확인해야 하며, 공항은 24시간 수령 및 반납이 가능해 편리하다.

   ★ Hertz는 골드 회원에게 차량 우선 수령 서비스를 제공한다. 무료 가입인데다 대기 시간을 줄일 수 있으니 웹사이트에서 미리 가입해 두자.

③ 보험은 풀커버로 하는 것이 속 편하다. 예를 들어 Hertz의 슈퍼 커버 프로그램은 완전 면책을 보장하는 풀커버리지 보험이다. 예측할 수 없는 돌발 상황까지 모두 보장되니 마음 편한 여행을 위해서 가입할 것을 추천한다.

체코에서 주유하기

❶ 체코의 거의 모든 주유소는 셀프 시스템이다. 주유를 한 후 주유소 내부 계산대에서 점원에게 사용한 주유기 번호를 말해주면 주유량이 자동으로 확인되고, 점원이 알려주는 요금을 지불하면 된다. 차 곁을 떠날 때는 문단속을 철저히 해야 한다.

❷ 체코에서 가솔린(휘발유)은 Natural 95, Natural 100 plus 등으로 표기되어 있는데 (plus는 고급유) 보통 Natural, 초록색이 가솔린이며, 디젤의 경우 검정색, Diesel 이라고 표기되어 있으니 주유 타입을 꼼꼼히 확인해야 한다.

④ 현지인이 애용하는 Mapy 또는 구글맵으로 내비게이션을 대체할 수도 있지만 감시 카메라 위치와 제한속도 확인을 위해서라면 옵션으로 내비게이션을 추가하는 것이 좋다.

⑤ 만약을 대비해 보증금을 꽤 높게 요구하니 카드 한도를 미리 확인해 두어야 한다. 또한 운전 시작 전 흠집 등을 꼼꼼히 살펴본 후 직원과 공유하고 사진으로 남겨두는 것은 필수다. 차량 인수 후 차량 등록증 및 자동차 보험증서가 잘 구비되어 있는지 꼭 확인하고 출발해야 한다.

⑥ 렌터카 대부분이 FULL-FUEL플랜으로 운영된다. 차량을 인수할 때 기름이 가득 찬 차량을 받고 사용한 후 반납할 때 다시 기름을 가득 채우지 않으면 디파짓에서 주유비가 차감된다. 실제 주유비보다 훨씬 비싼, 2배 가량의 금액이 청구되니 반납 전에는 꼭 주유소에 들러야 하는데, 프라하 시내에서는 생각보다 주유소 찾기가 쉽지 않으므로 미리 위치 확인을 해두어야 한다. 주유소를 찾을 때는 내비게이션에 Gas station을 검색하면 된다.

●

체코에서 운전하기,
이것만은 기억하자

01.
제한 속도

· 시내는 50km(시외 구간 90km), 고속도로는 130km(적용 차종: 오토바이 및 3.5톤 이하 차량)

· 마을 진입 시 대부분 50km이나 일부 마을의 경우 30km 제한이 있고 과속 단속 카메라가 많이 있어 고속도로에서 시내로 진입 시 속도에 신경쓰며 운전해야 한다.

· 특히 터널 내 속도 제한이 엄격하다. 터널 이용 시 제한 속도에 주의하자

02.
주행

· 무조건 사람 및 트램이 우선이다. 트램은 생각보다 속도가 빠르고 우리나라 운전자에게는 낯선 교통수단이라 더욱 주의해야 한다.

· 횡단보도나 교차로에서는 일단 정지해서 확인한 후 주행해야 한다.

· 체코는 낮에도 전조등 점등이 필수이며, 우회전 시 신호등을 반드시 지켜야 한다. (비보호 우회전 금지) 좌회전은 직진 신호가 있을 때 비보호 좌회전이 가능하지만 트램을 주의해야 한다.

· 전좌석 승객이 안전벨트를 필수로 착용해야 하고, 어린이는 카시트 이용이 필수다.

· 동절기(11~3월) 중 도로 위에 눈, 얼음, 서리가 있는 경우 윈터타이어 장착이 필수다. 렌트할 때도 윈터타이어 장착 여부를 확인해야 한다. 미장착 시 최대 2,000Kč 벌금이 부과된다.

03.
긴급 연락처

· 이용할 일이 없으면 좋겠지만 렌터카 사무실 연락처와 아래의 연락처만큼은 잘 저장해 두자.

📞 경찰 158
📞 응급구조 155
📞 자동차 고장 1230
📞 자동차 사고 1240

04.
고속도로

- 프라하 근교는 고속도로 및 외곽도로가 잘 정비되어 있지만 지방으로 갈수록 도로 공사가 잦고 우회 경로를 이용하는 상황이 많다. 보통 내비게이션이나 구글맵에서 안내하는 시간보다 1.5배 정도 걸린다고 생각하면 속 편하다. 그러므로 소요 시간을 넉넉하게 계산하고 출발해야 한다.
- 체코의 고속도로는 보통 2차선인데, 추월 차선인 1차선에서는 생각보다 주행 속도가 빠르므로 정속 주행을 하려면 2차선을 이용해야 한다. 혹시 3차선이 있다면 이는 트럭 전용이다.
- 한국과 다르게 체코에서는 고속도로 톨게이트에서 통행료를 지불하는 게 아니라 미리 통행권을 구입해서 차량 앞 유리에 부착해야 한다. 이를 '비넷'이라고 하는데, 보통 렌터카에는 체코 내 이동에 필요한 비넷이 기본적으로 포함되어 있지만 차량 인수 시 다시 한 번 비넷 여부를 확인하자.
- 다른 국가로 이동하거나 다른 국가에서 차량을 이용하고 체코로 들어올 때는 국경 근처 휴게소에서 비넷을 구매한 뒤 앞 유리에 부착해야 한다.

비넷 가격

유효기간	차종	가격(kc)
1년		1,500
1개월	3.5톤 이하	440
10일		310

05.
주차하기

- 갓길 주차 시, 렌터카는 공영 주차인 흰색 점선에만 주차가 가능하다. 거주자 전용인 파란색 실선과 긴급 라인인 노란색에 주차하면 견인되니 절대로 주차하면 안 된다.
- 호텔이나 숙소에서 지정한 주차장 또는 가까운 유료 주차장을 이용해야 한다.
- 주차를 했다면 주차권 발매기를 찾아 주차권을 받은 후 앞 유리창 안쪽에 놓아 두어야 한다.

- 주차권 발매기는 컨택리스 카드 또는 동전으로만 이용 가능한 경우가 많으므로 동전을 항상 소지해야 한다(기계에 따라 50코루나는 사용이 불가할 수 있다).
- 우선 주차를 한 후 안내에 따라 차량번호를 입력하고 결제 방법을 정한 다음 결제 금액을 선택해야 한다. 주차할 시간만큼의 금액을 설정한 다음 결제를 진행하고, 주차권이 나오면 꼭 챙겨서 운전석의 앞 유리창 안쪽에 잘 보이도록 올려 두어야 한다.
- 동전도 없고 컨택리스 카드도 없다면 MPLA.IO 어플을 이용해보자. 휴대전화로 주차료를 결제할 수 있어 요긴하게 쓰인다. 또한 설정해 둔 주차 시간이 만료될 때쯤 알림이 오므로 필요하다면 추가로 주차료를 결제해서 과태료를 피할 수 있다.

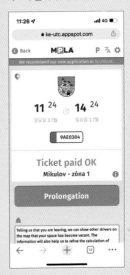

- 잠시 주차하고 자리를 비울 경우 도난 방지를 위해 짐은 밖에서 보이지 않도록 트렁크에 넣거나, 귀중품은 반드시 들고 나가야 한다.

근교로 떠나볼까?

체코의 면적은 한반도의 80% 정도다. 수도인 프라하에서
가장 가까운 플젠까지는 버스로 한 시간도 채 걸리지 않고,
이 책에서 소개하는 근교 도시 중 가장 먼 곳인 미쿨로프까지는
대중교통을 이용하면 5시간 가량 걸린다.
그러니 웬만한 근교 도시는 일정만 잘 짜면 당일치기도
충분히 가능하다. 큰맘 먹고 떠나온 여행인 만큼,
다채로운 매력으로 우리를 반겨 줄 근교 소도시로 떠나보자.

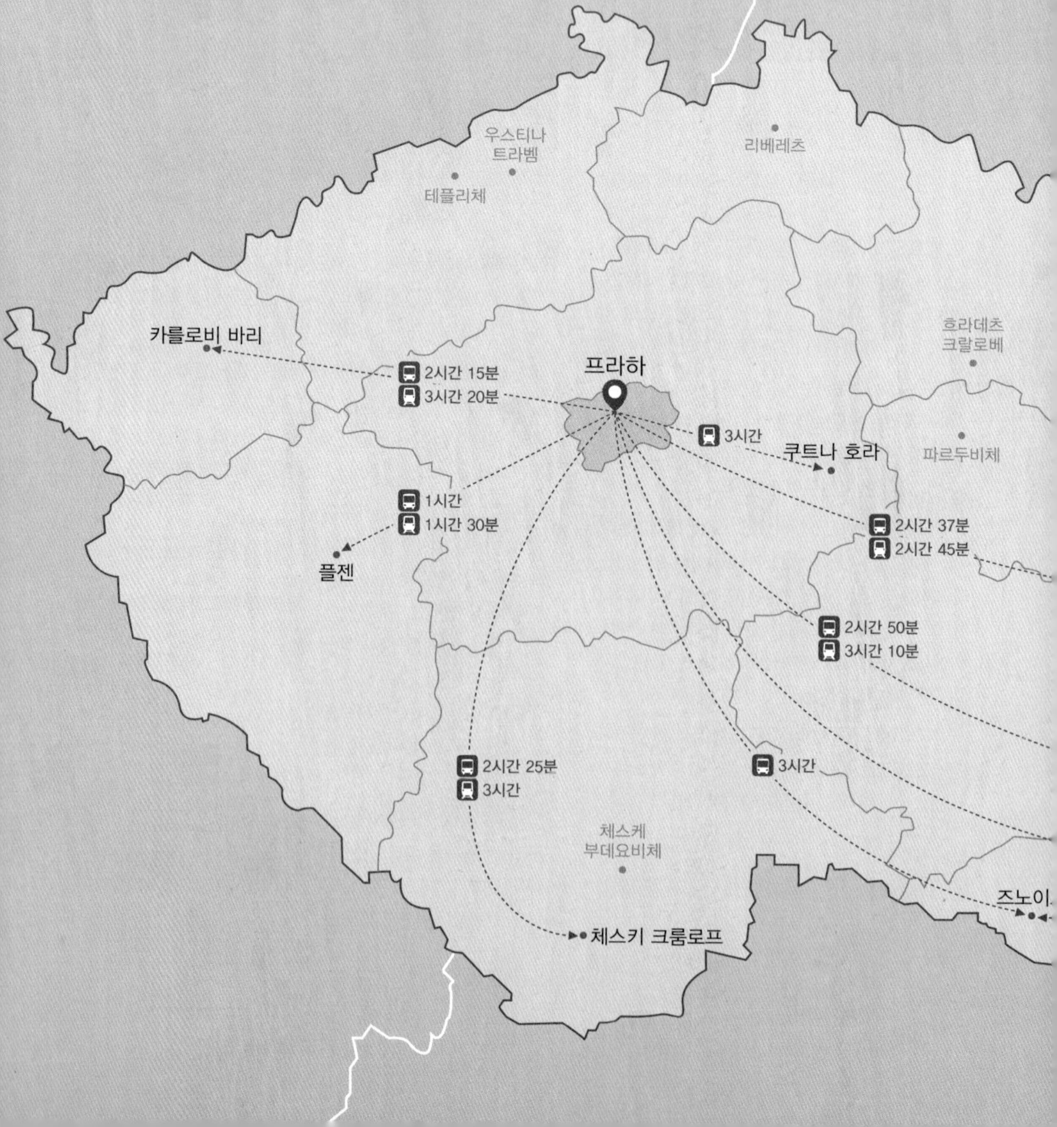

우스티나
트라벰

리베레츠

테플리체

카를로비 바리

흐라데츠
크랄로베

🚌 2시간 15분
🚆 3시간 20분

프라하

🚆 3시간   쿠트나 호라

파르두비체

🚌 1시간
🚆 1시간 30분

플젠

🚌 2시간 37분
🚆 2시간 45분

🚌 2시간 50분
🚆 3시간 10분

🚌 2시간 25분
🚆 3시간

🚌 3시간

체스케
부데요비체

즈노이

▶ 체스키 크룸로프

① **버스** 프라하에서 타 도시로 가는 가장 흔한 수단은 버스다. 장거리 버스인 레지오젯과 플릭스버스는 앱이나 웹사이트를 이용하면 출발 시간과 도착 시간을 보기 쉽고, 예약도 수월하다. 장거리 버스는 현지인들도 많이 이용하는 교통 수단이므로 주말이나 공휴일에 이용할 계획이라면 미리 예매해야 원하는 시간에 좌석을 확보할 수 있다.

② **기차** 장거리 버스가 가지 않는 쿠트나 호라 같은 도시를 간다면 기차를 이용해야 한다. 버스 티켓이 매진일 때도 기차는 좌석이 여유로우니 대안이 될 수 있다. 다만 기차는 연착도 잦고 중간에 내려서 갈아타야 하는 경우도 있어서, 체코와 체코어에 낯선 여행자라면 사전에 이동 방법을 꼼꼼히 확인해 둬야 한다.

③ **렌터카** 운전이 익숙하다면 추천하고 싶은 교통 수단이다. 시간에 구애 받지 않고 원하는 루트를 설계하기도 좋고, 특히 근교 도시로 떠날 때는 드라이브를 즐길 수 있어 그야말로 여행하는 맛이 난다. 계절에 따라 끝없이 펼쳐지는 해바라기나 라벤더 물결을 보며 달릴 수도 있고, 작은 마을을 지나다 잠깐 멈춰 서서 풍경을 감상하는 건 자동차 여행만이 줄 수 있는 소중한 경험이다. 교통 표지판과 주차 등 우리나라와 다른 규칙만 미리 잘 알아 두면 투어 패키지나 대중교통으로는 만나기 힘든 체코의 구석구석을 마음껏 누빌 수 있을 것이다.

보헤미아
Bohemia
Čechy 체히

체코의 서쪽 지방을 체히라고 부르는데, 7세기에 이 지역에 정착했던 민족의 이름에서 따온 것이다. 이를 영어나 라틴어로 말하면 보헤미아다. 현재 정식 국가명으로 쓰는 체코 공화국은 바로 '체히'라는 이름에서 탄생했다. 산맥으로 둘러싸인 이 지역에는 체코 인구 1050만 명 중 650만 명이 살고 있다.

체코의 수도 프라하와 함께 보헤미아에 속한 도시인 카를로비 바리와 체스키 크룸로프, 플젠, 쿠트나 호라는 당일치기로 다녀오는 근교 여행으로도 부담이 없다. 언제나 관광객으로 북적이는 프라하에서 잠시 벗어나 한적하고 느긋하게 산책을 할 수 있고, 이색적인 경험도 할 수 있으니 마음 가는 곳이 있다면 꼭 시간을 내어 찾아가 보자.

📷 보헤미아에서 놓치면 안 될 색다른 경험!

- **쿠트나 호라**에서 해골성당으로 알려진 세들레츠 납골당에 들러 보자. 납골당을 이루는 기둥과 벽은 물론 샹들리에까지 장식하고 있는 4만 개에 이르는 뼈를 보다 보면 정신이 혼미하다.
- **체스키 크룸로프** 성의 망토 다리를 액자 삼아 마을의 전경을 담아 보자. 동화책의 한 장면같은 낭만적인 풍경이 한눈에 쏙 들어온다.
- **플젠**의 명물 필스너 우르켈이 만들어지는 양조장에는 지하 12미터로 숙성되고 있는 오크 배럴을 만날 수 있다. 즉석에서 뽑아내는 맥주를 한 모금 들이키면 정수리까지 짜릿해진다.
- **카를로비 바리**에서는 온천수 컵을 사서 16개의 온천수를 모두 맛보자. 맛이 이상하다고? 원래 몸에 좋은 약이 입에 쓴 법이다.

은광과 해골의 도시

쿠트나 호라
Kutná Hora

쿠트나 호라를 찾는 대다수 관광객의 목적지는 '해골 성당'이다. 정말 어디에도 없을 이색적인 곳이지만, 쿠트나 호라는 사실 은과 함께 떠올랐다가 은과 함께 희미해진 도시라고 할 수 있다. 지금이야 한 바퀴 둘러보는 데 하루면 충분할 만큼 작은 규모지만 1260년에 유럽 최대의 은광이 발견되면서 금화와 은화가 유통되던 중세에는 이곳이 그야말로 '핫 플레이스'였다. 바츨라프 2세가 왕립 화폐주조소를 이곳에 세우고 당시 유럽의 은화 대부분을 만들면서 도시도 함께 번성했으나, 은광을 가득 메우던 은이 점차 바닥났을 뿐 아니라 대홍수와 흑사병, 연이은 전쟁을 겪으면서 은처럼 반짝이던 쿠트나 호라는 점차 빛이 바래갔다.

프라하에서 어떻게 가야 할까?	· **기차** 프라하 중앙역에서 기차를 타면 쿠트나 호라까지 1시간 정도 걸린다. 주의할 것은 중간에 콜린 역에서 내려 기차를 갈아타는 경우가 있다는 점이다. 시간이 더 오래 걸리는 것은 물론, 첫 기차가 연착되면 갈아탈 기차가 올 때까지 오래 기다려야 할 수도 있으니 미리 기차 시간표를 보고 직행을 타는 것이 여러 모로 좋다.

쿠트나 호라를 여행하는 법	쿠트나 호라는 작은 도시지만, 주요 볼거리인 세들레츠 납골당과 성 바르바라 성당, 쿠트나 호라 중앙역 간 거리가 가깝지는 않다. 도시 구석구석 구경하며 슬슬 걷는 것도 좋지만, 힘들다면 역 앞과 주요 관광지를 지나는 시내버스로 이동하는 방법이 가장 편하다. 801번이나 802번을 타면 중앙역에서 성 바르바라 성당까지 약 15분 만에 갈 수 있다. 보통 중앙역에서 기차 도착 시간과 비슷하게 버스가 출발하는데, 배차 간격이 대략 30분이라 이때를 놓치면 다음 버스가 올 때까지 한참 기다려야 한다. 그러니 버스를 탈 계획이라면 기차에서 내려 빠르게 버스정류장으로 이동하는 것이 좋다.

＊ 성 바르바라 성당과 성모 마리아 대성당, 세들레츠 납골당 통합 입장권은 세 곳 중 아무데서나 구매할 수 있다. 세 장소를 모두 둘러볼 계획이라면 약간의 할인을 받고 통합권을 미리 사두면 편하다. 티켓은 온라인으로도 구매할 수 있다.

쿠트나 호라 추천 코스 예상 소요 시간 약 5시간 30분	쿠트나 호라 **중앙역** 버스 20분 광부를 지켜주는 **성 바르바라 성당** 도보 5분 800년 전 광부의 삶 속으로, **체코 은광 박물관** 도보 5분 **다치츠키**에서 점심과 함께 쿠트나 호라 맥주 한 잔 도보 1분 마을의 갈증을 해결해 준 **석조 분수** 도보 4분 쿠트나 호라를 전성기로 이끈 **이탈리안 궁정** 도보 15분 4만 명의 유골로 만든 **세들레츠 납골당** 도보 3분 쿠트나 호라의 역사가 시작된 **성모 마리아 대성당**	

다치츠키

성 바르바라 성당

이탈리안 궁정

세들레츠 납골당

쿠트나 호라

쿠트나 호라 중앙역
Hlavní Nádraží

성모 마리야 대성당
06

세들레츠 납골당
05
인포메이션센터

하블리치코바
Sedlec
Kostnice
Kaufland
Tesco

성모 마리야 대성당 (126)
호르치르주스카

카를로프
KARLOV

쿠트나 호라 간이 기차역

슈이프슈이
ŠÍPŠÍ

우체국

주차장
P

흘로우슈카
HLOUŠKA

Hotel U Vlasskeho Dvora 03
Kafírnictví 02
04 이탈리안 궁정
02 Apartmán Starý Farhof
Palackého
Náměstí
02 체코 은광 박물관
Apartmány Dačický 01
인포메이션센터
석조 분수 03
Pivnice Dačický 01
Kamenná
Kašna
성 바르바라 성당
01

지슈코프
ŽIŽKOV

광부에 의한, 광부를 위한 찬란한 성당 ⋯⋯ ①

성 바르바라 성당 St Barbara's Cathedral

Chrám Svaté Barbory 🔊 흐람 스바테 바르보리

1995년에 유네스코 세계유산에 등재된 성당이다. 은으로 호황을 누리던 쿠트나 호라에서 도시 번영의 주역인 광부와 재력가들의 주도로 1388년에 건설을 시작했다. 16세기 중반, 광산의 은이 고갈되며 건설이 중단되었지만 500년에 걸친 공사 끝에 1905년 완공되었다. 한없이 쭉 뻗어 뾰족한 여타 고딕 성당과는 달리 곡선이 가미되어 왕관처럼 유려한 모양을 갖췄다. 광부의 수호성인인 성 바르바라에게 봉헌하는 성당으로, 성당 내부에서 광부의 조각상과 광산에 관한 프레스코화를 찾아볼 수 있다. 성당 2층으로 올라가면 금빛 천사 조각상으로 화려하게 장식된 파이프오르간을 코앞에서 볼 수 있는 것은 물론, 파이프오르간의 뒷면과 내부까지 자세히 보는 특별한 경험을 할 수 있다.

광산에 관한 프레스코화

광부의 조각상

📍 Barborská 🚶 쿠트나 호라 중앙역에서 801, 802 버스를 타고 Kutná Hora, Žižkov, Kremnická에서 하차 후 도보 4분 🕐 11~2월 10:00~16:00, 3월, 10월 10:00~17:00, 4~9월 19:00~18:00 (*결혼식 등의 행사가 있을 경우 오픈 시간이 변경되니 홈페이지 참고) ❌ 12월 24일 📖 성인 160Kč, 학생 및 시니어 120Kč, 통합권 (성 바르바라 성당+성모 마리아 대성당+세들레츠 납골당) 성인 300Kč 📞 327 515 796 🏠 khfarnost.cz/cs/chram-svate-barbory-2

체코 은광 박물관 Czech Museum of Silver Česke Muzeum Stříbra 🔊 체스케 무제움 스트르지브라

소장품이 18만 5천 점에 이르는 박물관으로, 특히 채광 기술에 대한 전시는 유럽에서 가장 오래된 곳 중 하나다. 투어는 둘로 나뉘는데, 쿠트나 호라 은광 박물관의 역사를 자유롭게 둘러보는 코스와 90분간 가이드와 함께 은 채굴 및 가공과 광부의 삶을 체험해 볼 수 있는 코스가 있다. 투어 1은 쿠트나 호라가 체코 제 2의 도시로 성장했던 과정을 보여준다. 석조 분수까지 물을 운반했던 나무 배관이나 사용했던 채굴 기구는 물론, 당시의 여유로움을 엿볼 수 있는 소장품이 가득하다. 투어 2가 조금 더 흥미로운데, 은을 캐내어 가공하고 동전으로 만들기까지의 모든 과정을 볼 수 있는 투어다. 은을 채굴하고 가공하는 방법과 은화를 주조하는 기술을 보고 난 뒤 장비를 착용한 다음 가이드와 함께 지하 40m로 내려가 250m를 걸으며 당시 광부들이 실제로 작업했던 환경을 직접 느껴볼 수 있다. 30분 가량의 광산 체험 후에는 정원으로 올라와 광부들의 삶을 엿볼 수 있는 전시물을 관람한다. 투어 시에는 안전모와 가운을 제공하지만 지하 광산에는 높이가 120cm인 구간도 있고, 폭이 40cm밖에 되지 않는 구간도 있다. 6세 미만 어린이는 투어에 참여할 수 없고 만 6세~12세는 보호자와 동반시 투어가 가능하다. 또한 폐소공포증이 있거나 뇌전증 환자, 임산부는 투어 참여를 제한하고 있다. 두 가지 투어 모두 한국어 가이드 텍스트를 제공한다. 매달 홀수 주 금요일에는 뜰과 정원, 1층 전시실을 무료로 둘러볼 수 있다.

📍 9, Barborská 28, Vnitřní Město 🚶 성 바르바라 성당에서 도보 5분
🕐 화~일요일 09:00~18:00 ❌ 월요일, 12월~3월 은광 투어 휴관(일부 개방일은 홈페이지 참고) 🎟 **투어1** 성인 70Kč, 학생 및 시니어 40Kč, 사진 촬영 50Kč, **투어2** 성인 140Kč, 학생 및 시니어 100Kč, 사진 촬영 50Kč(외국어로 진행 시 인당 20Kč 추가), **투어 1+2 통합** 성인 170Kč, 학생 및 시니어 120Kč 📞 327 512 159
🏠 www.cms-kh.cz

지나가는 모든 이를 위한 거대한 우물 ······ ③

석조 분수 Gothic Stone Fountain Kamenná Kašna 🔊 카멘나 카슈나

레제크(Rejsek) 광장 한복판에 있는 거대한 석조 분수는 1495년에 만들어졌다. 브로츠와프의 건축가인 브리치우스 가우스케의 작품이라고 전해지는 이 조형물은 분수라고 불리지만 그보다는 거대한 우물처럼 생겼는데, 실제로 저수지 역할을 했던 시설이다. 중세 시대 때 은광 채굴이 활발해지며 수원지가 막혀 식수가 부족해지자, 2.5km 떨어진 산속에서 나무 배관으로 물을 운반한 뒤 이곳에 저장했다. 1890년까지 마을의 식수원으로 쓰였고 지금도 지나가는 사람들이 손잡이를 돌려 물 한 모금 마시는 곳이다.

📍 Husova, Kutná Hora
🚶 체코 은광 박물관에서 도보 5분, 레제크 광장에 위치

쿠트나 호라의 전성기를 이끈 왕립 조폐소 ······ ④

이탈리안 궁정 Italian Court Vlašský Dvůr 🔊 블라슈스키 드부르

쿠트나 호라가 전성기를 누렸던 것은 바로 은 덕분인데, 그중에서도 이 도시가 은화 생산의 중심지였기 때문이다. 바츨라프 2세는 1300년에 보헤미아 전역에 흩어져 있던 작은 조폐국을 없애고 이곳을 왕립 조폐국으로 삼았으며, 프라하 그로셴이라는 새로운 은화를 도입했다. 자연히 은이 풍부했던 쿠트나 호라가 당대 경제의 중심지로 떠오르게 되었다. 옛 보헤미안 왕들이 임시 거처로 쓰다가 왕립 조폐소를 거쳐 현재 화폐 박물관으로 쓰이고 있는 이곳은 아주 세분화된 투어가 준비되어 있다. 도시의 역사와 신비로운 전설에 대해 알아보는 셀프 가이드 투어는 물론, 왕궁 시대 당시의 복장을 한 화폐 주조사와 함께 직접 은화를 만드는 체험도 할 수 있으니 관심사와 일정에 따라 고르면 된다.

📍 Havlíčkovo náměstí 552, Kutná Hora 🚶 레제크 광장에서 도보 5분 🕐 1~2월 화~일요일 10:00~16:00, 3월 화~일요일 10:00~17:00, 4~9월 월~일요일 09:00~18:00, 10월 월~일요일 10:00~17:00, 11~12월 화~일요일 10:00~16:00 Ⓚ 가이드와 함께 은화를 만들어 보는 체험은 성인 60Kč, 학생 및 시니어 50Kč, 가이드와 함께 모든 곳을 둘러보는 투어는 성인 300Kč, 학생 및 시니어 250Kč 📞 327 512 873 🏠 pskh.cz/en/italian-court

버려진 유골로 장식된 영혼들의 안식처 ⑤

세들레츠 납골당 Ossuary Sedlec Kostnice Sedlec 🔊 코스트니체 세들레츠

1278년 보헤미아 왕이 파견한 수도원장이 예루살렘의 골고다 언덕에서 흙을 한 줌 가져와 세들레츠 수도원 공동묘지에 뿌렸다. 성지에서 온 성스러운 흙에 대한 소문이 중유럽에 퍼지며 부유한 사람들이 이곳에 묻히고자 몰려들었다. 그후 흑사병과 전쟁으로 수많은 시신이 이곳에 모였고, 더이상 매장할 곳이 없자 세들레츠키 수도사는 굴러다니는 시신을 수도원 주변에 모아두었다. 그로부터 86년 후 이 자리에 저택을 짓기 위해 부지를 샀던 남작이 수도사가 남긴 유골과 유서를 발견하고 수도원을 복구하여 납골당을 만들었다. 현재 납골당의 모습은 이탈리아의 유명한 건축가인 산티니와 체코의 나무 조각가인 프란티섹 린트의 손을 거쳐 완성됐다. 신기하게도 뼈 사이에는 전혀 접착제를 쓰지 않았고, 정교하게 맞물리도록 계산되어 형태를 유지하고 있다고 한다. 모든 뼈는 소독한 후 회칠해서 장식에 사용됐으며, 사용되지 않은 뼈는 다시 매장되었다고 한다. 그다지 크지 않은 납골당에 들어서면 입구부터 가득한 해골 장식에 기분이 묘해진다. 내부는 2020년부터 사진 촬영을 금지하고 있는데, 이곳을 찾은 관광객이 사진을 찍겠다며 해골을 함부로 만지고 모자를 씌우는 등 멋대로 뼈를 움직인 탓이라고 한다. 아주 특이한데다 보기 드문 광경이기에 몰래라도 사진으로 남기고 싶은 마음이 들수 있겠지만 이곳은 단순한 구경거리가 아니라 죽은 사람들을 기리는 곳이라는 것을 기억하고 경건한 마음으로 조용히 둘러보자. 요청하면 한국어로 된 안내 책자를 빌릴 수 있다.

📍 Zámecká, Kutná Hora
🚶 이탈리안 궁정에서 802번 버스 탑승 후 Sedlec, Čechova에서 하차, 총 20분 소요
🕐 3월, 10월 매일 09:00~17:00, 4~9월 월~토요일 08:00~18:00, 일요일 09:00~18:00, 11~2월 매일 09:00~16:00
💰 성인 160Kč, 학생 및 시니어 120Kč
📞 326 551 049 🏠 www.sedlec.info

성모 마리아 대성당 Cathedral of Assumption of Our Lady and St. John the Baptist

Katedrála Nanebevzetí Panny Marie a sv. Jana Křtitele 🔊 카테드랄라 나네베브제티 판니 마리에 아 스바티 야나 크르슈티텔레

보헤미아 지역에서 가장 오래된 시스테리아 수도원의 수녀원 교회다. 1142년에 세워지며 본격적으로 쿠트나 호라라는 도시가 형성되었다. 처음에는 로마네스크 양식으로 지어졌으며 1290~1330년 사이에 걸쳐 초기 고딕 양식으로 개조됐다. 1700년에 바로크 양식이 가미되었고 1995년 유네스코 세계문화유산에 등재되었다. 성당 내부는 스테인드글라스 없이 격자로 만들어진 큰 유리창으로 둘러싸여 있어 빛을 한껏 받아 환하다. 나선형 계단을 따라 올라가면 성당의 천장을 이루는 부분에 올라가 볼 수 있는데 나무 난간을 따라 소소한 작품이 전시돼 있다. 최근 복원을 거쳤으나 상당 부분이 빈 채로 남아있어서 볼거리가 적다고 불평하는 관광객이 많지만, 역사적 의의를 지닌 상징적인 곳이기에 통합권을 구매했다면 가볍게 둘러보길 권한다.

📍 Zámecká 279, Kutná Hora
🚶 세들레츠 납골당에서 도보 3분
🕐 4~10월 월~토요일 09:00~17:00,
일요일 11:00~17:00, 11~3월 월~토요일
10:00~16:00, 일요일 11:00~16:00
📞 326 551 049 🏠 www.sedlec.info

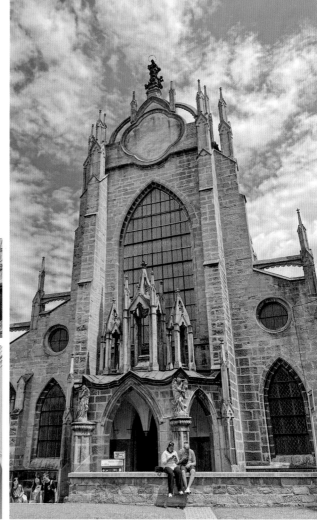

사슴 고기를 맛볼 수 있는
전통 식당 ...... ①
Pivnice Dačický
🔊 피브니체 다치츠키

쿠트나 호라의 대표 위인이자 유명한 저술가 미쿨라스 다치츠키의 이름을 따서 지은 레스토랑으로, 근처에 동명의 카페와 함께 운영되는 곳이다. 겉모습은 평범하지만 문을 열고 들어가면 중세시대의 옛스러운 분위기와 넓은 내부에 감탄하게 된다. 탱크에서 갓 뽑은 쿠트나 호라 지역 맥주와 레스토랑 자체 레시피로 만든 신선한 맥주를 맛볼 수 있고 음식 맛도 훌륭해 현지인부터 단체 여행객까지 많은 사람들에게 사랑받는 식당이다. 사슴 고기를 비롯해 바베큐 요리가 맛있기로 유명하다.

📍 Rakova 8, Kutná Hora
🏃 은광 박물관에서 도보 5분
🕐 월~목요일, 일요일11:00~23:00,
금~토요일 11:00~24:00
📞 603 434 367
🏠 www.dacicky.com/jidelni-listek

마음껏 여유를 부리고 싶은 카페 ...... ②
Kafírnictví 🔊 카피르니츠트비

쿠트나 호라 중심부에 있는 커피숍 카피르니츠트비의 테라스에는 유난히 사람이 많다. 원래 수십 년간 사랑받던 문구점이 있던 자리가 카페로 탈바꿈했다고 하는데, 고풍스러운 주변 분위기와 사뭇 달라 눈길이 한 번 더 가는 곳이다. 깔끔하고 밝은 실내에서 커피와 디저트를 먹으며 잠시 쉬어 가기 좋고, 안쪽에는 어린이를 위한 놀이 공간이 있어서 아이들과 함께 티타임을 갖는 가족 단위 방문객도 많다. 널찍한 매장 한켠에는 디자인 소품을 전시해두고 있고, 도자기 잔에 그림을 그리거나 작은 액세서리를 만드는 체험도 가능하다.

📍 Palackého nám. 510 🏃 이탈리안
궁정에서 도보 2분 🕐 매일 09:00~19:00
(월요일 13:00 오픈) 📞 737 268 090
🏠 www.kafirnictvi.cz

동화 속 마을
체스키 크룸로프
Český Krumlov

그림 같은 풍경으로는 프라하보다 오히려 더 유명한 체스키 크룸
로프는 체코를 찾는 여행자가 프라하 다음으로 많이 방문하는 도
시다. 관광지라고 할 만한 곳은 체스키 크룸로프 성이 전부지만,
성으로 올라가는 길과 널따란 정원, 전망대에서 마을을 내려다보
면 발걸음이 떨어지지 않을 만큼 풍경이 예쁘다. 마치 중세에서
시간이 멈춘 듯한 골목은 정말이지 동화 속 풍경 그 자체다. 구시
가지 전체는 유네스코 문화유산에 등재되어 있다. 당일치기 여행
자가 빠져나가고 조용해진 마을에 고요히 밤이 찾아 드는 모습은
가슴 벅찬 감동이니, 사진만 찍고 떠나기보다는 이 작은 도시에서
꼭 하룻밤을 지내보면 좋겠다.

- **버스** 프라하 메트로 B노선을 이용해 안델 역에서 하차한 후 플릭스 버스와 레지오젯 버스가 출발하는 Na Knížecí 버스터미널로 이동한다. 버스로 3시간 가량 이동한 다음 Spicak 또는 종점인 Autobusové nádraží에서 내리면 된다. 터미널에는 짐 보관소가 있는데, 짐을 되찾을 때 입력하는 코드가 영수증에 있으니 잘 챙겨두거나 사진으로 찍어 보관하면 안전하다. 다시 프라하로 가는 막차가 생각보다 빨리 끊길 수도 있으니 당일로 여행할 계획이라면 프라하에서 미리 왕복으로 표를 예매해 두는 것이 안전하다.

- **기차** 프라하 중앙역에서 출발해 체스키 부데요비체(České Budějovice)에서 환승해야 한다. 총 3시간 30분 정도가 소요되는데, 프라하에서 출발하는 기차편이 연착되면 갈아 타는 시간을 놓치게 되는 경우가 생겨 시간이 더 걸릴 수도 있다. 체스키 크룸로프 기차역 에서 구시가지까지는 걸어서 35분 정도 걸린다.

- **렌터카** 프라하에서 약 2시간 가량 소요되며 일단 도착하면 주차할 곳은 넉넉한 편이다. 총 네 군데의 공영 주차장이 있는데, 제 1주차장은 망토 다리와 바로 연결되고, 제 2주차 장은 마을 입구 나무다리에서 여행을 시작할 수 있어 좋다. 다만 구시가지에는 차량 진입 이 불가하므로 숙소를 예약할 때 참고하자.

관광객이 둘러보게 될 구시가지는 보행 자 구역으로 지정되어 시청의 허가 없이 는 차가 들어갈 수 없다. 하지만 구역이 크지 않아서 도보로도 둘러보는 데 전혀 무리가 없다.

체스키 크룸로프 카드

성 박물관과 성탑, 지역 박물관, 사진 박물관, 에곤쉴레 박물관, 수도원까지 총 다섯 군데의 입장이 가능한 패스다. 체스키 크룸로프의 모든 곳을 샅샅이 볼 계획이라면 약간의 할인이 있는 체스키 크룸로프 카드를 구매해도 좋다. 다섯 곳 중 아무 매표소나 광장에 있는 인포 메이션 센터에서 400Kč에 구매할 수 있다.

체스키 크룸로프를 색다르게 즐겨보자

① **우든 크루즈 투어** 뗏목 같이 생긴 나무배를 타고 블타바 강을 따라가며 체스키 크룸 로프를 구석구석 눈에 담을 수 있다. 음료나 저녁식사가 포함된 상품도 있고, 해가 진 뒤 야경을 감상할 수도 있는 나름 낭만적인 투어다.

② **래프팅과 카누** 구시가지를 휘감는 블타바 강의 물살을 따라 신나게 즐기는 방법이다. 인원에 따라 카누 또는 고무보트를 선택할 수 있는데, 구명조끼와 방수 가방은 이용료 에 포함되어 있으니 신나게 즐길 마음만 준비하면 된다.

③ **자전거** 차량은 구시가지 접근이 불가능하지만, 바퀴 두 개 달린 자전거만큼은 예외다. 귓가를 스치는 바람을 느끼며 좁은 골목을 속속들이 들여다보고 싶다면 좋은 선택이 될 것이다. 다만 울퉁불퉁한 돌바닥의 진동이 온몸으로 전해져서 몸이 금방 피로해질 수 있다.

④ **나이트 투어** 관광객이 빠져나간 자리를 어둠이 가득 메우면, 온화하고 아기자기하던 도시의 공기가 사뭇 달라진다. 나이트 투어는 역사가 깊은 이 도시에 얽힌 전설을 마치 한 편의 연극처럼 보여준다. 중세 시대 의상을 입은 가이드는 영어로도 친절히 투어를 진행하지만, 영어를 알아듣지 못한대도 으슥한 밤 골목을 누비며 체스키 크룸로프의 색다른 모습을 볼 수 있을 것이다.

체스키 크룸로프 추천 코스

예상 소요 시간
약 5시간

○ 체스키 크룸로프 버스터미널

도보 7분

○ 체스키 크룸로프 맛보기, **세미나르니 정원**

도보 2분

○ 누구나 중세 영화 속 주인공이 되는 **스보르노스티 광장**

도보 2분

○ 체스키 크룸로프를 바라보는 독특한 시각, **에곤쉴레 미술관**

도보 3분

○ 슬픈 전설이 깃든 **이발사의 다리**

도보 1분

○ 사랑스러운 르네상스 양식의 **체스키 크룸로프 성탑**

○ 살아있는 곰이 반겨주는 **체스키 크룸로프 성**

도보 3분

○ 아름다운 전망이 시작되는 **망토 다리**

○ **성곽 전망대**에서 인생 사진 남기기

도보 2분

○ 조경이 아름다운 **성 정원**

* Spicak 버스터미널에 하차했다면 망토 다리를 통해 구시가지로 들어와서 성을 먼저 구경하고 스보르노스티 광장으로 넘어가는 순서로 여행할 수도 있다.

세미나르니 정원

이발사의 다리

망토 다리

체스키 크룸로프

제 4주차장 P4

성 정원 08

N

0   100m

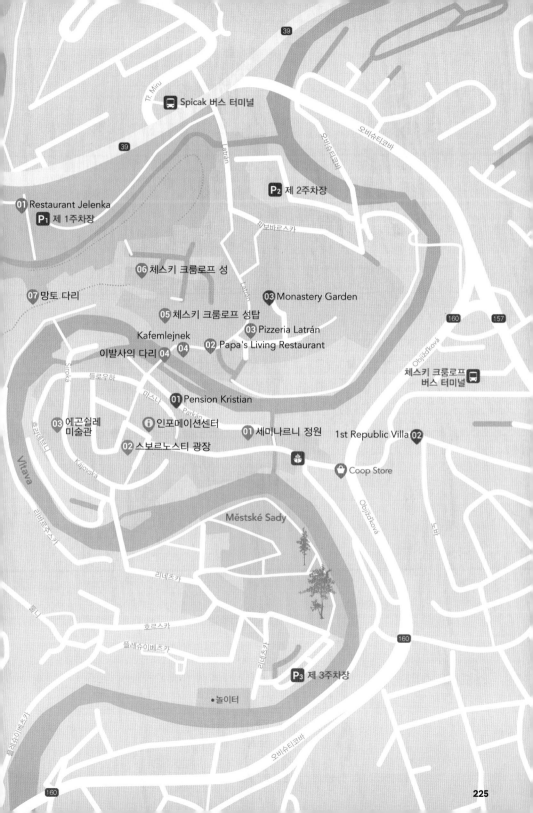

Spicak 버스 터미널

39

제 2주차장

오비슈티코바

피보바르스카

Restaurant Jelenka
제 1주차장

Latrán

06 체스키 크룸로프 성

03 Monastery Garden

07 망토 다리

Latrán

05 체스키 크룸로프 성탑

03 Pizzeria Latrán

Kafemlejnek

02 Papa's Living Restaurant

이발사의 다리 04

Siroka

들로우하

체스키 크룸로프
버스 터미널

160   157

Objížďková

마스니

01 Pension Kristian

Parkán

Vltava

03 에곤쉴레
미술관

Kajovska

인포메이션센터

01 세미나르니 정원

1st Republic Villa 02

02 스보르노스티 광장

Coop Store

리베르츠카

Městské Sady

Objížďková

리네츠카

호르스카

리네츠카

160

플레슈이베츠카

제 3주차장

놀이터

오비슈티코바

160

225

체스키 크룸로프의
예고편을 보여 드립니다 ······ ①
세미나르니 정원 Seminar Garden

Seminární Zahrada 🔊 세미나르니 자흐라다

버스터미널에서 마을 입구를 지나 아주 조금만 더 걸
으면 체스키 크룸로프 지역박물관이 나오는데, 세미나
르니는 그 옆에 있는 작은 정원이다. 곳곳에 벤치도 놓
여 있어 미니 테라스 같은 느낌도 드는데, 지대가 높은
곳에 있어 작은 마을을 한눈에 담기 좋은 첫 번째 전망
포인트다. 정원 끝자락에서 성탑과 마을의 지붕, 그리
고 강물이 굽이치는 모습은 마치 '체스키 크룸로프가
이런 곳이야'하며 살짝 말해주는, 앞으로 보게 될 놀라
운 경치의 예고편 같다. 혹시 해질녘에 이곳을 다시 지
나갈 기회가 있다면 복 받은 거다. 마을의 가장 동쪽에
있어서 부드러운 노을빛에 체스키 크룸로프 성과 마을
이 발그레 물드는 모습을 가장 예쁘게 볼 수 있는 곳이
니 말이다.

📍 Horní Street, 381 01 Český Krumlov
🚶 버스터미널에서 도보 7분, 체스키 크룸로프 지역박물관 왼편

중세 영화 속
주인공이 되는 기분 ······ ②
스보르노스티 광장

Svornosti Square
Svornosti Náměstí
🔊 스보르노스티 나메스티

체코어로 '화합'이라는 뜻을 가진 스보르노스티 광장은 중세 느낌이 물씬 풍기
는 아담한 광장이다. 광장 한켠에는 흑사병 퇴치를 기념하는 석조 기둥과 분수
가 있고, 고풍스러우면서도 알록달록한 건물은 중세 당시의 외관을 유지하고 있
어 1992년에 유네스코 세계유산으로 지정되었다. 이 작은 광장에서는 체스키
크룸로프에서 벌어지는 각종 행사가 열리기도 하고, 패키지 투어 깃발 아래 관광
객이 모이는 만남의 장소이기도 하다. 또, 중세 분위기를 연출해야 하는 영화나
드라마 장면을 촬영하기도 하는 만능 스폿이다.

📍 nám. Svornosti 10, Vnitřní Město 🚶 세미나르니 정원에서 도보 2분

강렬하고 파격적인
에곤쉴레가 바라본 체스키 크룸로프 ······ ③

에곤쉴레 미술관 Egon Schiele Art Centrum

오스트리아의 대표 화가인 에곤쉴레와 동시대 화가의 작품을 볼 수 있는 미술관이다. 에곤쉴레는 28년의 짧은 삶을 사는 동안 에로틱하고 난해한 그림과 사생활 때문에 '예술이냐, 외설이냐'라는 무수한 논란을 몰고 다녔던 표현주의 화가다. 그런 그가 대체 체코의 수도도 아닌 이 작은 마을과 무슨 관련이 있길래 미술관까지 만들었나 싶은 생각이 드는데, 에곤쉴레의 어머니가 바로 체스키 크룸로프 출신이라고 한다. 그래서 그의 작품 속에는 체스키 크룸로프가 곳곳에 녹아 있다. 전시작 중 원작이 없고, 정작 중요한 작품은 전부 빈에 있어 아쉽다는 평을 남긴 방문객도 많지만, 에곤쉴레만의 독특한 그림체로 표현한 체스키 크룸로프를 볼 수 있다.

📍 Široká 71 🚶 스보르노스티 광장에서 도보 2분 🕐 화~일요일 10:00~18:00 ❌ 월요일 🎟 성인 200Kč, 시니어 150Kč, 학생 100Kč
📞 380 704 011 🏠 www.esac.cz

슬픈 전설이 깃든 곳 ······ ④

이발사의 다리 Barber's Bridge

Lazebnický Most 🔊 라제브니츠키 모스트

마을에서 성을 잇는 아주 아담한 나무 다리다. 체코 여기저기서 볼 수 있는 십자가상과 얀 네포무츠키 신부의 동상이 서 있는 평범한 다리지만, 이 다리에는 안타까운 전설이 깃들어 있다. 신성로마제국의 루돌프 황제에게는 정신이 온전치 못한 왕자가 하나 있었는데, 그 왕자가 이 마을에 왔다가 이발사의 딸에게 푹 빠져 결혼을 했다. 하지만 행복은 오래 가지 못했다. 정신적 문제가 있던 왕자가 아내인 이발사의 딸을 자기 손으로 죽여 놓고는 기억조차 하지 못한 채 살인범을 찾겠다며 매일같이 마을 사람들을 죽인 것이다. 이를 보다 못한 이발사가 딸을 죽인 범인이 자신이라고 거짓 자백을 했고, 왕자의 손에 억울하게 목숨을 잃은 이발사를 기리기 위해 다리를 만들었다고 한다. 어디까지나 전해 내려오는 이야기지만, 잔인하고도 슬픈 사연 덕분에 다리에 서서 바라보는 풍경이 훨씬 더 아름답게 보이니, 잠시 멈춰서 성 쪽, 그리고 마을 쪽을 바라보길 권한다.

📍 381 01 Český Krumlov 🚶 에곤쉴레 박물관에서 도보 3분, 스보르노스티 광장에서 도보 2분

동화 속 주인공이 반겨줄 것 같은 예쁜 탑 ……⑤

체스키 크룸로프 성탑 Český Krumlov Castle Tower

Zámecká Věž Český Krumlov 🔊 자메츠카 베시 체스키 크룸로프

마을 어디에서나 눈에 쏙 들어오는 동그랗고 예쁜 탑이 바로 체스키 크룸로프 성탑이다. 흔히 보이던 뾰족하고 각진 고딕 양식의 탑들과는 달리, 르네상스 양식으로 지어 아기자기한 마을에 동화적인 느낌을 한 숟갈 더 얹는 일등공신이다. 내부에는 작은 박물관이 있어서 체스키 크룸로프 성에 살던 귀족들의 화려한 생활을 살짝 엿볼 수 있다. 6층 정도 높이라서 오르는 데도 크게 부담이 없는데, 전망이 워낙 예쁘다 보니 관광객이 많이 몰리는 성수기 주말에는 사진 한 장 제대로 찍기 쉽지 않다. 이왕이면 이른 시간에 찾거나, 아예 느지막히 탑에 올라 여유롭게 흐르는 블타바 강과 고요한 마을을 사진 속에 담아보자.

📍 Latrán 3, Latrán 🚶 이발사의 다리를 건너자마자 왼편에 위치
🕐 4~5월, 9~10월 매일 08:45~17:00, 6~8월 매일 08:45~18:00, 11월~3월 화~일요일 09:00~16:00 (월요일 휴무) 💰 성인 180Kč, 학생 및 시니어 140Kč
📞 380 704 721 🏠 castle.ckrumlov.cz/en/zamek_2nadvori_vez

유력한 가문이 거쳐간 아름다운 성 ⑥

체스키 크룸로프 성 Český Krumlov Castle Zámek Český Krumlov ◀ 자메크 체스키 크룸로프

13세기에 지역 영주가 블타바 강가에 솟은 바위 언덕에 성을 지었
고, 이후 로젠베르크 가문과 에겐베르크 가문, 슈바르첸베르크 가
문의 터전이 되었다. 그중에서도 로젠베르크 가문의 영향력은 지
금까지도 체스키 크룸로프에 남아있다. 매년 6월이면 열리는 가장
큰 행사인 '다섯 꽃잎 장미축제'는 로젠베르크 가문의 문장에 그려
진 다섯 꽃잎의 장미에서 출발한 것이고, 성탑을 지나 성으로 들어
가는 길에 모두의 눈을 사로잡는 곰은 로젠베르크 가문이 이탈리
아 귀족인 오르시니 가문과의 관계를 나타내는 상징이었다고 한
다. 성 내부는 가이드 투어로만 관람이 가능한데, 화려한 실내 공
간을 볼 수 있는 투어1과 성의 마지막 주인이었던 슈바르첸베르크

가문의 역사에 초점을 맞춘 투
어2, 바로크 양식의 극장 내
부를 둘러보는 투어3으로 나
뉘어 있다. 한 시간이 채 걸리
지 않는 프로그램이지만 시간
마다 인원 제한이 있으니 미리
원하는 시간의 투어를 신청해
두고 성의 다른 부분을 둘러보
는 것이 좋다.

📍 Zámek 59　🕐 4~5월, 9~10월 화~일요일 09:00~17:00,
6~8월 화~일요일 09:00~18:00　❌ 월요일, 화~일요일
12:00~13:00은 점심시간으로 투어 없음, 11월~3월에는
투어가 없음(홈페이지 확인 필수)　🎫 투어1) 성인 240Kč,
학생 및 시니어 190Kč　📞 380 704 721
🏠 www.zamek-ceskykrumlov.cz

마을 전경을 배경삼아
액자처럼 눈에 담는 ⋯⋯⋯ ⑦

망토 다리 Cloak Bridge

Plášťový Most 🔊 플라슈토비 모스트

체스키 크룸로프 성에서 나와 정원을 향해 가다 보면 자연스럽게 만나는 다리다. 밖에서 보면 벽에 아치 모양으로 구멍을 뚫은 것처럼 생긴 독특한 모양을 하고 있는데, 예전에 망토(Cloak)라고 하는 요새가 있던 성 해자에 걸쳐 있던 다리라서 '망토 다리'라는 이름이 붙었다. 다리의 각 층마다 각각 성 극장과 수도원 등으로 연결되지만, 보통 관광객은 이 다리를 지나 정원으로 향하게 된다. 체스키 크룸로프에서 아름다운 전망을 보기 좋은 장소로 손꼽히는 곳 중 하나인데다가 뻥 뚫린 아치 덕분에 이곳에 기대 사진을 찍으면 예쁜 액자에 체스키 크룸로프를 배경으로 담은 모습을 건질 수 있다. 그래서 이곳은 언제나 인생샷을 남기려는 사람들로 인산인해를 이룬다.

🚶 성 안에 난 길을 따라 도보 3분

성곽 전망대

망토 다리를 건너 성 정원으로 가는 길에는 성벽이 이어지는데, 이 길에서 왼편을 바라보면, 마을의 예쁜 전경을 눈에 담을 수 있다. 하지만 여기서 조금만 더 가면 성곽 전망대를 만날 수 있다. 개인적으로 체스키 크룸로프를 가장 예쁘게 눈에 담을 수 있는 곳을 하나만 꼽으라면 바로 이곳을 택하겠다. 성의 종탑과 마을의 교회탑, 그 아래 흐르는 블타바 강물이 감싸 안은 동화마을이 한눈에 들어온다. 탁 트인 고지대라 주변에 걸리는 것이 없어 시원스레 전망을 볼 수 있고, 사진을 찍어도 기가 막히게 나온다. 그리고 무엇보다도 무료로 이 모든 것을 누릴 수 있다는 점이 가장 만족스럽다.

정교한 조각과 정돈된 나무가
조화를 이루는 정원 ······ ⑧

성 정원 Castle Garden

Zámecká Zahrada 🔊 자메츠카 자흐라다

17세기에 지은 정원이다. 망토 다리를 지나 성의 왼편 아래에 직사각형으로 넓게 조성된 구역인데, 150m 폭에 750m에 달하는 길쭉한 모양이라 한 바퀴를 다 도는 데만 해도 적지 않은 시간이 걸린다. 처음에는 바로크 양식으로 지었으나 이후 르네상스와 로코코 장식을 추가하면서 아름다운 구조물이 많이 생겨났다. 봄부터 가을까지는 예쁜 꽃과 잘 다듬은 잔디, 크고 작은 나무들이 정원 곳곳을 아름답게 만들어주는데, 성 쪽에 비하면 훨씬 한적해서 여유롭게 산책을 즐기기 좋다. 옛날에 승마 홀로 쓰던 곳은 현재 음악당으로 개조되어 음악회가 열리는데 음향설비가 꽤나 낙후된 편인데도 로맨틱한 분위기만큼은 훌륭하다는 평이 있다.

📍 381 01 Český Krumlov 🕐 4월, 10월 매일 08:00~17:00, 5~9월 매일 08:00~19:00 ❌ 11~3월 📞 386 356 643

친절한 응대에 음식까지 맛있는 곳 ······ ①

Restaurant Jelenka

🔊 레스토랑 옐렌카

체스키 크룸로프 제 1주차장에 붙어있는 꽤 큰 규모의 레스토랑이다. 망토 다리 아래에서 마을 반대쪽으로 나가면 바로 이어져서, 성을 둘러본 후 식사하기에도 좋은 위치다. 내부도 널찍하지만 테라스 자리도 인기가 많은데, 생각보다 주차장이 신경쓰이지 않아 야외에서 식사하는 분위기를 한껏 낼 수 있다. 슈니첼과 굴라쉬, 오리 요리가 인기 메뉴인데, 이밖에도 다양한 보헤미아 전통 음식을 주문할 수 있어서 가볍게 맥주에 곁들일 메뉴만 주문해도 좋고 주린 배를 거하게 채울 수도 있다. 관광객을 상대로 하는 식당치고는 가격도 꽤나 합리적이고 무엇보다도 친절한 직원들 덕분에 즐겁게 식사할 수 있는 레스토랑이다. 무엇을 먹어야 할지 고민된다면 주저하지 말고 직원에게 물어보자.

📍 Latrán 138, Český Krumlov 🕐 매일 10:00~22:00
📞 380 711 283

흐르는 강물 소리를 들으며 맛있는 한 끼 ⋯⋯ ②

Papa's Living Restaurant
🔊 파파스 리빙 레스토랑

블타바 강가에 자리한 레스토랑이다. 테라스 자리에 앉으면 굽이치는 강물과 래프팅을 즐기는 사람들을 바라보며 식사를 할 수 있다. 메뉴가 아주 많은 편은 아닌데, 스비치코바나 꼴레뇨같은 체코 전통 음식도 있지만 버거나 파스타, 스테이크도 있어 체코 음식은 한 끼쯤 쉬어 가고 싶다면 들러볼 만하다. 테라스 자리에서는 직원이 자주 오가며 체크하지 않아 약간 불편한 점도 있지만 느긋하고 여유롭게 식사하기 좋아 관광객도 꽤 많이 찾는 곳이다. 음식 맛도 전체적으로 무난하다.

📍 Latrán 13, Český Krumlov 🚶 성 방면으로 이발사의 다리를 건넌 후 도보 1분 🕐 매일 11:00-22:00 📞 702 215 965 🏠 www.papas.cz

가성비 좋은 담백한 화덕 피자 ⋯⋯ ③

Pizzeria Latrán 🔊 피제리아 라트란

이발사의 다리에서 가깝고 영업 시간도 긴 편이라 성을 한 바퀴 돌고 내려온 후 배고픔을 달래기 좋은 곳. 담백한 유럽식 화덕 피자를 맛볼 수 있다. 피자는 토핑에 따라 200~300Kč 정도로 가성비 좋은 한 끼를 먹을 수 있다. 기본에 충실한 마르게리타와 풍부한 토핑으로 무장한 햄 피자 외에도 파스타나 스프 등 고를 만한 메뉴가 다양한데다 맛도 괜찮아서 손님이 많고 꽤 바쁜 편이다. 까르보나라도 인기 메뉴인데, 우리 입맛에는 파스타보다는 짜지 않게 먹을 수 있는 피자의 만족도가 더 높은 편이다.

📍 Latrán 37 🚶 이발사의 다리에서 도보 2분 🕐 일~목요일 11:00~23:00, 금~토요일 11:00~24:00 📞 380 712 651 🏠 www.pizzerielatran.cz

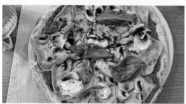

TV에도 나온 경치 좋은 카페 ⋯⋯ ④

Kafemlejnek 🔊 카페믈레이네크

블타바 강가에는 카페와 레스토랑이 꽤 많은데, 이 카페 역시 가까이에서 반짝이는 강물을 바라보며 유유자적하기 좋은 곳이다. 한국 예능 프로그램의 출연자가 이곳에서 일행을 기다리는 모습을 촬영하기도 했다. '파파스 리빙'과 같은 라인에 있지만 이 카페는 바깥 자리에 앉아 있다 보면 보트를 타고 지나가는 사람들과 눈인사를 할 수 있을 만큼 강과 맞닿아 있다. 가벼운 식사 메뉴도 있으니 체스키 크룸로프의 여유로움을 한껏 즐기고 싶을 때 찾아가면 좋다. 결제는 현금만 가능하니 가기 전 현금을 챙겼는지 꼭 확인하자.

📍 Latrán 6 🚶 성 쪽으로 이발사의 다리를 건너자마자 오른편에 위치 🕐 매일 08:30~20:00(목요일은 19:00까지만 영업)

필스너가 탄생한 곳

플젠
Plzeň

체코 서부의 산업을 책임지고 있는 플젠은 독일어인 Pilsen이라는 이름이 더욱 친숙하다. 우리나라에도 너무나 잘 알려진 필스너 우르켈(Pilsner Urquell)이 바로 이곳에서 탄생했기 때문이다. 그 때문에 맥주 애호가라면 그냥 지나치기 힘든 도시다. 세계적인 맥주를 생산하는 대기업인 필스너 우르켈 양조장이 이곳에 있을 뿐 아니라, 그 외에도 수없이 많은 소규모 양조장이 애주가를 설레게 한다. 하지만 이 도시가 맥주 빼면 시체라는 생각을 하기엔 이르다. 수백 년의 역사를 지닌 고딕 성당과 유럽에서 두 번째로 큰 유대인 회당도 바로 이곳 플젠에 있고, 놓치기엔 너무 아쉬운 마리오네트 박물관도 있으니 충분히 기대해도 좋다.

프라하에서 어떻게 가야할까?	· **버스** 프라하 지하철 B선을 타고 Zličin 역에 하차한 뒤, 버스터미널에서 레지오젯이나 플 릭스 버스에 한 시간 가량 몸을 맡기면 플젠에 도착한다.
	· **기차** 프라하 중앙역에서 플젠 중앙역까지 1시간 30분 정도 걸린다. 플젠 기차역에서 필 스너 우르켈 양조장까지는 걸어서 10분밖에 걸리지 않기에 기차도 충분히 이용해볼 만하 지만, 연착이 잦다는 흠이 있다.

플젠 여행하는 법 주요 관광지가 광장 근처에 모여 있어서 도보로 충분히 이동이 가능하다. 광장에서 필스너 우르켈 양조장까지는 걸어서 25분 정도 소요되므로, 양조장 투어를 예약해 두었다면 시간을 잘 계산해 두었다가 이동해야 한다. 투어를 마치고 양조장 앞에서 28번 버스를 타면 버스터미널까지 10분 만에 갈 수 있다. 택시가 생각보다 잘 잡히지 않으니 시간을 여유롭게 계산해서 프라하로 돌아가는 버스 티켓을 예매할 것을 추천한다.

플젠 추천 코스

예상 소요 시간
약 4시간 30분

◦ 플젠 버스터미널

도보 12분

◦ 체코에서 제일 큰 **유대교 회당**

도보 4분

◦ 중세와 현대가 묘하게 어우러지는
공화국 광장과 황금분수

◦ 소원을 들어주는 천사가 있는 **바르톨로메우 성당**

도보 1분

◦ 온갖 종류의 마리오네트가 반겨 주는
마리오네트 박물관

도보 12분

◦ 라거 맥주의 역사가 시작된
필스너 우르켈 양조장

공화국 광장과 황금분수

마리오네트 박물관

플젠

06 필스너 우르켈 양조장
01 Vienna House Easy Pilsen
플젠 중앙역

Hotel Purkmistr 04
Mikulášské Náměstí

Hlavní Nádraží

두산 아레나

주차장 P

Anglické Nábřeží

Radbuza

Hotel Rango 03
02 Hotel Continental Plzeň

공화국 광장과 황금 분수

바르톨로메우 대성당 03
04 Náměstí Republiky
인포메이션센터 i
02 마리오네트 박물관

Nám. Republiky

Pivstro - Brewhemian Beer Bistro 02
01 Walter

Sady Pětatřicátníků

01 유대교 회당

U Práce

Masarykovo Náměstí
경찰청
병원

Palackého Náměstí

N

0   100m

플젠 버스 터미널

CAN Skvrňanská

235

유대교 회당 Great Synagoge Velká Synagogue 🔊 벨카 시나고그

예루살렘과 부다페스트에 이어 세계에서 세 번째로 크고 체코에서는 가장 큰 유대교 회당이 바로 이곳에 있다. 원래의 설계대로라면 65m의 큰 탑이 있는 고딕 양식으로 지어졌겠지만, 그렇게 높게 지으면 길 건너편 광장에 있는 바르톨로메우 성당의 권위가 훼손된다는 반대 의견에 부딪혀 건물의 총 높이를 45m로 낮추고 지금과 같은 형태의 건축양식으로 변경해 완성됐다. 엄청난 비용을 들여 멋지게 만든 회당이지만, 정작 플젠의 유대인들은 얼마 못 가 나치 독일에 의해 테레진 수용소로 추방됐고, 회당은 창고로 쓰이다가 독일군 군복을 수선하는 작업장으로 사용됐다. 그래서인지 다행히 건물이 파괴되는 것은 막을 수 있었지만, 상당 부분 낡고 손상된 채 남겨졌던 시나고그는 최근 대대적인 보수를 마치고 2022년 4월부터 다시 문을 열었는데, 현재 예배당으로 쓰이는 동시에 전시장과 콘서트홀로도 사용되고 있다. 회당 내부는 2천 명을 수용할 수 있는 어마어마한 규모를 자랑하며 아름다운 외부 만큼이나 화려한 실내가 눈앞에 펼쳐진다. 2층으로 올라가면 화려한 스테인드글라스를 가까이서 볼 수 있을 뿐더러 내부를 전체적으로 눈에 담을 수 있다. 입장료를 내고 개인적으로 둘러봐도 충분히 감명 깊은 장소지만, 건물에 대한 깊이 있는 내용과 유대교에 관해 역사적 설명이 필요하다면 가이드 투어를 선택하는 것도 좋은 방법이다.

📍 Sady Pětatřicátníků 35/11, Plzeň 🏃 플젠 버스터미널에서 도보 12분 🕐 월~금요일 및 일요일 10:00~17:00 ❌ 토요일 및 유대교 휴일 🎟 성인 120Kč, 학생 및 시니어 80Kč ☎ 377 235 749 🏠 www.zoplzen.cz

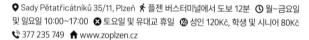

마리오네트 세상에
푹 빠지는 시간 ⋯⋯ ②

마리오네트 박물관
Puppet Museum
Muzeum Loutek v Plzni
🔊 무제움 로우테크 프 플즈니

체코에서 마리오네트는 어린이를 위한 인형 이상의 의미를 지닌다. 합스부르크의 지배 하에서 독일어 사용을 강요당하던 18세기 후반에 서민들의 인형극이었던 마리오네트 공연에서만큼은 체코어를 쓸 수 있었다. 그런 상황에서 마리오네트 공연은 체코의 언어 문화를 지키고 민족의식을 고취할 수 있게 만들어 준 소중한 존재다. 오랜 세월 식민지배와 공산 정권 하에 지친 사람들은 공연을 통해 위로 받는 동시에 현실을 풍자한 공연을 보며 공감대를 형성했고, 부유한 가정에서는 집안에 작은 인형 극장을 만들어 직접 체코 역사와 전래동화를 인형극으로 즐기며 모국어와 전통문화를 다음 세대에게 전했다. 체코에서 가장 유명한 마리오네트 제작자인 요제프 스쿠파가 만들어낸 '스페이블과 후르비네크'는 아버지와 아들 캐릭터로 익살스럽게 시사를 풍자하며 TV프로그램으로까지 제작되었는데, 이 캐릭터가 탄생한 곳이 바로 플젠이다.

서보헤미아 박물관에서 운영하는 마리오네트 박물관은 비록 규모는 작지만 알차게 꾸며 두어 볼거리가 풍성하다. 3층까지 꼼꼼하게 둘러보려면 생각보다 시간이 꽤 드는데 1층에는 체코 마리오네트 역사를 인형과 함께 꾸며 놓았고 2층으로 올라가면 마리오네트의 제작 과정과 함께 짧은 마리오네트 공연을 관람할 수 있는 공간도 있다. 3층에서는 직접 인형을 조종하며 인형극을 해볼 수 있는 극장도 있고, 손바닥만한 인형부터 어른보다 큰 인형을 연결한 줄이나 페달로 조종해 볼 수 있는 공간을 마련해 두어 어린이들은 물론 어른들도 시간 가는 줄 모르고 인형놀이에 흠뻑 빠질 수 있다. 1층에서 파는 마리오네트는 프라하 시내 기념품 가게에서 파는 것보다 가격도 저렴하고 정교한 편이니 마음에 드는 인형을 골라보자.

📍 nám. Republiky 23, Plzeň 3
🕐 화~일요일 10:00-18:00 ❌ 월요일
🎫 성인 60Kč, 학생 및 시니어 30Kč,
3세 미만 무료, 가족 티켓(성인 2명+
아동 4명까지) 130Kč 📞 378 370 801
🏠 www.muzeum-loutek.cz

얼굴이 닳아 없어지도록 소원을 들어주는 천사 ⋯⋯ ③

바르톨로메우 대성당 St. Bartholomew's Cathedral

Katedrála Svatého Bartoloměje 🔊 카테드랄라 스바테호 바르톨로메에

공화국 광장 한복판에 자리잡은 플젠의 상징적인 건물이다. 플젠의 헌신적인 후원자였던 성 바르톨로메우의 이름을 딴 이 성당은 1295년 도시가 생겨날 때 함께 짓기 시작해 16세기 초에 완성됐다. 안으로 들어가면 어마어마한 높이의 내부가 펼쳐지는데, 천장까지 이어지는 스테인드글라스도 놀랄 만큼 길쭉해서 입이 다물어지지 않는다. 섬세한 조각상으로 가득한 제단도 눈여겨 볼 포인트다.

성당 뒤편으로 돌아가면 철문에 금칠이 거의 벗겨진 천사들의 얼굴이 나온다. 그런데 지나가는 사람마다 천사의 얼굴을 한 번씩 매만지고 지나간다. 자세히 보면 한 천사의 얼굴이 유독 닳아 매끈해진 것을 볼 수 있는데, 이 천사의 얼굴을 만지면 소원이 이루어진다는 전설이 내려오기 때문이라고 한다. 믿으나 마나 한 이야기지만 실제로 광장을 오가는 플젠 시민들 대다수가 굳이 광장 안으로 들어와 이 천사 얼굴에 손을 대고 가볍게 기도를 하는 모습을 보면 플젠 사람들 사이에서는 꽤나 신빙성 있는 전설인 듯도 하다. 이 성당의 종탑은 체코에서 가장 높기로 유명하다. 102.26m 높이의 종탑은 13층 건물의 높이와 맞먹는다. 대부분의 종탑이 그렇듯이 계단은 위로 갈수록 좁고 가파르지만, 플젠을 한눈에 담을 수 있는 전망대의 역할을 톡톡히 한다. 맑은 날에 299개의 계단을 오르면 보헤미안 팔라틴 숲까지도 볼 수 있고, 심지어 알프스의 끝자락이 보이는 날도 있다.

📍 nám. Republiky, Plzeň 3
🕐 **성당** 화~일요일 10:00~16:00,
종탑 매일 10:00~18:30 ❌ 월요일
💰 성당 무료, 종탑 성인 90Kč, 학생 및
시니어 60Kč 📞 377 226 098

공화국 광장과 황금 분수
Golden Fountains
Zlaté Kašny 🔊 즐라테 카슈니

플젠 한복판에 자리잡은 공화국 광장 모서리에는 각각 금빛으로 빛나는 특이한 분수가 있다. 사실 이 자리에는 중세부터 이미 분수가 있었는데 19세기 후반에 철거되었다가 공모전을 열어 우승한 작품으로 새롭게 설치한 것이다. 모던함이 물씬 풍기는 분수를 본 플젠 시민들은 극과 극의 반응을 보였다고 한다. 마치 현대미술관 입구에 있을 것만 같은 이 분수는 온드르제이 치슬레(Ondřej Císler)라는 건축가의 작품인데, 각각 플젠을 수호하는 천사와 충성을 의미하는 사냥개 그레이하운드, 그리고 후스 전쟁에서 저항했던 용감함을 뜻하는 낙타를 형상화한 것이다.

🚶 유대교 회당에서 맞은편으로 길을 건너 도보 4분

필스너 우르켈 양조장 Pilsner Urquell Brewery Plzeňský Prazdroj 🔊 플젠스키 프라즈드로이

체코의 10대 관광명소 중 하나로 손꼽히는 필스너 우르켈 양조장은 매년 전 세계에서 온 50만 명도 넘는 방문객으로 붐비는 곳이다. 투어가 시작되면 체코에서 가장 큰 엘리베이터를 타고 최초로 필스너 우르켈을 만들었던 옛날 양조장으로 이동한다. 최신 설비를 갖춘 신식 양조장이 생긴 이후 옛 양조장은 박물관으로 쓰이고 있는데, 이곳에서 맥주 양조에 필요한 재료들은 물론, 거대한 구리 보일러로 맥주를 만들었던 방식을 직접 확인하게 된다. 이어서 아직도 맥주 숙성실로 쓰이고 있는 지하동굴로 내려가는데, 사암으로 만든 곳이라 벽에 기댔다가는 옷에 흰 얼룩이 묻을 수 있으니 주의해야 한다. 또 이곳의 기온은 영상 5℃ 정도로 꽤 쌀쌀하기 때문에 걸칠 옷을 준비하는 것을 추천한다. 이 투어에서 모두가 손꼽아 기다리는 시음이 이루어지는 곳도 지하동굴이다. 끝없이 늘어선 오크통에서 갓 뽑은 맥주는 유난히 고소하고 톡 쏘는 맛이 살아있다.

한 시간 반에 걸쳐 진행되는 투어는 기프트숍을 끝으로 마무리된다. 꽤 넓은 매장에는 다양한 기념품이 가득한데, 우리나라엔 없는 필스너 우르켈 전용 잔에 인그레이빙을 할 수도 있고, 에코백이나 우산, 점퍼 등 다채로운 상품이 비싸지 않은 가격으로 준비되어 있어서 구매할 맛이 난다. 가이드 투어는 거의 매시간 있지만 영어로 진행하는 투어는 보통 오후 12:30, 2:30에 두 차례 있으며 한 시간 반 정도 소요된다. 외국인 관광객이 많이 찾는 곳인 만큼 영어 가이드 투어는 일찍 마감되는 편이니 가급적이면 온라인으로 미리 예매할 것을 추천한다. 18세 이하 미성년자의 경우 보호자 동반 하에만 입장할 수 있고, 맥주 시음은 불가능하다.

📍 U Prazdroje 64/7, Plzeň 3 🏃 공화국 광장에서 도보 12분 🕐 1~6월 매일 10:00~18:00, 7~8월 매일 09:30~18:00, 9~12월 매일 10:00~18:00 💶 18세 이상 성인 300Kč (300㎖ 맥주 시음 포함) 📞 377 062 888 🏠 tickets.prazdroj.cz/prohlidka-pivovaru-plzensky-prazdroj

훌륭한 브런치와 커피,
디저트의 완벽한 삼박자 ...... ①

Walter 🔊 월터

유대교 회당에서 길을 건너 광장으로 가기 전 들르기 좋은 카페다. 고풍스러운 건물이 가득해 어찌 보면 올드한 느낌마저 드는 플젠 시내에 이렇게 세련된 브런치 가게가 있다니 발길이 절로 움직인다. 2019년에 오픈한 곳으로, 환하고 깔끔한 실내에는 브런치와 티를 즐기는 플젠의 젊은이들이 가득하다. 오후 1시까지는 브런치 메뉴를 즐길 수 있고, 1시부터 저녁 7시까지는 가벼운 퓨전 요리를 맛볼 수 있다. 케이크 및 디저트 코너에는 체코에서 꼭 맛봐야 할 디저트인 꿀케이크와 Venecek, 도넛 등도 파는데 개인적으로는 이곳에서 먹은 메도브닉이 체코에서 가장 맛있었다. 친절하고 기분 좋은 미소로 반겨주는 직원들과 깨끗한 화장실은 플젠에 대한 첫인상마저 화사하게 만들어준다. 아침 일찍 프라하를 떠나느라 출출하다면 여기서 가볍게, 혹은 든든하게 하루를 시작해보자.

📍 Smetanovy sady 314/12, Vnitřní Město 🏃 유대교 회당에서 길을 건너 오른편으로 도보 3분 🕐 화~금요일 07:30~19:00, 토요일 09:00~19:00, 일요일 09:00~13:30 ❌ 월요일 📞 774 448 380 🏠 www.walterpilsen.cz

맥주의 파라다이스에 어울리는
메뉴가 한가득! ...... ②

Pivstro-Brewhemian Beer Bistro

🔊 피브스트로-브루헤미안 비어 비스트로

맥주 천국 플젠에 딱 어울리는 비스트로다. 체코 전통 음식인 꼴레뇨나 슈니첼이 살짝 식상해졌다면 이곳을 추천한다. 필스너 우르켈을 비롯해 다양한 플젠의 로컬 생맥주는 물론이고, 병맥주로 눈길을 돌리면 보르도의 와인 배럴에서 숙성한 맥주 등 온갖 독특한 세계 맥주도 고를 수 있다. 음식 메뉴에는 그야말로 맥주와 기가 막힌 궁합을 자랑할 만한 음식이 눈길을 사로잡는다. 수제버거와 피쉬 앤 칩스, 타코와 비건을 위한 옵션을 마련한 세심함까지 갖췄다. 모든 메뉴에 사이드로 나오는 갓 튀긴 감자튀김만으로도 맥주 한 잔은 거뜬히 마실 만큼 바삭함이 넘친다.

📍 Bezručova 185/31, Vnitřní Město 🏃 유대교 회당에서 길을 건너 오른편으로 도보 3분 🕐 월~목요일 11:00~23:00, 금~토요일 11:00~24:00, 일요일 11:00~18:00 📞 725 886 889 🏠 pivstro.cz

치유의 도시

카를로비 바리
Karlovy Vary

카를로비 바리 영화제

매년 7월에 개최하는 카를로비 바리 국제 영화제는 각국 유명인사를 이 작은 도시에 불러 모으는 대규모 행사다. 도시의 명물인 그랜드호텔 푸프는 〈라스트 홀리데이〉와 〈007 카지노 로얄〉의 촬영지였고, 영화 속 그랜드 부다페스트 호텔은 바로 이 호텔을 모티프로 삼았다. 이 기간에는 특히나 관광객으로 붐비니, 숙소와 차편을 빨리 계획해서 예약해야 한다.

'카를 왕의 온천'이라는 뜻을 가진 카를로비 바리는 이름 그대로 온천 도시다. 다른 온천 도시와 달리 특이한 점은, 이곳에는 마시는 온천이 사방에 가득하다는 것이다. 카를 4세가 1350년경 이 지역에서 사냥을 즐기던 도중에 다리를 다친 사슴이 온천수에 몸을 담그더니 잠시 후 멀쩡하게 뛰어가는 모습을 보고 이곳에 온천을 세웠다는 설이 있다. 그래서 러시아나 독일 등 유럽의 부호들은 치료 겸 휴양을 위해 카를로비 바리를 종종 찾았고, 지금도 유럽 각국에서 온천을 즐기러 오는 사람들로 늘 북적인다. 많은 호텔이 짧게는 일주일부터 길게는 한 달 가까이 개인 맞춤형 치료 프로그램을 운영하기도 한다.

프라하에서 어떻게 가야할까?	**· 버스** 카를로비 바리까지 가는 데 가장 편한 교통편은 버스다. 지하철 B, C선이 지나는 프라하 플로렌스 역에는 같은 이름의 버스터미널이 있다. 이곳에서 레지오젯 또는 플릭스버스를 타면 2시간 10분 정도 소요된다. 종점 전 정류장인 트르주니체(Tržnice)에서 내리면 조금 더 시내와 가깝다.

카를로비 바리를
여행하는 법

카를로비 바리의 주요 볼거리 중 트르주니체 정류장에서 가장 멀리 떨어져 있는 그랜드 호텔 푸프까지는 쉬지 않고 걸으면 25분 정도 소요되지만, 테플라(Teplá) 강을 따라 걸으며 곳곳에 숨은 온천을 들여다보면 꽤 시간이 걸린다. 여유롭게 시간을 보낸 뒤 그랜드 호텔 푸프 근처에 있는 푸니쿨라를 타고 디아나 전망대

에 올라 전경을 본 다음, 호텔 로비에 있는 카페 푸프에서 커피와 케이크를 먹는 순서로 둘러보는 것을 추천한다. 카를로비 바리에 도착하면 가장 먼저 할 일은 맘에 쏙 드는 온천수 컵 '라젠스키 포하레크(Lázeňský pohárek)를 사는 것이다. 손잡이 끝에 구멍이 뚫려 있어서, 컵을 살짝 기울이면 그 구멍을 따라 온천수가 나온다. 온천수의 미네랄 때문에 치아가 변색되는 것을 막기 위해 고안한 모양이라고 하는데, 카를로비 바리의 대표 기념품이라고 해도 손색이 없을 만큼 다양한 디자인과 사이즈의 도자기 컵이 여기저기 걸려있다. 뜨거운 온천수로 깨끗이 헹군 다음부터는 이 컵과 함께 아래에 나온 콜로나다를 따라 16곳의 온천수를 모두 맛보는 특별한 하루를 보낼 수 있다. 온천수가 담긴 도자기컵은 다소 뜨거우니 손수건 등으로 손잡이를 감싸쥐면 좋다.

한눈에 보는 카를로비 바리 온천수

번호	온천수 이름	위치	온도
1	**Vřídlo**	브르지델니 콜로나다	73.4°C
2	**Karla IV**	트르즈니 콜로나다	65.8°C
3	**Zámecký dolní**	트르즈니 콜로나다	48.6°C
4	**Zámecký horní**	자메츠카 콜로나다	51.1°C
5	**Tržní**	트르즈니 콜로나다	63.8°C
6	**Mlýnský**	물린스카 콜로나다	57.8°C
7	**Rusalka**	물린스카 콜로나다	60.6°C
8	**Kníže Václav**	물린스카 콜로나다	65.4°C, 58.6°C
9	**Libuše**	물린스카 콜로나다	61.5°C
10	**Skalní**	물린스카 콜로나다	44.9°C
11	**Pramen**	프라멘 스보보다	61.7°C
12	**Sadový**	사도바 콜로나다	39.1°C
13	**Dorotka**	접근 불가	—
14	**Štěpánka**	Slovenská 거리	14.2°C 외부
15	**Hadí**	사도바 콜로나다	28.1°C
16	**Železnatý**	현재 폐쇄	11.9°C

콜로나다 Kolonada

'콜로나다'는 길게 기둥이 늘어선 곳을 말한다. 카를로비 바리의 다섯 콜로나다는 저마다 다채로운 매력을 뽐내는데, 이 기둥이 늘어선 곳곳에 온천수가 자리하고 있으며 각 온천수 앞 동판에는 온천수의 번호와 이름, 그리고 온도가 적혀있다. 언제나 마르지 않고 흐르는 온천수는 모두 무료니 놓치지 말고 꼭 마셔보자.

마시는 온천이 영 낯설다면

아무리 몸에 좋다지만 특유의 맛 때문에 도저히 목으로 넘길 수 없다면, 카를로비 바리의 온천수로 만든 두 가지를 맛보자. 마시는 온천의 약효를 적극 이용해 만든 베헤로프카는 카를로비 바리의 주요 특산물이자 체코 전역에서 사랑받는 술이다. 체코에서는 어디서나 쉽게 베헤로프카 샷이나 이를 베이스로 한 칵테일을 찾을 수 있다.

다른 하나는 남녀노소 누구나 즐길 수 있는 오플라트키다. 우리에게도 익숙한 웨하스, 즉 웨이퍼스는 독일에서 전해졌는데, 카를로비 바리의 온천을 찾은 손님들에게 제공되면서 점차 이곳만의 특색을 담았다. 반죽에 온천수와 향신료를 가미해 특유의 바삭한 식감과 향을 냈다고 한다. 얇고 커다란 원형 전병 사이에 헤이즐넛 등의 크림을 발라 와플 기계와 비슷하게 생긴 웨이퍼 기계에 살짝 눌러 구워주는 오플라트키는 혼자 열 장도 거뜬히 먹을 수 있는 맛이다.

카를로비 바리 추천 코스

예상 소요 시간
약 5시간

○─ 카를로비 바리 **버스터미널**

　도보 3분

○─ 온천수로 만드는 체코의 전통술 **베헤로프카 박물관**

　도보 12분

○─ 테플라 강을 따라가며 만나는 콜로나다에서 온천수 맛보기, **콜로나다 투어**

　도보 6분, 푸니쿨라 5분

○─ 괴테와 프로이트도 올랐던 **디아나 전망대**

　도보 2분

○─ 고급스러운 호텔에서 즐기는 티 타임, **카페 푸프**

　도보 17분

○─ 이국적인 빛을 뿜어내는 **러시아 정교회당**

카페 푸프

베헤로프카 박물관

디아나 전망대

러시아 정교회당

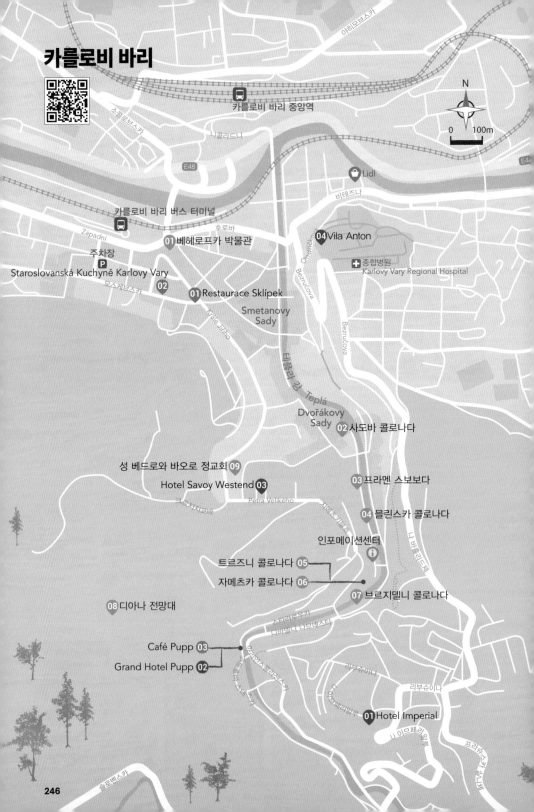

카를로비 바리

카를로비 바리 중앙역

N

0   100m

Lidl

카를로비 바리 버스 터미널

04 Vila Anton

종합병원
Karlovy Vary Regional Hospital

01 베헤로프카 박물관

주차장
Staroslovanská Kuchyně Karlovy Vary

02

01 Restaurace Sklípek

Smetanovy
Sady

Teplá

Dvořákovy
Sady

02 사도바 콜로나다

성 베드로와 바오로 정교회 09

03 프라멘 스보보다

Hotel Savoy Westend 03

04 믈린스카 콜로나다

Petra Velikého

인포메이션센터

트르즈니 콜로나다 05

자메츠카 콜로나다 06

07 브르지델니 콜로나다

08 디아나 전망대

Café Pupp 03

Grand Hotel Pupp 02

01 Hotel Imperial

허브와 온천수로 만든 약술 ······ ①

베헤로프카 박물관 The Home of Becherovka Jan Becher Museum 🔊 얀 베헤르 무세움

버스터미널에서 거리를 따라 걷다보면 커다란 초록 술병이 눈길을 사로잡는다. 체코 전통 허브술 베헤로프카 박물관을 알리는 표식이다. 약으로도 쓴다는 카를로비 바리의 온천수에 갖은 허브와 향신료를 넣고 만든 베헤로프카는 체코 사람들이 상비약처럼 집에 늘 준비해둔다고 한다. 1794년 이 지역에 살던 베허라는 사람이 술을 만들어 보고자 와인 증류소를 임대해 여러가지 시도를 한 것을 시작으로 아들 얀 베허가 1807년 지금의 오리지널 베헤로프카인 '잉글리시 비터'라는 술을 완성한다. 몸에 좋은 온천수에 갖은 연구를 통해 첨가한 20여 가지의 허브 덕분에, 당시에는 위병 치료제로 주목받으며 각지의 사람들을 끌어들였고, 200년이 넘은 지금 체코의 대표 리큐르로 자리잡게 되었다. 내부 관람은 투어로만 진행된다. 오리지널 베헤로프카와 레몬이 가미된 베헤로프카 등 네 가지 시음이 포함된 기본 투어가 있고, 원한다면 칵테일을 추가해 맛볼 수도 있다. 베헤로프카의 역사와 약술의 비밀을 파헤치는 투어 내용도 흥미롭지만, 베헤로프카 샘플러와 칵테일을 한자리에서 맛볼 수 있어 좋다.

📍 T. G. Masaryka 282/57 🚶 카를로비 바리 버스터미널에서 도보 3분 🕐 화~일요일 09:00~17:00 (12:00~12:30은 휴관) ❌ 월요일 🎫 성인 210Kč (운전자에게는 시음 대신 미니어처 제공), 학생 150Kč(시음 불가) 📞 359 578 142 🏠 www.becherovka.com

병을 물리친다는 뱀의 기운을 받는 ……② {#sec}

사도바 콜로나다 Park Colonnade

Sadová Kolonáda

드보르작 공원 옆에 위치해 파크 콜로나다라고 부르기도 한다.
1881년에 빈의 유명한 건축가 페르디난트 펠너와 헤르만 헬머
의 설계에 따라 지은 곳이다. 이곳에

서 만나볼 수 있는 온천수는 두 가지
로, 그중 하디 프라멘이라고 하는 뱀
장식의 스네이크 온천은 2001년에
새로 만들어진 나름 최신 온천수로
온도가 28.1℃ 정도 된다. 16개의 온
천수 중 물의 온도는 가장 찬데, 미네
랄이 적은 대신 이산화탄소를 풍부하

게 머금고 있어서 탄산이 꽤 많이 느
껴진다.

📍 Zahradní
🚶 베헤로프카 박물관에서 도보 12분,
테플라 강 오른편 길을 따라가다가
드보르작 공원 끝나는 곳에 위치

자유롭게 홀로 샘솟는 온천수 ……③ {#sec2}

프라멘 스보보다 Freedom Spring

Pramen Svoboda

드보르작 공원을 빠져나와 3분 정도만 더 걸으면 하얗고
예쁜 건축물이 하나 보인다. 다른 온천수와 달리 콜로나
다 대신 지어진 건물 같은데, 어쩌면 우리나라에서도 쉽
게 볼 수 있는 정자를 유럽식으로 지으면 이렇겠다는 생
각이 든다. 프라멘은 '자유'라는 뜻으로, 이곳에서는 홀로
샘솟는 11번 온천수를 만날 수 있다.

📍 Mlýnské nábř. 468 🚶 사도바 콜로나다에서 도보 3분

장엄한 콜로나다 사이
다섯 온천수 ⋯⋯④

믈린스카 콜로나다

Mill Colonnade Mlýnská kolonáda

다섯 개의 콜로나다 중 가장 큰 곳이다. 1871~1881년 사이에 지어진 곳인데, 프라하 국립극장을 디자인한 요세프 지테크가 설계했다고 한다. 건물 위 테라스에는 12개의 조각상이 있는데, 각각 1년 12달을 뜻한다. 100개도 넘는 르네상스 양식의 기둥을 따라 세워진 복도는 총 길이가 132m나 된다. 이곳에는 믈렌스키, 루살카, 크니제테 바클라바, 리부셰, 스칼니라는 총 다섯 가지 온천수가 있다. 그 중에서 가장 유명한 것은 믈린스카 온천수로, 1705년에 마시는 치료제로 당시 의사들이 추천한 최초 온천수 중 하나라고 한다.

◉ Mlýnské nábř. ☀ 프라멘 스보보다에서 도보 2분

카를 4세 온천수의 전설이 있는 곳 ⋯⋯⑤

트르즈니 콜로나다 Market Colonnade Tržní kolonáda

레이스 뜨개처럼 섬세한 아치가 눈길을 사로잡는 목조 콜로나다다. 1882~1883년에 빈에서 온 건축가 펠너와 헬머가 스위스 스타일로 설계한 곳이다. 최초의 카를로비 바리 시청이 있던 자리에 지어졌는데, 목조 기둥에 새긴 조각이 눈길을 끈다. 이곳에 있는 세 온천수 중 가장 유명한 것은 카를 4세 온천수다. 카를 4세가 사냥하던 중 만난 사슴이 상처입은 다리를 담갔던 바로 그 온천으로, 벽 한쪽 면에는 당시를 재현한 모습이 마치 동화책의 한 페이지처럼 새겨져 있다.

◉ Tržiště ☀ 믈린스카 콜로나다에서 도보 3분

자메츠카 콜로나다

사냥성에서 샘솟는
두 개의 온천 ······ ⑥

자메츠카 콜로나다
Castle Colonnade
Zámecká Kolonáda

트르즈니 콜로나다 뒤에 우뚝 선 건물이 바로 자메츠카 콜로나다다. 자메츠카는 '성'을 뜻하는 체코어로, 카를 4세의 허가를 받아 지은 사냥성이 있던 자리에 1910년부터 3년에 걸쳐 아르누보 양식의 콜로나다를 만들었다. 트르즈니 콜로나다 왼쪽에 있는 큰 계단을 따라 올라가면 만날 수 있는 상부 온천수인 호르니 자메츠와 이 건물에서 운영되는 스파 이용객에게만 공개되는 돌니 자메츠 온천수 두 개가 있다.

📍 Zámecký vrch 🚶 트르즈니 콜로나다에서 도보 2분

힘차게 솟아오르는 뜨거운 온천 ······ ⑦

브르지델니 콜로나다
Hot Spring Colonnade Vřídelní Kolonáda

용솟음치는 온천이라는 이름에 걸맞게 3~5초마다 자체적인 압력으로 12m 높이까지 치솟아 오르는 간헐천이다. 원래는 야외에 있었는데, 현재는 겉에 큰 유리로 건물을 지었다. 73.4℃나 되는 온천수는 카를로비바리에서 제일 뜨거운데 1분마다 약 2,000ℓ의 온천수를 만들어내어 이 지역의 스파용 온천으로 쓰는 원천수다. 온도가 워낙 높아 데일 위험이 있다 보니 다른 온천수와 달리 음수대를 따로 마련해 놓았고, 이곳에서는 각각 30℃와 50℃로 식힌 온천수가 흘러나온다. 30여 종류의 미네랄이 함유되어 성인병 예방 및 위장병에 좋다고 알려져 약으로 이 온천수를 마시려는 사람들이 줄이어 찾아오는 곳이기도 하다.

📍 2, Divadelní nám.
🚶 트르즈니 콜로나다에서 강 건너편 방향으로 도보 2분
🕐 4~10월 매일 06:30~19:00, 11~3월 매일 06:30~18:00

디아나 전망대 Diana Observation Tower

Rozhledna Diana 🔊 로즈흘레드나 디아나

아름다운 온천 마을과 주변을 둘러싸고 있는 숲을 볼 수 있는 곳이다. 그랜드 호텔 푸프 근처에 난 작은 골목을 따라 올라가면 푸니쿨라 탑승장이 있는데, 푸니쿨라 왕복 티켓을 구매하면 전망대 꼭대기까지 엘리베이터로 단숨에 오를 수 있다. 시간이 넉넉하면 두 발로 걸어보는 것도 좋지만, 대부분의 여행자들은 힘 하나 들이지 않고 멋진 풍경을 눈에 담을 수 있는 푸니쿨라를 선택한다. 1914년에 지어진 이 전망대는 온천에서 휴양하려는 관광객들의 필수 코스로 자리잡았는데, 우리가 잘 아는 괴테와 프로이트도 이곳에 올라 전망을 보고 감탄했다고 전해진다.

📍 Vrch přátelství 🚶 그랜드 호텔 푸프로 직진하기 전 오른쪽 골목에 있는 푸니쿨라를 타면 약 5분 소요 🕐 2~3월 및 11~12월 09:00~17:00, 4~5월 및 10월 09:00~18:00, 6월~9월 09:00~19:00 ❌ 1월 전체 및 12월 24일 💰 푸니쿨라 왕복 150Kč (10/1~4/30 120Kč), 전망대 입장료 무료 📞 353 222 872 🏠 dianakv.cz

성 베드로와 바오로 정교회

Saint Peter and Paul Cathedral
Chrám sv. Apoštolů Petra a Pavla
◀) 흐람 스바테호 아포슈톨루 페트라 아 파블라

믈린스카 콜로나다 뒤쪽으로는 수많은 호텔들이 가득한데, 그 길을 따라 올라가다 보면 우측에 눈부시게 빛나는 건물이 눈에 들어온다. 비잔틴 양식으로 지어 이국적인 면모를 뽐내고 있는 이 건물은 러시아정교회당이다. 금으로 도금한 쿠폴라가 햇빛을 받아 건물의 크림색 벽에 반사되어 마치 건물 전체가 빛을 뿜어내는 듯 성스러운 느낌을 자아낸다. 카를로비 바리는 늘 혹독한 추위를 겪는 러시아인들에게 특히 사랑받는 휴양지였기에, 이곳을 찾는 러시아 관광객이 마음 편히 온천에서 치료를 받으며 예배에 참석할 수 있도록 러시아 교회를 건설하게 되었다고 한다.

📍 Krále Jiřího 2c 🚶 사도바 콜로나다에서 도보 7분
🕐 매일 09:00~18:00 📞 353 223 451
🏠 www.podvorie.cz

Restaurace Sklípek

◀) 레스타우라체 스클리페크

베헤로프카 박물관 근처에는 괜찮은 레스토랑이 모여있는데, 그중에서도 구글 평점이 유독 높고 평이 좋은 체코 전통 음식점이다. 계단을 따라 내려가 쾌적하고 아늑한 실내로 들어서면 친절한 주인이 웃으면서 반겨준다. 메뉴판에 그림은 없지만 영어로도 상세한 설명이 있으니 천천히 읽어보고 끌리는 음식을 주문하면 정성스럽고 양도 넉넉한 음식이 나온다. 테플라 강을 따라 늘어선 식당에 비하면 가격도 훨씬 저렴하고 음식도 깔끔해 온천 탐방을 나서기 전 든든하게 배를 채우기 좋다.

📍 Moskevská 901/2 🚶 베헤로프카 박물관에서 도보 3분,
간판 아래 난 계단을 따라 내려가면 반지하에 위치
🕐 월~토요일 11:00~22:00, 일요일 11:00~16:00
📞 602 882 887 🏠 restauracesklipek.cz

푸짐하게 즐기는 전통 슬라브 요리 ······ ②

Staroslovanská kuchyně Karlovy Vary ◄)) 스타로슬로반스카 쿠히네 카를로비 바리

슬라브 전통 음식점으로, 러시아어로는 샤슬릭이라고 하는 커다란 꼬치 요리와 자체 양조장에서 만드는 맥주인 Karlovarské pivo Starý hrad가 인기 메뉴다. 맥주는 여과와 저온살균을 거치지 않아 직접 관리하는 단 두 곳의 매장에서만 맛볼 수 있다는 희소성이 있다. 소고기, 닭고기, 돼지고기와 생선 등 화덕에서 참나무향을 입혀 굽는 꼬치는 저렴하면서도 합리적인 가격으로 사랑받고 있다. 메뉴판에 커다란 그림이 함께 있는데, 실제로 나오는 음식도 사진과 거의 흡사한

📍 Moskevská 1010/18
🚶 베헤로프카 박물관에서 도보 3분
🕐 일~목요일 10:30~21:00, 금~토요일 10:30~22:00 📞 727 833 307
🏠 www.staroslovanska-kuchyne.cz

비주얼이니 믿고 주문할 수 있다는 장점이 있다.

300년 전통의 디저트가 있는 곳 ······ ③

Café Pupp ◄)) 카페 푸프

그랜드 호텔 푸프 로비와 이어지는 고풍스럽고 화려한 분위기의 카페. 카를로비 바리의 유명한 파티셰 요한 게오르크의 전통 레시피를 그대로 이어 만드는 디저트는 이곳의 자랑거리다. 호텔 카페다 보니 다른 카페에 비해서 가격은 살짝 높은 편이지만, 검증된 맛의 디저트와 함께 편안하고 아늑한 분위기를 즐긴다고 생각하면 크게 부담이 되는 수준은 아니다. 카페 푸프의 간판 디저트라고 할 수 있는 '오리지널 푸프 케이크'는 부드러운 시트 사이에 살구잼을 바르고 초콜릿 크림으로 겉면을 칠한 것으로, 심플해 보이지만 18세기부터 변함없이 지켜온 전통의 깊은 맛을 느낄 수 있다. 입에 닿으면 스르르 녹는 이 케이크에는 베헤로프카 술도 살짝 들어간다고 한다. 가이드북의 안내를 따라 그랜드 호텔 푸프까지 왔다면 어느 정도 관광이 마무리된 셈이니, 이곳에 들러 잠시 쉬면서 카를로비 바리 여행을 정리해 보는 것도 좋겠다.

📍 2, Mírové nám 🕐 매일 11:00~19:00 📞 353 109 111
🏠 www.pupp.cz/cafe-pupp

모라비아
Moravia
Morava 모라바

보통 관광객들은 프라하를 보고 체코를 다 안다고 생각하기 쉽지만, 프라하는 체코의 일부이자 보헤미아 지방의 한 도시일 뿐이다. 체코 동남부에 위치한 모라비아 지방을 가보면 또다른 모습의 체코에 사뭇 놀라게 된다. 산맥이 이어지는 보헤미아와 달리, 모라비아 지역은 드넓은 평원이 끝없이 펼쳐져서 렌터카로 드라이브를 하기에 가장 적합하다. 달리는 내내 창문 밖에서는 해바라기가 장관을 이루기도 하고, 라벤더나 들꽃이 카펫처럼 펼쳐져 도시를 이동하는 내내 눈을 황홀하게 한다. 그렇게 달리다 보면 들판 너머 소소히 모습을 드러내는 야트막한 언덕에 뜨거운 햇살이 내리쬔다. 그 햇살을 정면으로 받는 지형 덕분에 모라비아에서 가장 유명한 것은 바로 와인이다. 체코 와인의 96%가 생산되는 모라비아는 저렴하면서도 맛이 뛰어난 화이트 와인을 마시기 위해 찾아 오는 와인 애호가들로 늘 붐빈다.

📷 모라비아에서 놓치면 안 될 색다른 경험!

- **올로모우츠**의 걸작 성삼위일체 석주와 광장 곳곳에 흩어져 있는 분수대의 정교하고 섬세한 조각상을 찾아 감상한다. 성모 마리아 바실리카에 오르면 탁트인 도시에 노을이 물드는 모습이 가슴 뭉클하게 다가온다.
- **브르노**에서는 백 년이 지나도 여전히 트렌디한 투겐트하트 빌라를 둘러본 후, 저마다의 매력을 뽐내는 칵테일바에서 신나고 유쾌한 밤을 보내 보자.
- **미쿨로프, 발티체, 레드니체**에 가면 와이너리 포도밭을 바라보며 화이트 와인의 섬세하고 은은한 맛을 즐겨보자. 모라비아 와인의 매력에 빠져 헤어나올 수 없다면, 발티체 국립 와인살롱에서 행복한 시간을 보내면 된다.
- **즈노이모** 성벽에 걸터 앉아 성 미쿨라셰 성당과 그 아래 펼쳐지는 파노라마 뷰를 배경으로 인생 사진을 남겨보자. 세상에서 가장 행복한 얼굴이 그 사진 안에 담겨있을 것이다.

분수의 도시

올로모우츠
Olomouc

여행자들에게 그다지 유명한 도시는 아니지만 체코 역사에서는 나름 한 획을 그었던 곳이다. 10세기부터 17세기 중반까지 모라비아 왕국의 수도로서 넓은 땅을 가진 부유한 지역이었고, 카를 대학에 이어 두 번째 체코의 대학이 세워진 곳도 올로모우츠다. 한때 무역과 정치의 중심이었던 흔적은 도시를 둘러싼 건축물에 아련히 남아있고, 지금은 크고 작은 광장에서 분수를 내뿜는 조용한 곳이다. 광장 곳곳에서 만날 수 있는 분수와 성삼위일체 석주의 조각을 둘러보고 한적한 파스텔톤 골목을 걷다 보면 평화롭다는 말이 절로 튀어나온다. 혼자 조용히 산책하듯 여행하는 것을 즐기는 사람에게 특히 잘 어울리는 여행지다.

프라하에서 어떻게 가야할까?	• **기차** 프라하 중앙역에서 올로모우츠 중앙역까지는 중간에 갈아 탈 필요없이 2시간 40분 가량 소요된다. 역에서 나오면 정면에 트램 정류장이 있어서 중심가 광장까지 10~15분 정도면 이동할 수 있다.

• **버스** 프라하 플로렌스 버스터미널에서 출발하는 레지오젯 버스의 소요 시간은 기차와 비슷한 2시간 40분이고, 플릭스 버스는 이보다 조금 더 오래 걸린다. 주의할 것은 레지오젯과 플릭스 버스 모두 브르노를 경유하는 노선을 함께 운영하고 있는데, 그럴 경우엔 정차 시간까지 포함해 총 4시간도 넘게 걸리므로 티켓을 구매할 때 직행인지 다시 한 번 꼼꼼히 살펴야 한다.

**올로모우츠를
여행하는 법**

올로모우츠 구시가지에 모여 있는 광장 세 개에 거의 모든 볼거리가 있다. 광장이 셋이라고 해도 규모가 그다지 크지는 않아서 도보로 충분히 둘러볼 만하다. 기차로 올로모우츠에 도착하는 경우에는 광장까지 걸어서 30분 정도 걸리는데 트램을 타면 시간과 에너지를 절약할 수 있다. 트램 티켓은 기차역 인포메이션센터에서 구매할 수 있고 60분(주말 40분)짜리 티켓은 18Kč, 1일권은 46Kč다.

광장 구석구석에서 시원하게 솟구치는 분수를 따라가다 보면, 올로모우츠를 어느새 한 바퀴 돌게 된다. 그리스 신들의 역동적인 모습을 예술적으로 표현한 분수와 성삼위일체 석상의 조각상들은 그 자체로 훌륭한 예술적 가치를 지니고 있어서 올로모우츠 시민들이 특히 자부심을 갖는 요소다. 마치 야외 조각 박물관과도 같은 이 도시에서 분수와 어우러진 옛 건물들, 광장 한켠 테라스에서 여유를 즐기는 사람들을 눈에 담으며 여유를 만끽해보자.

올로모우츠 추천 코스

예상 소요 시간
약 5시간

○ 올로모우츠 **중앙역**

　트램 10분

○ 쥬피터 분수와 넵튠 분수가 있는 **도르니 광장**

　도보 3분

○ 야외 조각 공원을 방불케 하는 **호르니 광장**

　도보 2분

○ 성 바츨라프 대성당과 마을의 풍경을 볼 수 있는
성 모리스 성당과 성탑

　도보 6분

○ 순교자의 영혼을 달래는 **사르칸데르 분수**

　도보 4분

○ 트리톤 분수가 있는 **공화국 광장**

　도보 5분

○ 성스러운 마음이 절로 차오르는 **성 바츨라프 대성당**

　중앙역에서 버스로 20분

○ 성스러운 언덕의 **성모 마리아 바실리카**

호르니 광장

성모 마리아 바실리카

올로모우츠

07 성스러운 언덕의 성모 마리아 바실리카

올로모우츠
버스 터미널
Aut.Nádraží Podchod

Bělidla

올로모우츠 중앙역
Hlavni Nadraži

Pavlovičky

에레엔코바

46

모라바 강

체르니 체스트

소콜로브스카

U 레트네

나 레트네

Vejdovského

모라비 강

Dobrovského

17. 리스토파두

06 성 바츨라프 대성당

Envelopa

17. 리스토파두

로자리움
식물원

올로모우츠 대학교

Long Story Short Eatery & Bakery 03
Long Story Short Hostel & Café 01

02 Svatováclavský Pivovar

05 공화국 광장의 트리톤 분수

02 Miss Sophie's Olomouc - Boutique Hotel

사르칸데르 분수 04

01 도르니 광장

쥬피터 분수

카이사르 분수

넵튠 분수

Restaurant U Mořice 01
성 모리스 성당 03

아리온 분수

02 호르니 광장

머큐리 분수

시청사와 천문시계

성삼위일체 석주

헤라클레스 분수

NH Collection Olomouc Congress

03

Náměstí Hrdinů

인포메이션센터

Smetanovy
Sady

N

0   200m

446

448

도르니 광장 Lower Square Dolní Náměstí ◀) 도르니 나메스티

중심지에 있는 두 광장 중 아래쪽에 위치한 조금 작은 광장이다. 길쭉한 이등변 삼각형
모양을 하고 있는데, 광장의 시작점과 끝 지점에 각각 분수가 하나씩 있다.

📍 Dolní nám. 172 🚶 올로모우츠 중앙역에서 트램을 타고 U Sv. Mořice에서 하차 후 도보 5분

쥬피터 분수 Jupiter Fountain
Jupiterova Kašna ◀) 유피테로바 카슈나

신 중의 신, 바로 제우스를 가리키는 쥬피터 분수다. 위엄
이 넘치는 표정으로 오른손에는 번개를 들고 있는 모습을
생생하게 조각한 작품이다. 신들의 왕이자 하늘을 지배하
는 제우스가 올로모우츠를 위협하는 적으로부터 맞서 싸
워 도시를 수호한다는 의미를 담고 있다.

넵튠 분수 Morbius Fountain
Neptunova Kašna ◀) 넵투노바 카슈나

삼지창을 휘두르고 있는 이 조각상은 바다의 신 넵튠인
데, 우리에게는 포세이돈으로 더 익숙하다. 올로모우츠에
있는 여러 분수 중에서 가장 처음으로 1683년에 만들었
다. 처음에는 올로모우츠 시내 곳곳에 물을 공급하기 위
한 식수 저장고로 만들었는데, 광장을 재건하고 다른 분
수들을 만들면서 지금의 모습으로 남았다.

올드타운 중심을 지키는 광장 중의 광장 ······ ②

호르니 광장 Upper Square *Horní Náměstí* 🔊 호르니 나메스티

올로모우츠 광장 중 가장 크고 볼거리가 많은 메인 광장이다. 색색의 건물로 둘러싸인 광장 한복판에는 시의 중심이 되는 시청사가 우뚝 서 있고, 시청사의 시계탑 바로 옆에는 프라하의 천문시계와는 다르게 사회주의 이념이 가득 담긴 독특한 천문시계가 있다. 섬세한 조각으로 가득 채워져 세계문화유산으로 지정된 웅장한 성삼위일체 석주와 광장 곳곳에서 시원하게 솟아오르는 분수도 호르니 광장을 빛내는 주요 볼거리다.

📍 Horní nám. 367 🚶 올로모우츠 중앙역에서 트램을 타고 U Sv. Mořice에서 하차 후 도보 2분

사회주의 리얼리즘이
고스란히 담긴 시계
시청사와 천문시계
Astronomical Clock
Olomoucký Orloj
🔊 올로모우츠키 오를로이

호르니 광장 가운데를 차지하고 있는 시청 건물은 15세기부터 지금까지 공공의 업무를 수행하는 기관이다. 시청 건물의 북쪽으로 가보면 벽면에 커다란 시계가 있는데 언뜻 보면 프라하의 명물인 천문시계와 비슷하게 생겼지만, 자세히 들여다보면 당시 최첨단 기술과 천문학을 결합해 만든 프라하의 것과는 다른 점이 꽤 있다. 촘촘한 모자이크로 가득한 올로모우츠의 천문시계는 1519년에 처음 만들어졌다가 제 2차 세계대전을 거치며 심각하게 훼손됐고, 1950년대 체코 공산정권 때 복원을 거치며 현재의 모습으로 완성되었다. 매일 딱 한 번 정오에 움직이는 시계 윗부분의 인형은 광부, 운동선수, 간호사 등 다양한 노동 계급을 대표한다. 시계 아랫부분에는 공산정권 시절 가장 가치있는 직업으로 인정받았던 노동자와 과학자가 그려져 있다. 아치 안쪽 열두 개의 원에는 매년 각 달, 농업인이 해야 하는 특징적인 작업을 묘사해 두었다. 천문시계 바로 옆에는 관광안내소가 있어서 여행에 필요한 정보를 얻기 좋다.

📍 Radnice, Horní nám. 26　📞 585 513 385

올로모우츠 자부심의 결정체

성삼위체 석주 The Holy Trinity Column Sloup Nejsvětější Trojice 🔊 슬로우프 네이스베테이시 트로이체

흑사병 퇴치를 기념하는 성삼위일체 석주는 체코 여느 도시에서나 쉽게 찾아볼 수 있지만 올로모우츠 광장 한복판에 우뚝 선 거대한 석주는 유난히 웅장하다. 35m나 되는 이 석주는 올로모우츠의 장인들이 모여 이 도시와 깊은 연관이 있는 성인들을 묘사한 지역 사랑의 결정체로 예술적, 문화적 가치를 인정받아 2000년에 유네스코 세계문화유산에 등재됐다. 석주 꼭대기에는 금을 입힌 성삼위일체 조각이 있고, 그 아래에는 성모 승천상이 있다. 그 밖에도 석주를 장식하고 있는 성인과 사도의 조각이 워낙 섬세하면서도 거대해, 석주가 전체적으로 위엄있고 성스러워 보이게 만든다. 석주 아랫부분에는 사람이 들어갈 수 있는 아주 작은 예배당까지 마련해 두었다.

📍 Horní nám

신화를 품은 호르니 광장의 분수들

아리온 분수 Arion Fountain
Ariónova Kašna 🔊 아리오노바 카슈나

올로모우츠 시청 남서쪽에 있는 현대식 분수다. 2002년에 호르니 광장을 재건하면서 만들었으니, 다른 분수에 비하면 나름 최신식이다. 그리스 시인이자 기타 연주자였던 아리온이 바다에서 위기에 처했을 때, 그의 노래에 반한 돌고래 덕에 바다에서 구출되었다는 전설에서 영감을 받았다고 한다. 귀여운 돌고래와 함께 거북이 조각도 있어 아이들이 가장 좋아하는 분수다.

카이사르 분수 Caesar Fountain
Caesarova Kašna 🔊 차에사로바 카슈나

'왔노라, 보았노라, 이겼노라'라는 명언으로 유명한 율리우스 카이사르의 모습을 그대로 담았다. 고대 로마를 호령했던 전설적인 모습도 인상적이지만, 입에서 시원하게 물을 뿜고 있는 카이사르의 말은 마치 살아 움직이는 것처럼 생생하다. 당장이라도 우렁차게 하늘로 뛰쳐나갈 것 같이 역동적인 말 조각은 바티칸에 있는 콘스탄티누스 대제의 조각상에서 영감을 받았다고 한다.

헤라클레스 분수 Hercules Fountain
Herkulova Kašna 🔊 헤르쿨로바 카슈나

오른손으로 곤봉을 휘두르고 있는 헤라클레스는 도시를 수호하는 의미를 담고 있다. 다른 손에 잡고 있는 모자이크 모양의 새는 올로모우츠의 상징인 독수리인데, 헤라클레스의 발 아래 깔린 머리 일곱 개 달린 히드라로부터 곤봉을 휘둘러 독수리를 지키는 모습을 표현했다.

머큐리 분수 Mercury Fountain
Merkurova Kašna 🔊 메르쿠로바 카슈나

올로모우츠 분수 중 예술적으로 제일 뛰어나다는 평을 받는 분수다. 라틴어로는 메르쿠리우스, 그리스신화에서는 헤르메스라고 불리는 머큐리 신을 세워둔 분수다. 호르니 광장에서 살짝 떨어진 곳에 있는데, 근처에 큰 마트와 쇼핑몰 등이 몰려 있어서 자칫하면 지나치기 쉽다.

📍 28. října 457/15

고요한 마을을 내려다보는 평화로운 성탑 ······ ③

성 모리스 성당 Church of St. Maurice Kostel sv. Mořice ◀) 코스텔 스바테호 모르지체

모라비아 전역에서 가장 중요한 후기 고딕 건축물로 손꼽히는 곳이며, 체코에서
제일 큰 파이프오르간이 있는 곳이다. 처음 성당을 지을 때인 1257년에는 로마
네스크 양식이었지만, 이후 바로크 양식을 거쳐 지금의 고딕 양식으로 재건되었
다. 외관은 밋밋하지만 안으로 들어서면 분홍색과 연노랑빛 벽면, 그리고 사이사
이에 있는 스테인드글라스 덕분에 화사하고 밝은 느낌이 든다. 성당을 둘러보았
다면 종탑에 오르는 것도 잊지 말자. 무료로 올라갈 수 있는 이곳은 올로모우츠
에서 가장 높은 전망대는 아니지만 성 바츨라프 대성당과 시청사 첨탑, 이를 둘
러싸고 있는 구시가지를 함께 눈에 담을 수 있는 멋진 전망 포인트다.

📍 8. května 517/15
🚶 천문시계에서 북쪽으로 도보 2분
🕐 **성당** 11월~3월 매일 07:00~16:30,
4월~6월, 9월~10월 매일 07:00~18:00,
7월~8월 매일 07:00~19:00,
종탑 09:00~17:45 🎫 성당 및 종탑 무료
📞 585 223 179
🏠 www.moric-olomouc.cz

순교자의 아픔을 씻어내는 청아한 분수 ······ ④

사르칸데르 분수 Sarkander Fountain
Sarkandrova Fontána ◀) 사르칸드로바 폰타나

앞에서 소개한 분수들과는 규모도 형태도 사뭇 다른 사르칸데르 분수는 성 안
사르칸데르 예배당 앞에 가면 만날 수 있다. 언뜻 보면 창이나 검처럼 보일 만큼
작고 긴 오벨리스크 형태의 조형물인데, 화강암으로 만든 조개 부분에서 물이
솟아 나온다. 이 자리에는 원래 올로모우츠 감옥이 있었는데, 그곳에서 고문을
받았던 순교자 사르칸데르를 기리기 위해 2007년에 분수를 만들었다고 한다.
위로 작게 솟아오르는 물줄기로 사르칸데르의 상처를 씻긴다는 의미를 가지고
있다.

📍 Mahlerova 238/19 🚶 카이사르 분수에서 오른쪽 윗길로 도보 3분, 성 안 사르칸데르
예배당 입구에 위치 📞 603 282 975 🏠 www.svatymichal.cz

공화국 광장을 지키는 바다의 신 ······ ⑤

공화국 광장의 트리톤 분수

Triton Fountain

Tritonů Kašna ◀» 트리토누 카슈나

성 얀 사르칸테르 성당에서 나와 큰길을 따라 걷다 보면 왼쪽에 올로모우츠 미술관과 역사 박물관이 나오는데, 이때 오른편에서 들려오는 물소리를 따라 고개를 돌리면 트리톤 분수를 볼 수 있다. 트리톤은 바다의 신 포세이돈의 아들로, 상반신은 인간이고 하반신은 물고기인 인어의 모습을 하고 있다. 이 분수는 원래 지금으로부터 서쪽으로 250m가량 떨어진 데니소바와 스트라체나 거리의 교차점에 있었는데, 교통 편의를 위해 현재의 위치로 옮겼다고 한다.

📍 nám. Republiky 🚶 성 얀 사르칸테르 성당에서 도보 4분, 올로모우츠 역사 박물관 맞은편

올로모우츠의 역사적 인물이 잠든 주교좌 성당 ······ ⑥

성 바츨라프 대성당 Saint Wenceslas Cathedral Olomouc

Katedrála sv. Václava Olomouc ◀» 카테드랄라 스바테호 바츨라바 올로모우츠

모라비아 역사의 중심이었던 올로모우츠는 프라하와 함께 대교구로 지정된 가톨릭 중심지이기도 하다. 그중에서도 올로모우츠의 성 바츨라프 대성당은 주교좌 성당으로, 요한 바오로 2세와 테레사 수녀도 이곳을 찾은 바 있다. 처음 성당을 짓던 1131년에는 로마네스크 양식의 건축물이었지만, 숱한 화재와 재건을 거쳐 현재는 네오 고딕 양식의 모습을 하고 있다. 유독 높아 보이는 종탑은 체코에서 두 번째로 높은 탑으로, 100미터가 넘는다. 웅장하고 화려한 이곳에는 순교자 성 얀 사르칸데르를 비롯해 주교와 대주교가 잠들어 있으며, 모차르트가 어릴 적 올로모우츠에서 쉬어갈 때 교향곡 6번을 작곡했던 곳이기도 하다.

📍 810/6, Václavské nám. 🚶 트리톤 분수에서 직진 방향 도보 5분 🕐 월~화요일, 목~토요일 06:30~17:30, 수요일 06:30~16:00, 일요일 07:30~17:30(*미사 진행 중 성전 구역에서는 기도 외 관람 불가) 🎫 성당 무료 📞 733 742 800 🏠 www.katedralaolomouc.cz

성당 앞 잔디에 앉아 바라보는 사랑스러운 풍경 ······ ⑦

성스러운 언덕의 성모 마리아 바실리카

Minor Basilica of the Visitation of the Blessed Virgin Mary

Bazilika Minore Navštívení Panny Marie na Svatém Kopečku

🔊 바질리카 미노레 나프슈티베니 판니 마리에 나 스바템 코페치쿠

구시가지와는 다소 떨어진 곳에 있지만 사실 이곳은 체코에서도 손에 꼽는 순례지다. 올로모우츠 중앙역에서 11번 버스를 타고 스바티 코페첵(Svatý Kopeček)에서 내리면 언덕 위에 있는 바로크 양식의 성모 마리아 바실리카를 만날 수 있다. 테레사 수녀와 교황 요한 바오로 2세도 방문했으며 특히 1995년 5월 요한 바오로 2세는 이곳을 작은 바실리카로 승격시켰다. 바로크 양식의 커다란 성전 내부는 대리석과 금 장식으로 화려하고도 섬세하게 꾸며져 있어 창으로 환하게 햇빛이 들어오는 시간이면 눈이 부시고, 절로 성스럽다는 말이 나온다. 종교인이 아니더라도 이곳을 방문해야 하는 이유는 따로 있다. 성당 앞 잔디밭에 앉으면 광활하게 펼쳐진 올로모우츠 전경을 볼 수 있기 때문이다. 탁트인 전망과 성당, 푸른 잔디를 배경으로 웨딩 촬영을 하려는 체코의 커플이 찾는 포토 스폿이기도 하니, 시내에서 걷던 때와는 전혀 다른 시각으로 올로모우츠를 볼 수 있을 것이다.

📍 nám. Sadové 1 🚶 올로모우츠 중앙역에서 11번 버스를 타고 스바티 코페첵에서 하차. 약 20분 소요 🕐 월요일 08:30~12:00, 화~일요일 08:30~17:00 🎫 무료 📞 777 742 176 🏠 www.svatykopecek.cz

이 가격에 이런 상차림이 가능하다고? ······ ①

Restaurant U Mořice 🔊 레스토랑 우 모르지체

성 모리스 성당 바로 옆, 가게 앞에 넓은 테라스가 있어 오가는 사람들을 바라보며 천천히 식사를 즐기기 참 좋은 곳이다. 필스너 맥주 탱크가 있으니 신선한 맥주를 마시며 천천히 메뉴판을 보고 주문하면 된다. 점심에는 매일 새로운 메뉴를 선보이는 '오늘의 메뉴'가 있는데 5Kč만 추가하면 수프까지 곁들여도 144Kč에 맛있고 든든하게 배를 채울 수 있다. 전체적으로 가격이 비싸지 않아 이것저것 주문해도 부담 없고 대체로 맛도 좋다.

📍 Opletalova 364/1 🚶 성 모리스 성당 뒤편에 위치
🕐 월~토요일 11:00~24:00, 일요일 11:00~23:00
📞 581 222 888 🏠 www.umorice.cz

수제 맥주와 치즈만으로도 행복한 곳 ······ ②

Svatováclavský Pivovar 🔊 스바토바츨라프스키 피보바르

트리톤 분수 바로 옆 올로모우츠 대학가에 있는 소규모 양조장이다. 직접 생산하는 신선한 맥주가 있고, 스페셜 맥주를 선보이기도 한다. 손님 중엔 대학생이 많아 분위기도 캐주얼하고 음식값도 저렴하다. 맥주에 곁들일 가벼운 안주거리가 꽤 많은데, 특히 올로모우츠 특산물인 치즈로 만든 메뉴가 다양하고 직접 만드는 사과 스트루델에는 맥주로 풍미를 더했다고 한다. 양조장이지만 식사도 얼마든지 가능하다.

📍 Mariánská 845 🚶 트리톤 분수에서 오른쪽 길로 도보 1분
🕐 월~목요일 11:00~22:00, 금~토요일 11:00~23:00,
일요일 11:00~21:00 📞 585 207 517
🏠 www.svatovaclavsky-pivovar.cz

좋은 건 다 모아 놓은 인기 만점 레스토랑 ······ ③

Long Story Short Eatery & Bakery
🔊 롱 스토리 쇼트 이터리 앤드 베이커리

깔끔하고 모던한 시설 덕분에 올로모우츠에서 가장 인기있는 호스텔인 롱 스토리 쇼트에서 운영하는 식당이다. 투숙객이 아니어도 이용할 수 있는데, 음식이 깔끔하고 맛있기로 유명해 점심과 저녁에는 예약이 필수다. 식사를 하지 않더라도 이곳에서 케이크나 빵을 사서 함께 운영하고 있는 카페에 앉아 음료를 곁들여 티타임을 즐길 수도 있다. 성 바츨라프 대성당과 가까우니 올로모우츠를 둘러보고 잠깐 쉬어갈 곳을 찾는다면 좋은 선택이 될 것이다.

📍 31c, Koželužská 945 🚶 트리톤 분수에서 도보 3분, 호스텔 부지 내에 위치
🕐 일~목요일 08:00~22:00, 금~토요일 08:00~23:00 📞 727 800 900
🏠 www.longstoryshort.cz

전통과 현대의 조화

브르노

Brno

브르노라는 지명은 낯설지만 식물학자 멘델이 바로 이곳에서 유
전학을 연구했고, 〈참을 수 없는 존재의 가벼움〉을 쓴 밀란 쿤데
라의 고향이라고 하면 조금 가깝게 느껴질까. 체코 특유의 중세적
인 분위기에 현대적인 감성 한 숟가락 얹은 브르노는 모라비아에
서 가장 크고, 교통이 편리해 모라비아 소도시 여행의 거점이 되
는 곳이다. 과거 모라비아 왕국의 수도였고, 1차 세계대전 이후 인
구와 규모가 급증하면서 건축물이 많이 지어진 덕에 고풍스런 중
세와 세련된 현대 건축이 공존하는 독특한 매력을 뽐낸다. 현재는
체코 사법부의 중심이자 공업이 발달한 곳으로, IT 및 스타트업과
대학 등이 모여 있어서 인구의 ¼이 대학생인 젊은 도시다.

**프라하에서
어떻게 가야 할까?**

- **기차** 프라하 중앙역에서 약 3시간 10분 정도가 소요되며, 브르노 중앙역에서 하차한다. 역에서 중심지인 양배추시장까지는 도보로 5분이면 갈 수 있다.

- **버스** 프라하 플로렌스 버스터미널에서 플릭스 또는 레지오젯 버스로 3시간 가량 소요되며 Brno Benesova에서 하차하면 된다.

브르노를 여행하는 법

브르노에는 체코 다른 도시에서는 찾아보기 힘든 모던함과 젊은 에너지가 도시 전체에 가득하고, 힙하고 트렌디한 카페나 바가 많은 것이 특징이다. 13세기에 지은 성당이 있는가 하면, 시대를 초월했다는 평을 듣는 투겐드하트 빌라도 볼 만한 가치가 있다. 그동안 체코의 커피 맛이 아쉬웠다면 브르노에서는 그럴 일이 드물 것이다. 직접 로스팅 해서 만들어 주는 신선한 커피를 마시면 없던 힘도 생긴다. 독특한 바에 들러 시그니처 칵테일을 마시며 특별한 밤을 보내는 것도 브르노 여행자가 누릴 수 있는 특권이다. 브르노를 꼼꼼하게 둘러

보고 싶다면 브르노 패스를 구매하는 것도 방법이다. 1일권, 2일권, 3일권이 성인 기준으로 각 290/390/490Kč인데 주요 관광지인 구시청사 시계탑과 성 베드로와 바울 성당 종탑 등에서도 혜택을 받을 수 있고 3일권을 구매하면 호수에서 무료로 크루즈를 즐길 수 있다.

브르노 추천 코스

예상 소요 시간
약 7시간

○ 브르노 **중앙역**

도보 7분

○ 독특한 천문시계가 있는 **자유 광장**

도보 3분

○ 브르노의 전설이 깃든 **구시청사와 시계탑**

도보 2분

○ 파르나스 분수와 아기 모차르트 동상이 있는 **양배추시장 광장**

도보 5분

○ 11시에 종을 12번 울리는 **성 베드로와 성 바오로 대성당**

도보 2분

○ 브르노 시민의 휴식처, **데니스 가든**

도보 20분

○ 고통스러운 감금의 역사가 있는 **슈필베르크 성**

도보+트램 22분

○ 백 년이 지나도 세련미가 가득한 **빌라 투겐트하트**

자유광장

성 바오로 대성당

데니스 가든

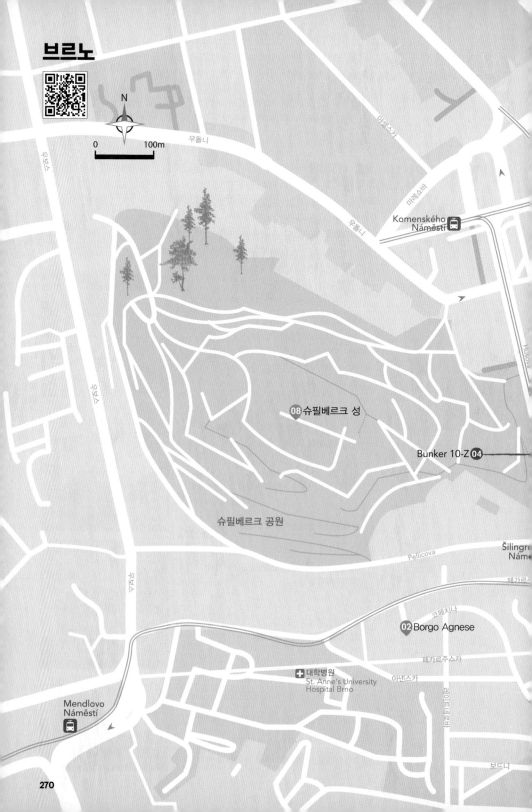

N

0　　100m

우돌니

아레쇼바

마레쇼바

우돌니

Husova

Komenského
Náměstí

08 슈필베르크 성

Bunker 10-Z 04

슈필베르크 공원

Pellicova

Šilingro
Náme

페가르

코페치나

02 Borgo Agnese

페카르주스카

아넨스카

레이트네로바

대학병원
St. Anne's University
Hospital Brno

Mendlovo
Náměstí

보드니

🚊 Moravské Náměstí

투겐드하트 빌라 **07**

Sady
Osvobození

asaryk University

🏛 Ceská

05 Hotel Jacob Brno

04 Výčep na Stojáka

Gǒ Brno **01**　　**06** Bar, Který Neexistuje

Náměstí
Svobody　　　　Dvořákova　　　**03** 4Pokoje

02 자유 광장과 천문시계　　　　　　📍 Lidl

01 마사리코바 거리

03 구시청사와 시계탑

04 양배추시장 광장　　　　　　🚌 브르노
　　　　　　　　　　　　　버스 터미널
01 Grandezza Hotel Luxury Palace

02 Hotel Barceló Brno Palace　　**03** Grandhotel Brno

05 Monogram Espresso Bar　　　Hlavní
　　　　　　　　　　　　　　　Nádraží
　　　　　　　　　　　　　　　🚉

05 성 베드로와 성 바오로 대성당

06 데니스 정원　　　　　　　브르노 중앙역
　　　　　　　　　　　　　🚉

Nádražní

📍 Tesco

🚊 Nové Sady

271

마사리코바 거리

Masarykova Street

Masarykova Ulice 🔊 마사리코바 울리체

브르노 중앙역에서 자유 광장까지 이어
지는 600미터 남짓 되는 길로, 12세기부
터 이미 도시를 가로지르는 주요 교역로
로 쓰였던 역사적인 거리다. 체코슬로바
키아의 초대 대통령인 마사리크의 이름
을 따서 지어진 거리인데, 나치 독일이 점
령했을 때는 유대인 학살 총책임자였던
헤르만 괴링의 이름으로 불렸다고 한다.
지금은 길을 따라 각종 프랜차이즈 식당
과 상점, 그리고 광장에서 역을 오가는
사람들로 언제나 붐비는 곳이다.

자유 광장과 천문시계 Liberty Square and Astronomical Clock

Náměstí Svobody a Brněnský Orloj 🔊 나메스티 스보보디 아 브르넨스키 오를로이

큰 거리 세 개가 만나서 삼각형이 된 자유 광장은 원래 귀족들이 모여 살던 부유
한 지역이었고 현재는 크리스마스 마켓과 부활절 마켓, 각종 축제와 콘서트가 열
리는 브르노의 중심이라고 할 수 있다. 이 광장에는 특이한 볼거리가 있는데 이
역시 이름은 천문시계다. 다만 프라하나 올로모우츠의 것과는 전혀 다른 모양새
다. 스웨덴군 격퇴 365주년을 기념해 2010년에 세워진 거대한 총알 모양의 이
시계는 사실 고풍스러운 광장 주변과 쉽게 어울리지 않아 지금까지도 논란이 된
다고 한다. 어딜 봐도 시계 같지 않은데, 천천히 돌아가는 시계 윗부분을 자세히
보면 숫자가 보인다. 하지만 속 시원히 시간을 알려주지도 않는 이 시계를 둘러싼
사람들은 대체 왜 많은 걸까. 사실 그들이 기대하는 특별한 이벤트는 따로 있다.

바로 성 베드로와 성 바오로 대성당
에서 오전 11시에 종이 울리면 천문
시계 아래 구멍으로 작은 구슬이 나
온다. 그래서 11시가 가까워 오면 저
마다 보이지 않는 틈에 팔을 넣고 행
운의 주인공이 되기 위해 팔을 휘젓
는 명장면을 연출한다.

📍 nám. Svobody 🚶 브르노 중앙역에서
마사리코바 거리를 따라 도보 6분

브르노의 전설을 알고 나면 더 흥미진진한 구시청사 ······③

구시청사와 시계탑 Old Town Hall Tower

Vyhlídková věž Staré Radnice ◀ 비흘리트코바 베시 스타레 라드니체

현재 갤러리와 관광안내소로 쓰이는 구시청사는 건물 앞에서부터 독특한 볼거리를 마주할 수 있다. 우선 출입구 아치를 장식하고 있는 다섯 개의 탑 조각 중 끝이 휘어 있는 가운데 탑, 이를 지나 안으로 들어서면 천장에 매달린 악어 한 마리, 벽면에 밑도 끝도 없이 매달린 수레바퀴가 궁금증을 자아내는데, 제각기 흥미로운 이야기를 담고 있다. 관광안내소에서는 브르노 여행에 필요한 여러가지 자료를 구할 수 있고, 꽤 괜찮은 퀄리티의 엽서나 마그넷 등 기념품으로 살 만한 소품들이 있다.

시계탑 꼭대기에는 전망대가 있다. 카드 사용이 불가능하니 현금을 꼭 준비해서 가면 좋다. 다소 좁긴 하지만 이곳에서는 브르노 구시가지의 랜드마크인 성 베드로와 바울 성당을 시내와 함께 눈에 담을 수 있다.

📍 Radnická 8 🚶 자유광장에서 중앙역 방향으로 도보 3분 ⏰ **관광안내소** 매일 10:00~18:00, **시계탑** 1~3월 금~일요일 10:00~18:00, 4~10월 매일 10:00~18:00(월별 마감 시간 변동) 11~12월 요일별 오픈 및 마감 시간 변동 🎫 시계탑 성인 90Kč, 학생 및 시니어 50Kč

구시청사가 품고 있는 흥미진진한 이야기 셋

하나, 휘어진 가운데 탑

1510년 경, 브르노 시의원들의 의뢰로 시청으로 들어가는 석조 통로 건축을 맡게 된 안톤 필그람은 열심히 임무를 수행했지만, 의원들은 계약한 선금을 계속 미루고 모른 체 했다고 한다. 이들의 비뚤어진 행동에 항의하기 위해 필그람은 일부러 통로 입구를 장식하는 다섯 개의 탑 중 가운데를 비뚤게 완성해 버렸고, 결국 지금까지 살짝 고개를 갸웃거리는 탑이 관광객을 맞이하고 있다.

둘, 천장의 악어

옛날 브르노 인근 강가에 살던 사악한 용 때문에 온 마을이 공포에 휩싸였는데, 한 마을 사람이 황소를 죽여 뱃속을 비운 뒤 석회를 넣고 다시 꿰매서 용이 사는 강에 던졌다고 한다. 황소를 보고 이게 웬 횡재냐 싶었던 용은 한입에 통째로 황소를 삼켰지만, 결국 석회 때문에 용은 가라앉고 말았으며 이를 기념하고자 구시청사 입구에 매달았다고 한다. 하지만 누가 봐도 이 동물은 악어인데, 옛날 사람들은 악어를 사악한 용이라고 믿었기 때문이다.

셋, 벽면의 수레바퀴

레드니체의 술집에서 벌어진 내기에서 시작된 이야기다. 한 청년이 나무를 베어 수레 바퀴를 만들어 타고 다음날까지 40km 떨어진 브르노에 도착할 수 있는지 내기를 걸었다고 한다. 실제로 1636년에 이 황당한 내기는 성공했고, 그 기념으로 바퀴 한 짝이 시청 벽에 매달렸다고 한다.

서민들이 하루를 시작하는 브르노의 중심 ······· ④

양배추시장 광장 The Cabbage Market

Zelný Trh 🔊 젤니 트르흐

아침에는 브르노 시민의 식탁을 책임지는 농산물 시장이 었다가, 일찌감치 시장이 파하면 언제 그랬냐는 듯 의자가 한가득 깔리는 광장으로 변신한다. 시장이 열리면 브르노 각지에서 재배한 과일과 채소, 꽃 등이 주로 진열되는데 그중에서도 양배추를 파는 노점이 많아 양배추 시장이라는 이름이 붙었다. 부활절이나 크리스마스가 되면 테마 이벤트가 열리기도 한다. 살짝 경사가 진 광장 주변에는 유명한 호텔과 아이스크림 트럭이 있다. 광장 중앙에는 마치 동굴 입구같이 생긴 웅장한 건축물이 있는데, 바로 파르나스 분수다. 분수 아랫부분에는 신화 속 인물인 헤라클레스가 몽둥이를 들고 있으며, 분수의 꼭대기에는 에우로파의 동상이 있다. 이 광장에 숨은 볼거리를 찾는 것도 흥미롭다. 유럽에서 가장 오래된 극장인 레두타 극장 앞에는 어린 아이의 몸을 한 모차르트가 작은 건반을 딛고 서 있는 동상이 허공에 매달려 있는데, 1767년에 열한 살이던 모차르트가 바로 이 극장에서 공연했다는 사실을 기념하기 위해서라고 한다.

📍 Zelný trh 🚶 구시청사에서 도보 1분 🕐 월~금요일 06:00~18:00, 토요일 및 공휴일 06:00~14:00 ❌ 일요일

11시에 울려 퍼지는 열두 번의 종소리 ·······⑤

성 베드로와 성 바오로 대성당 Cathedral of St Peter and Paul

Katedrála Svatých Petra a Pavla 🔊 카테드랄라 스바티흐 페트라 아 파블라

브르노 어디서나 보일 만큼 뾰족하고 높은 첨탑이 있는 고딕 양식 성당이다. 고딕 양식의 성당이니 하늘을 찌를 듯 솟아오른 첨탑이 새삼 낯설 것도 없지만, 이곳은 특히나 지대가 높은 곳에 지어져 브르노의 스카이라인을 완성하는 랜드마크. 1270년대에 지어졌고, 1777년 교황 비오 6세가 대성당으로 승격시켰다. 2023년 현재 자리마다 우크라이나를 위한 기도문이 놓여있어, 성당 곳곳에는 고요하게 평화를 위해 기도하는 현지인과 관광객이 눈에 띈다. 매 시에 맞게 종을 치는 다른 성당과는 달리 이곳은 매일 오전 11시면 종이 열두 번 울린다. 그 이유는 30년 전쟁 당시로 거슬러 올라가는데, 막강한 위력을 떨치던 스웨덴군이 브르노를 포위하며 정오까지 도시를 점령하지 못하면 퇴각하겠다고 약속하자 기지를 발휘한 시민들이 11시에 종을 열두 번 울렸다고 한다. 종소리를 듣고 12시가 되었다고 착각한 스웨덴군은 약속대로 공격을 멈추고 브르노를 떠났고, 도시는 방어에 성공하며 평화를 찾았다고 한다. 이로써 30년 전쟁 중 유일하게 스웨덴군을 격퇴한 도시인 브르노는 이를 기념하기 위해 지금까지도 매일 오전 11시면 종을 열두 번 울린다.

📍 Petrov 9 🚶 양배추시장 광장에서 도보 5분 🕐 **성당** 월~토요일 08:15~18:30, 일요일 07:00~18:30(*일요일 12시 미사 시간과 결혼식 및 장례식이 진행되는 동안은 내부 관람 불가), **종탑** 5~9월 월~토요일 10:00~18:30, 일요일 12:00~18:30, 10~4월 월~토요일 11:00~17:00, 일요일 12:00~17:00 💰 **성당** 무료, **종탑** 성인 40Kč 학생 30Kč 📞 543 235 031 🏠 www.katedrala-petrov.cz

브르노 시민들의 사랑을
한몸에 받는 정원 ⑥
데니스 정원
Denis Gardens
Denisovy Sady 🔊 데니소비 사디

📍 Biskupská 569 🚶 성 베드로와 성 바오로 성당에서 성벽길을 따라 도보 2분

브르노에서 가장 오래된, 시민을 위해 조성한 공원이다. 1814년에 처음 조성되었고, 1818년에는 이 정원에 나폴레옹의 승전을 기념하는 뜻에서 세운 오벨리스크가 지금까지도 남아있다. 성 베드로와 성 바오로 성당에서 이어지는 성벽길을 따라 걷다 보면 데니스 정원으로 이어진다. 걷다 보면 어마어마하게 큰 십자가가 보이는데, 2009년 교황 베네딕토 16세가 브르노를 방문한 일을 기념하기 위한 것이다. 지대가 높아 탁 트인 시내를 볼 수 있는데, 날씨가 맑으면 40km떨어진 팔라바 언덕까지도 보인다고 한다. 성벽길을 따라 벤치가 틈틈이 놓여있어 잠시 쉬어가기에도 좋다. 해질녘에 가면 노랗게 물드는 도시를 바라보는 다정한 연인이 가득한 로맨틱한 곳이지만 너무 늦은 시간에는 아무래도 피하는 것이 좋다.

백 년이 지나도 여전히 감각적인
기능주의 건축물 ⑦
투겐드하트 빌라
Tugendhat Villa
Vila Tugendhat 🔊 빌라 투겐드하트

독일 건축가 미스 반데어로에의 대표작 중 하나로, 건축에 관심이 많은 사람이라면 반드시 들러야 하는 필수 코스다. 체코의 현대 건축물로는 유일하게 유네스코 세계문화유산에 등재되었다. 투겐드하트 부부가 요청한 '깔끔하고 심플한 형태의 모던하고 넓은 집'을 그대로 구현한 이 빌라는 1920년대에 지어졌지만, 지금 봐도 세련되면서도 군더더기 없는 건축물이다. 외관도 멋지지만 내부로 들어가면 100년 전에 지은 거라고는 믿을 수 없을 만큼 정교하면서도 실제로 거주하는 데 전혀 불편함을 느낄 수 없는 세심함이 깃들어 있다. 건물 내부는 가이드 투어로만 볼 수 있는데 매달 첫날 2개월 후의 티켓이 오픈된다. 예약이 빨리 마감되니 온라인으로 미리 티켓을 구매해야 한다. 외관과 정원만 보는 티켓은 당일에 구매해도 큰 무리가 없다.

📍 Černopolní 45
🚶 브르노 중앙역에서 7 또는 9번 트램을 타고 Tomanova에서 하차, 약 18분 소요
🕐 화~일요일 10:00~18:00 ❌ 월요일
🎟 기술 시설을 포함한 건물 전체 투어 성인 400Kč, 학생 및 시니어 250Kč, 사진 촬영(플래시 및 삼각대 사용 불가) 300Kč
📞 515 511 015 🏠 www.tugendhat.eu/cz

슈필베르크 성 Špilberk Castle Hrad Špilberk ◀)흐라트 슈필베르크

13세기 중반에 지어진 이 성은 도시를 보호하기 위한 요새였지만, 사실 보호보다는 억압의 역사로 가득하다. 유난히 창문이 작고 성 한복판에 깊은 담벼락까지 있는데, 17세기에는 신성로마제국에 반대하던 모라비아인을 감금했고, 18세기 말에는 감옥으로 개조되어 정치범을 수감했다. 1846년 폴란드 크라쿠프 봉기의 주동자와 1848년 유럽 전역에서 일어났던 혁명에 가담한 사람들도 이 감옥에 가두어 오스트리아-헝가리 제국에서는 가장 가혹한 감옥으로 알려졌다.

📍 Špilberk 210/1
🚶 성 베드로와 성 바오로 성당에서 도보 20분
🕐 매일 09:00~17:00 ❌ 10~3월 월요일
🎫 성 입장은 무료, 케이스메이트 투어는
성인 140Kč, 학생 및 시니어 85Kč
📞 542 123 611 🏠 www.spilberk.cz

그뿐 아니라 1차 세계대전 때는 전쟁 포로를, 2차 세계대전 때는 나치가 유대인과 체코슬로바키아의 독립운동가를 투옥했다. 오랜 시간 동안 수많은 사람들에게 고통을 준 공간이지만 현재는 각종 전시회와 공연, 음악회, 심지어 결혼식도 열리는 문화 공간으로 쓰인다. 가이드 투어에 참가해 케이스메이트(감옥)나 요새, 현대미술관 등 원하는 테마를 골라 둘러보아도 되지만 천천히 성을 한 바퀴 돌며 전망과 조각을 구경하는 것도 슈필베르크 성을 눈에 담는 방법이다.

Gỗ Brno ◀)고 브르노

바가 넘쳐나는 브르노에서 꼭 알아두어야 할 식당이다. '베트남 스트리트 푸드'를 내세운 이 집의 쌀국수 국물만 있다면 숙취 따위는 무섭지 않을테니 말이다. 가격도 저렴한데 양도 푸짐해서 꽤 넓은 매장인데도 빈자리가 별로 없다. 체코에서 한창 인기인 배달 앱 주문도 쉴 새 없이 들어오는지 직원들도 정신없이 움직이는데, 다행히 테이블은 안쪽에 있어서 식사에 방해가 되지는 않는다. 개인적으로는 프라하에서 유명한 베트남 식당보다 훨씬 맛있고 음식의 완성도도 높아서 만족스러웠다. 소고기 쌀국수인 퍼 보도 물론 맛있지만 분짜나 볶음밥, 롤 등 무엇을 주문해도 딱히 실패하지 않을 것이다. 매장에서 직접 만드는 에이드는 1ℓ 짜리를 주문해도 6천 원 가량밖에 되지 않으니 일행과 나누어 먹기도 좋다.

📍 Běhounská 115/4 🚶 자유 광장에서 도보 1분
🕐 매일 10:30~22:00 📞 720 021 575 🏠 www.brnogo.cz

브르노 시민들의 특별한 공간 ……… ②

Borgo Agnese 🔊 보르고 아그네세

2008년부터 이 자리에서 운영되고 있는 고급 레스토랑이다. 분위기며 서비스, 음식까지 모든 것이 두루 훌륭하다는 평을 받고 있어 특별한 날에 브르노 시민들이 찾는 곳이다. 제철 재료로 만드는 지중해 스타일 메뉴가 메인인데, 그 밖에도 파스타나 스테이크, 심지어 푸아그라까지도 맛볼 수 있다. 사실 이곳에서 가장 많은 사랑을 받는 건 코스 메뉴다. 눈을 사로잡는 다섯 가지 코스와 각 메뉴에 어울리는 다섯 종류의 와인 페어링이 제공되는 기본 코스가 불과 1560Kč, 8만 원도 안 되는 가격이니 브르노를 찾은 미식가라면 들러볼 만한 곳이다.

📍 Kopečná 980　🚶 양배추시장에서 도보 8분
🕐 화~금요일 17:00~24:00, 토요일 12:00~24:00　❌ 일~월요일
📞 515 537 500　🏠 www.borgoagnese.cz

하루에 네 번, 찾는 사람을 위해 변신 ……… ③

4pokoje 🔊 치트르히포코에

'4개의 방'이라는 이름을 가진 곳이다. 아침 8시부터 문을 여는 바가 웬말인가 싶겠지만 이곳은 시간대에 따라 네 가지 컨셉을 번갈아 가며 운영하는 곳이다. 커피와 가벼운 아침 식사를 하는 손님들이 가고 나면, 근처 사무실에서 점심을 먹으러 오는 손님들이 자리를 채운다. 브레이크 타임이 지난 이른 저녁에는 가벼운 술과 식사를 하러 손님들이 모여들고, 달이 뜨면 어느새 브르노에서 제일 힙한 바로 변신한다. 아침 메뉴는 가격 대비 아쉬운 맛이라는 평이 많지만, 디제잉과 함께 취할 수 있는 바 타임만큼은 브르노의 힙스터를 한데 불러모을 만큼 호평이 자자하다.

📍 Vachova 6　🚶 자유 광장에서 동쪽으로 도보 3분　🕐 일~화요일 08:00~02:00, 수~목요일 08:00~03:00, 금~토요일 08:00~05:00
📞 770 122 102　🏠 www.miluju4pokoje.cz

의자는 없어도 괜찮아, 맥주만 있다면 ……… ④

Výčep Na Stojáka 🔊 비체프 나 스토야카

브르노 최고의 맥주를 맛볼 수 있다는 작은 양조장인데, 브르노 사람들 사이선 이곳에서 아는 사람 한 명은 꼭 마주친다는 곳으로도 알려져 있을 만큼 언제나 사람들이 바글바글하다. 신선한 맥주와 관광객, 현지인까지 없는 것 없다는 이곳에서 눈을 씻고 찾아봐도 찾을 수 없는 단 하나, 바로 의자다. 비체프 나 스토야카는 서서 술을 즐기는 스탠딩 펍이다. 이곳을 찾은 손님들이 자연스럽게 서로 어울릴 수 있도록 생각해 낸 방법이라고 하니, 홀가분하게 잔 하나 들고 옆사람에게 말을 걸어보면 어느새 친구가 될 수도 있지 않을까.

📍 Běhounská 16　🚶 자유 광장에서 베호운스카 거리를 따라 도보 3분
🕐 월~금요일 12:00~23:30, 토~일요일 14:00~23:00
📞 702 202 048　🏠 vycepnastojaka.cz/vycepy

Monogram Espresso Bar ◀) 모노그램 에스프레소 바

양배추시장과 멀지 않은 곳에 있는 작은 카페다. 간판이 크지도 않아서 지나치기 쉬운데, 이른 시간부터 끊임없이 사람들이 들어가고 또 나오는 것을 본다면 그곳이 맞다. 아주 작지만 통유리창으로 빛이 들어 쾌적하고 밝은 분위기를 내는 실내에는 앉을 자리도 그리 많지는 않다. 그래서인지 아침에 이곳을 들르는 손님들은 정말 에스프레소 한 잔을 훅 털어 넣고 다시 가던 길을 간다. 올해의 바리스타 상을 받은 카페 사장님은 영어도 능통해서 원두나 카페 메뉴도 친절하고 따뜻하게

◉ 12, Kapucínské nám. 310
🚶 양배추시장에서 도보 1분
🕐 월~금요일 08:00~18:00,
　토요일 10:00~17:00
✖ 일요일　📞 603 282 866
🏠 www.monogramespressobar.cz

설명해 준다. 직접 엄선한 원두로 뽑은 에스프레소나 드립 커피도 훌륭한 맛을 내고, 아내가 직접 구웠다는 디저트는 종류가 많지는 않지만 커피의 풍미를 더욱 살려준다.

Bar, Který Neexistuje(The bar that doesn't exist) ◀) 바르, 크테리 넥시스투예

'존재하지 않는 바'라는 특이한 이름과는 달리, 이곳을 찾는 수많은 손님과 함께 존재하는 멋진 바다. 2012년에 오픈한 이후 단숨에 브르노를 사로잡는 명소가 되었다. 2층까지 있는 실내와 바깥 테라스까지 합치면 좌석이 꽤 많은데, 그중에서도 명당은 바텐더 바로 앞자리다. 자리에 앉으면 주는 도톰한 책자에는, 여기에서만 맛볼 수 있는 시그니처 칵테일들이 짧은 스토리와 함께 끝없이 등장한다. 참신한 재료의 조합을 상상하는 것만으로도 이미 신이 나는데, 눈앞에서 멋진 바텐더가 사다리를 오르내리며 술을 가져와 재빠른 손놀림으로 믹싱하는 모습을 보면 마치 공연을 보는 듯 빠져든다. 그 황홀한 손놀림을 또 보고싶어 자꾸만 술을 주문하게 되는 것이 흠이라면 흠이다. 바텐더에게 직접 취향을 설명하면 나만의 칵테일을 만들어 주기도 하고, 그 외에도 와인이나 맥주, 위스키, 체코 전통 술 등을 추천받을 수도 있다.

◉ Dvořákova 1　🚶 자유 광장에서 도보 3분　🕐 일~화요일 17:00~02:00, 수~목요일 17:00~02:30, 금~토요일 17:00~03:30　📞 734 878 602　🏠 www.barkteryneexistuje.cz/bar

체코 와인의 대표 산지

레드니체, 발티체, 미쿨로프
Lednice, Valtice, Mikulov

프라하보다는 오스트리아와 훨씬 가까운 이 세 도시에는 체코 현지인과 오스트리아 관광객이 주를 이루고, 동양인은 거의 찾기 힘들다. 프라하에서는 멀기도 하고, 체코 맥주가 워낙 유명하다 보니 체코 와인에 대해서는 맥주만큼 관심이 없어서이기도 하다. 하지만 와인을 사랑하는 사람이라면 이곳을 알게 된 이상 그냥 지나칠 수는 없을 것이다. 바로 체코에서 와인으로 가장 유명한 지역이기 때문이다. 특히 와인 축제가 열리는 9월이 되면 관광객으로 빈 방이 없을 정도다. 또한 레드니체와 발티체는 1996년 유네스코 문화경관으로 지정된, 유럽에서 가장 큰 경관 단지다.

**프라하에서
어떻게 가야 할까?**

아쉽게도 프라하에서 레드니체-발티체 문화경관이나 미쿨로프까지 바로 오는 대중교통은 없다. 버스로 우선 브르노까지 가거나 또는 기차로 브르제츨라프(Břeclav) 또는 포디빈(Podivín) 역까지 이동한 후, 로컬 열차나 버스를 타고 가면 된다.

- **레드니체-발티체
  문화경관 가는 법**

  ① 프라하 중앙역 − 기차 3시간 − **브르제츨라프 역** − 570번 버스 20분 − Lednice, náměstí
     브르노 중앙역 − 기차 30분 − **브르제츨라프 역** − 로컬열차 10분 − Valtice město

  ② 프라하 중앙역 − 버스/기차 − **브르노 중앙역** − 기차 30분 − **포디빈 역** − 555번 버스 10분 −
     Lednice, náměstí − 555번 버스 17분 − **발티체 버스 정류장**

- **미쿨로프 가는 법**

  ① 프라하 플로렌스 역 − 버스 2시간 40분 − **브르노 Zvonařka** − 105번 버스 1시간 10분 −
     Mikulov, 22. Dubna

  ② 발티체 역 − 기차 11분 − 미쿨로프 역

  ③ 레드니체 Lednice, náměstí − 570번 버스 57분 − Mikulov, 22. Dubna

**레드니체,
발티체, 미쿨로프를
여행하는 법**

레드니체, 발티체와 미쿨로프를 지도에서 이어 보면 작은 삼각형 모양인데, 서로 가까이 붙어 있어 차를 타고 10분에서 20분 정도만 가면 된다. 시내버스로 이동하는 것도 가능하지만 배차 간격이 한 시간 가량이라서 아예 자전거로 세 곳을 넘나들며 와이너리 투어를 하는 사람들을 흔히 볼 수 있다.

세 도시 모두 규모가 작고 볼거리가 모여 있어 대표적인 건축물만 둘러본다면 하루에도 여행을 끝낼 수 있다. 실제로 브르노에 거점을 두고 잠깐 이 지역을 한나절 둘러본 뒤 다시 브르노로 돌아가는 코스로 여행하는 사람도 적지 않다.

하지만 이왕이면 최소한 하루를 숙박하며 충분히 각 도시의 매력을 즐겨보는 것을 추천한다. 레드니체 궁 숲길을 따라 산책도 즐기고, 발티체 성 국립 와인살롱에서 체코 최고의 와인도 맛본 뒤 미쿨로프 성스러운 언덕에 올라 포도밭 가득한 마을을 내려다 보려면 당일치기로는 턱없이 부족하기 때문이다.

**레드니체, 발티체
문화경관과
미쿨로프 추천 코스**

★ 숙소의 위치에 따라 레드니체-발티체와 미쿨로프 중에서 먼저 둘러볼 곳을 정해도 크게 상관은 없다.

레드니체-발티체 문화경관

예상 소요 시간
약 5시간

┌ **레드니체 궁 투어**

├ **레드니체 궁 정원과 미나렛**

│ 차로 10분

├ **발티체 성**

└ **발티체 성 국립 와인 살롱**

미쿨로프

예상 소요 시간
약 4시간

┌ **미쿨로프 성**

│ 도보 3분

├ **디트리히슈타인 가문 묘**

│ 도보 7분

├ **염소 성**

│ 도보 25분

└ **성 세바스티아나 예배당**

02 레드니체 궁 정원과 미나렛

레드니체

레드니체 궁 01
인포메이션센터 ⓘ
주차장 P
Resort Lednice
- Eisgrub 02
Burgrs' Club 01

422 21. 두브나
422 21. Dubna
주차장 P

Pastvisko u Lednice
국립공원

Restaurant U Tlustých 02

N
0 200m

Penzion Pohoda 01

발티체

발티체 기차역

40

종합병원
Valtice hospital

주차장 P

자전거 대여점

Nonna Pizza & Cafe
04
Restaurace Valtická Rychta 03
Valtice. Aut. St.

40

인포메이션센터 ⓘ 03
Anton Florian,
Zámecký Hotel Valtice

발티체 성 03 ● 01 Chokolito
Vinotéka na Zámku 02
발티체 성 국립와인살롱 04

N
0 100m

40

Sobotni

04 Penzion Castello

미쿨로프

07 성스러운 언덕과 성 세바스티아나 예배당

N
0 ___ 100m

07 t. Kvetna

디트리히슈타인 가문 묘
Městský Penzion Mikulov 05   06

인포메이션센터
염소 성 08   KUK Bistro 07   05 Sojka & Spol. Restaurant

06 Pedro's Streetfood Bistro

05 미쿨로프 성

Husova   06 Pension Baltazar

22. Dubna

Vinařství Volařík

Tesco

52

28. Rijna

52

미쿨로프 기차역

283

레드니체 궁 Lednice Castle

Státní Zámek Lednice 🔊 스타트니 자메크 레드니체

'레드니체'라는 지명은 냉장고라는 뜻인데, 여름에도 서늘한 기후 덕에 더운 시즌을 쾌적하게 보낼 수 있는 최적의 장소였기 때문이라고 한다. 화려하고 섬세한 네오 고딕 양식의 궁전은 리히텐슈타인 가문에서 17세기부터 여름 별궁으로 쓰던 곳이다. 성문을 들어서자마자 보이는 크림색 궁전은 정말 동화 속 왕자와 공주가 살 것만 같은 아름다운 모습을 뽐낸다. 투어는 구역에 따라 총 여덟 가지로 나뉘는데, 그중에서 내부를 둘러보는 투어는 사슴뿔이 늘어선 긴 복도를 따라 들어가며 시작된다. 아름다운 실내 장식과 서재에 있는 갤러리로 이어지는 계단이 특히 아름다운 접견실 투어가 가장 인기가 있다. 투어는 온라인으로 예매도 가능한데 한 시간 간격으로 진행되며, 영어 등 외국어 투어는 최소 10명이 모여야 진행한다.

📍 Zámek 1, Lednice ⏱ 2~3월 토~일요일 10:00~16:00(온실 투어만 가능), 4, 10월 토~일요일 및 공휴일 09:00~16:00 (평일에는 10명 이상 사전 예약시 가능), 5~6월 및 9월 화~일요일 09:00~17:00, 7~8월 매일 09:00~17:00, 11~12월 20일 토~일요일 10:00~16:00 (온실 투어만 가능)
🎟 접견실 투어 성인 240Kč, 학생 및 시니어 190Kč 📞 519 340 128
🏠 www.zamek-lednice.com

걷기 힘들면 배를 타도 돼요 ······ ②

레드니체 궁 정원과 미나렛

Lednice Castle Garden & Minaret
Státní Zámek Lednice zahrada a Minaret
🔊 스타트니 자메크 레드니체 자흐라다 아 미나렛

궁 주위를 둘러싼 어마어마한 크기의 영국식 정원은 아무리 걸어도 끝이 보이지 않을 만큼 규모가 엄청나고, 한때는 귀족들이 뱃놀이를 즐기던 인공 호수까지 있어서 정원보다는 숲이라는 말이 훨씬 어울린다. 성 뒤쪽으로 펼쳐지는 정원을 따라 30분 정도 걸어가면 이슬람 양식으로 독특하게 꾸민 거대한 탑인 미나렛이 나오는데, 이슬람교의 예배당인 모스크의 첨탑을 일컫는 것으로 등대라는 뜻의 아랍어 '마나라(manāra)'에서 유래했다. 리히텐슈타인 가문이 부와 권위를 보여주고자 지은 것으로, 탑 아랫부분에는 아랍풍으로 화려하게 장식한 방이 8개나 되는데 가문에서 수집한 이국적인 수집품을 모아두는 용도로 썼다. 이슬람교 경전인 코란의 문구가 온통 벽에 새겨진 미나렛 안으로 들어가 302개의 계단을 올라가면 레드니체 성과 정원이 한눈에 들어오는 멋진 풍경이 펼쳐진다.

📍 Zámek 1, Lednice 🕐 미나렛 화~일요일 09:00~16:00
🎫 정원 무료, 미나렛 성인 100Kč, 학생 및 시니어 80Kč
📞 519 340 128 🏠 www.zamek-lednice.com

위엄이 넘치는 바로크 성 ...... ③

발티체 성 Valtice Castle

Státní Zámek Valtice 🔊 스타트니 자메크 발티체

모라비아에서 가장 큰 바로크 양식의 성으로, 리히텐슈타인 가문 중에서도 특히 왕자가 주 거주지로 삼았던 성이다. 섬세한 장식이 눈길을 끌던 레드니체 궁과는 달리 규모도 더 크고 웅장해서 터프하다는 느낌을 준다. 성 내부는 가문의 지위에 걸맞은 화려한 인테리어와 세련되고 고급스러운 가구로 가득하다. 이곳 역시 성 구역을 여러 부분으로 나눈 다양한 투어에 참여할 수 있다. 대접견실 투어는 왕자들이 지내던 20개가 넘는 방을 둘러보게 되고, 재건축 후 새로 개방하는 1층 방 10개를 둘러보는 왕자의 거주지 투어에서는 훨씬 세련되면서도 아름다운 광경에 감탄하게 될 것이다. 가이드 투어는 체코어로만 진행하지만 티켓오피스에서 한국어 설명서를 빌릴 수도 있고 투어 시작점에 있는 큐알코드를 스캔해서 휴대전화로 한글 가이드를 볼 수도 있으니 별로 걱정할 필요는 없다. 단, 성의 각 구역마다 시기에 따라 개방하는 시간에 차이가 크다. 겨울에는 아예 문을 닫기도 하고, 오픈하더라도 주말에만 입장이 가능한 구역이 많다. 온라인에서 해당월 포함 3개월 동안 운영하는 요일과 시간을 공지하니 사전에 꼭 확인해야 한다.

📍 Zámek 1, Valtice 🚶 레드니체 궁에서 555번 버스로 16분 이동, 하차 후 도보 5분 🎟 대접견실 투어 230Kč, 학생 및 시니어 180Kč, 왕자의 거주지 160Kč, 학생 및 시니어 130Kč 📞 778 743 754
🏠 www.zamek-valtice.cz/cs

발티체 성 국립 와인살롱 National Wine Salon

Salon vín České Republiky-Národní Vinařské Centrum 🔊 살론 빈 체스케 레푸블리키

발티체 성 지하에 있어 일년 내내 습도와 온도를 일정하게 유지하는 최고의 와인 보관소이자 와인 애호가의 성지다. 체코 국립와인협회에서는 2001년 처음으로 국제와인대회를 주최한 이래로, 매년 이곳에서 체코 와인 경연대회를 개최하고 있다. 무제한 시음권을 구매하면 그 해에 수상한 100가지 와인을 마음껏 맛볼 수 있다. 와인마다 생산지와 품종, 특징 등 자세한 정보도 함께 적혀 있으니 입맛에 맞는 와인을 찾아다니는 재미도 있고, 체코에만 있는 품종을 알아가는 재미도 있다. 살롱 곳곳에 영어로 소통이 가능한 소믈리에가 있으니 궁금한 점을 물어보고 와인을 추천받을 수도 있다. 너무 많이 시음하는 것이 부담스럽다면 교통카드처럼 적당한 금액을 충전한 카드를 받고 100가지 와인 중에서 엄선한 16가지 와인이 든 디스펜서를 이용하는 방법도 있다. 카드를 꽂고 버튼을 누르면 한두 번 마실 양이 잔에 담기는데, 25~50Kč 정도니 마셔 보고 추가 시음을 원하면 재충전을 해서 이용하면 된다. 시음 후 마음에 드는 와인은 바구니에 담아서 나갈 때 한 번에 계산하면 된다. 2022년에는 화이트 와인 70종과 레드 와인 26종, 스파클링 와인 2종 및 로제 와인 2종이 있었다. 기본적으로는 이 모든 와인을 맛보고 구매할 수 있지만, 연말까지 시음할 양을 확보하기 위해 판매할 수 있는 수량이 제한되어 있어 1위를 수상한 와인이나 인기있는 와인은 구매가 불가능한 경우도 있다.

📍 Zámek 1, Valtice 🏃 성 입구 정원을 통과한 후 건물 오른쪽에 위치, 계단을 통해 내려가야 함 🕐 화, 목요일 09:30~17:00, 금~토요일 10:30~18:00, 일요일 10:30~17:00 (6~9월에만 일요일 운영) ❌ 1월(당해년도 수상한 와인을 준비하고 저장해두기 위해 휴관함) 🎫 120분 무제한 시음 프로그램 599Kč, 16종 와인 디스펜서 이용 시 카드에 100Kč부터 충전 가능(와인 종류에 따라 가격 다름) 📞 519 352 744 🏠 www.salonvin.cz

미쿨로프 성

The Mikulov Chateau

Zámek Mikulov 🔊 자메크 미쿨로프

리히텐슈타인 가문에 이어 디트리히슈타인 가문이 소유했던 성이다. 1805년에는 프랑스 황제였던 나폴레옹 1세가 머물기도 했고, 1866년에는 이곳에서 프로이센-오스트리아 휴전 협정이 체결되었다. 바위 절벽 위에 쌓아서 미쿨로프 어디에서나 눈에 띄는 랜드마크다. 야트막한 언덕길을 따라 올라가 성문으로 들어서면 가장 먼저 반겨주는 건 마치 광장처럼 광활한 정원이다. 지대가 높아 시야를 가리는 건물도 없고, 푸른 나무 사이로 살짝 보이는 지붕 끄트머리와 건너편 성스러운 언덕이 눈에 가득 찬다. 성의 역사를 전시해 둔 박물관은 미쿨로프의 지역 박물관으로 쓰이고 있어, 이 성에 얽힌 역사와 함께 미쿨로프의 발자취를 고스란히 전시해 두었다. 그밖에도 디트리히슈타인 가문의 소장품 전시관이나 갤러리, 도서관, 와인 창고, 지하실 등 총 9개의 다양한 투어가 운영되고 있으니 취향대로 골라 둘러보면 된다.

📍 Zámek 1/4, Mikulov   🕐 3~4월 및 10~11월 금~일요일 09:00~16:00,
5~6월 및 9월 화~일요일 09:00~17:00, 7~8월 매일 09:00~18:00   ❌ 1~2월
🅺ⓒ 디트리히슈타인 박물관 및 갤러리(가이드 동반) 성인 120Kč, 학생 및 시니어 60Kč
📞 519 309 014   🏠 www.rmm.cz

눈을 감아도 영광은 여전히 이곳에 남아 ⋯⋯ ⑥
디트리히슈타인 가문 묘 Dietrichstein Tomb
Dietrichsteinská Hrobka 🔊 디에트리흐스테인스카

미쿨로프는 도시 자체가 그리 크지 않아서 중앙 광장도 소박하고 작은데, 광장
오른쪽으로 걸어가면 거창하다 싶을 만큼 웅장한 건축물이 눈에 들어온다. 성당
이나 박물관 입구일까 싶었던 것이 한 가문의 묘지라는 사실을 알면 대체 얼마
나 대단한 가문이기에 이렇게 입구부터 으리으리한 가족 묘를 광장에 지은 건지
궁금해진다. 사실 이곳은 원래 예배당으로 지은 것이 맞다. 디트리히슈타인 가
문은 유서 깊은 오스트리아 귀족 가문인데, 미쿨로프가 지금은 오스트리아 국경
을 가까이 둔 체코의 도시지만 당시만 해도 이곳은 디트리히슈타인 가문의 영지
였다. 1623년 프란츠 폰 디트리히슈타인 추기경이 이탈리아 로레토의 성지를 본
떠 예배당을 만들었는데 1784년 대화재로 대부분이 소실되었고, 재건하는 과정
에서 가족 묘지로 탈바꿈하면서 1617년부터 1852년까지 총 45명의 디트리히슈
타인 가문의 유해가 이곳에 잠들게 되었다. 가이드 동반 하에만 내부 관람이 가
능하다.

📍 Náměstí 193/5, Mikulov 🕐 4월 및 10월 토~일요일 10:00~16:00, 5~6월 및
9월 화~일요일 10:00~17:00, 7~8월 매일 10:00~18:00, 11월~3월 예약 시에만 가능
🎟 성인 100Kč, 학생 및 시니어 70Kč 📞 720 151 793 🏠 www.mikulov.cz/en/tourist

가장 오래된 십자가의 길 끝, 성스럽게 빛나는 별 하나 ⑦

성스러운 언덕과 성 세바스티아나 예배당 Holy Hill and Chapel of Saint Sebastian

Svatý Kopeček a Kaple Svatého Šebestiána 🔊 스바티 코페체크 아 카플레 스바테호 셰베스티아나

미쿨로프 랜드마크의 끝판왕이라고 할 수 있는 곳이다. 이 도시에 들어오기도 전부터 야트막한 언덕 위 눈부시도록 하얗게 빛나는 예배당이 보이기 때문이다. 1622년 흑사병이 남모라비아까지 퍼졌을 때, 흑사병을 피해가려는 간절한 마음을 담아 전염병 수호성인인 성 세바스티아나에게 봉헌한 예배당이다. 남모라비아에서는 유명한 순교지로, 오르는 길을 따라 십자가의 길이 있어 간절하게 기도하며 언덕을 오르는 사람들을 종종 보게 된다. 이 십자가의 길은 체코에서 가장 오래된 십자가의 길 중 하나여서 체코인들에게 종교적으로 꽤 의미 있는 장소이기도 하다. 아래에서 볼 때는 언덕 꼭대기까지 훤하게 눈에 들어와서 가벼운 차림으로 언덕을 오르는 사람이 많은데, 언덕 끝에 있는 성 세바스티아나 예배당에 닿기까지 약 16분 동안 이어지는 오르막길은 온통 작은 돌들이 깔려 있어 생각보다 험하다. 운동화를 신어도 자칫하면 미끄러지기 십상이기 때문에 구두나 슬리퍼를 신고 올라갈 생각은 애초에 버리는 것이 좋다.

📍 Novokopečná 802, 692 01 Mikulov
🚶 미쿨로프 광장에서 도보 6분, 분홍색 작은 예배당(Piaristický dům)이 보이면 왼쪽으로 난 계단을 따라 도보 16분

소중한 도시를 지키던 파수꾼의 탑 ...... ⑧

염소 성 Goat Tower Kozí Hrádek ◀) 코지 흐라데크

16세기에 방어를 위해 지었던 요새다. 미쿨로프가 브르노와 오스트리아 빈 사이에 있어서, 염소 성은 그 사이에서 무역로를 보호하고 경로를 통제하는 중요한 역할을 했다. 당시에는 포를 쏠 수 있는 탑이었지만 이제는 성스러운 언덕과 미쿨로프 성이 넓게 펼쳐진 풍경을 볼 수 있는 전망대로 쓰인다. 광장에서 10분도 채 걸리지 않는 가까운 곳이라 식사 후 소화도 시킬 겸 가볍게 올라볼 만한 오르막길이다.

📍 Na Jámě, Mikulov 🚶 미쿨로프 광장에서 도보 7분
🇰 성인 30Kč, 학생 및 시니어 20Kč

와인의 고장, 미쿨로프

와인 생산으로 유명한 모라비아 지방에서도 와인으로 가장 유명한 곳이 바로 미쿨로프다. 매년 9월 포도 수확 시기가 되면 3일 동안 팔라바 포도 수확제가 열리는데, 눈길을 사로잡는 퍼레이드와 갓 수확한 포도를 발효시켜 만든 햇와인인 '부르착'을 맛볼 수 있다. 이곳을 찾은 관광객들은 너도나도 와인잔을 목에 걸고 마음껏 와인을 즐긴다. 이 시기에는 미쿨로프 주변 숙소가 금방 동이 나므로 여행 계획을 세울 때 참고하는 것이 좋다. 또한 축제 기간에는 마을 입장료를 받는다.

드넓은 성 정원을 걷기 전
칼로리 확보는 필수 ······ ①

Burgrs' Club 🔊 버거스 클럽

레드니체 성 입구와 가까운 수제 버거 레스토랑이다. 아름답고 고풍스러운 성과는 전혀 다른 느낌을 주는 미국식 분위기가 물씬 풍기고, 자리마다 놓인 티슈 케이스의 큐알 코드를 스캔하는 메뉴판까지 지극히 현대적인 곳이다. 주문 후 음식이 나오는 속도도 빠른 편이라 가볍게 식사한 후 빠르게 움직이기에는 이만한 곳이 없다. 큼지막한 버거에 육즙 가득한 패티는 기본이고, 버거마다 다양한 토핑이 있는데 메뉴마다 자세한 설명이 있으니 참고해서 주문하면 입맛에 딱 맞는 버거를 고를 수 있다. 우리나라에서는 수제버거에 맥주를 흔히 곁들이지만, 최고의 와인산지답게 맥주 리스트보다 와인 리스트가 훨씬 풍부하니 버거에 잘 어울릴 만한 와인을 추천받아 즐겨보는 것도 좋겠다.

📍 21. dubna 694, Lednice 🚶 왼쪽 성문으로 나와 도보 1분 🕐 월~금요일 11:00~22:00, 토~일요일 08:00~22:00 📞 776 416 518 🏠 burgrsclub.cz

체코 미식가이드가 선정한 레드니체 맛집 ······ ②

Restaurant U Tlustých 🔊 레스토랑 우 틀루스티흐

버거스 클럽 맞은편에 있는 모라비안 레스토랑이다. 지역 특산물을 이용해 만드는 전통 요리부터 유럽 각국에서 온 손님들의 취향에 맞춘 음식까지 섭렵한 맛있는 음식 덕분에 체코 미식가이드에 선정되어 널찍한 실내가 늘 북적인다. 유명세 때문인지 가격은 소도시 치고 다소 높은 편이고 음식 맛이 대단히 특별하다고 보기는 어렵지만, 깔끔하고 쾌적한 분위기를 갖춘 데다 레드니체 성과도 가까우니 큰 고민 없이 들어가서 끌리는 음식을 편하게 고르기 좋다. 카드 결제가 불가능한데 식당 앞 ATM은 수수료가 저렴하지 않으니 미리 현금을 준비해 두자.

📍 Pekařská 88, Lednice 🚶 오른쪽 성문으로 나와 도보 3분
🕐 월~토요일 10:00~22:00, 일요일 10:00~21:00
📞 606 571 362 🏠 utlustych.cz

정겹고 소박한 전통 음식점 ······ ③

Restaurace Valtická Rychta 🔊 레스타우라체 발티츠카 리흐타

100년 넘게 이 자리에 있던 집을 개조해 1993년 레스토랑으로 오픈했다. 체코 전통 요리로 가득한 메뉴 중에서도 특제 소스로 만든 꼴레뇨와 돼지고기 립, 슈니첼이 가장 사랑받는다. 가격이 저렴하면서도 정성껏 조리한 티가 나서 그 맛을 잊지 못해 다시 찾는 방문객이 많은데, 서빙 속도도 빠른 편이고 친절하기까지 해 만족도가 높은 식당이다. 벽돌 담장으로 둘러싸인 테라스에 앉으면 마치 하우스 파티에 초대받은 것처럼 아늑하면서도 쾌적해 레스토랑 실내보다 바깥 자리가 훨씬 인기가 많다. 늘 붐비는 편이라 식사 시간에 찾는다면 최소 이틀 전에는 예약할 것을 추천한다.

📍 Mikulovská 165, Valtice
🚶 발티체 성에서 도보 5분
🕐 화~토요일 11:00~21:30,
일요일 11:00~20:30, 월요일11:00~19:30
📞 519 352 366
🏠 valtickarychta.cz

할머니 손맛이 담긴 이탈리안 피자 ······ ④

NONNA Pizza & Café 🔊 논나 피자 앤드 카페

스보바디 광장 한복판에 늘 사람이 가득한 가게가 있다면 아마도 '논나 피자'일 것이다. 논나는 이탈리아어로 할머니를 뜻하는데, 우리나라로 치면 할머니 반대 떡쯤 되는 느낌의 식당이다. 대부분의 음식들이 200Kč를 넘지 않고, 커피나 차 메뉴도 많아 어느 시간에든 사람이 가득하다. 피자를 주문하면 바삭하고 얇은 도우 위에 무심하게 토핑을 툭 얹어서 나오는데 우리 입맛에는 짭짤한 편이라

📍 nám. Svobody 15, Valtice
🚶 발티체 성에서 도보 3분,
스보바디 광장으로 나가 맞은편에 위치
🕐 매일 09:30~21:00
📞 702 135 071 🏠 nonna.cz

음료를 곁들이는 게 좋다. Prosciutto Crudo는 프로슈토와 신선한 루꼴라가 잔뜩 올라가 있어 산뜻하고, 간판 메뉴인 Della NONNA는 가득 적힌 재료에 비해 다소 썰렁한 모양새를 지녔는데, 짭짤한 블루치즈와 살라미, 판체타 등이 다 들어가서 꽤 인기가 있다. 굳이 피자가 아니더라도 올리브와 햄 등의 안주와 빵을 곁들인 안티파스티 구성이 나쁘지 않으니 잠시 쉬며 출출한 속을 달래기 좋다. 찾아가기 쉽고 간편하게 먹을 만한 메뉴가 많은데다 가성비가 좋아 늘 붐비는데, 특히 사람이 몰리는 때면 친절한 서비스는 기대하기 어렵다. 포장하면 10~15Kč 가량의 포장비가 추가된다.

끼니마다 고기를 먹는 데 지쳤다면 여기로! ⑤

Sojka & spol. Restaurant ◄» 소이카 앤드 스폴 레스토랑

미쿨로프 식당 중 트립어드바이저 1위를 차지하는 비스트로이자 식료품점이다. 미쿨로프 광장에 있어 찾기도 쉽다. 1층은 유기농 식료품과 물건을 파는 상점이고 2층으로 올라가야 식당이 나오는데, 1층 매장 내부에 2층으로 올라가는 계단이 있으니 당황하지 말고 상점으로 들어가보자. 영어 메뉴도 준비되어 있는데, 버거나 리조또, 태국 커리, 오리 다리 등 폭넓은 음식을 선보이고 있으며 비건 메뉴도 있어서 가볍고 산뜻한 식사를 즐길 수도 있다. 옵션이 많고 대부분 맛도 좋은데다 가격까지 저렴한 것이 인기 비결인 듯하다. 특히 유기농 에이드 종류는 색감이 예쁜 만큼 맛도 아름답다.

📍 Náměstí 10/198, Mikulov 🕐 매일 11:00~22:00 📞 518 327 862
🏠 www.sojkaaspol.cz

인기 만점 푸드트럭 음식을 즐길 수 있는 곳 ⑥

Pedro's Streetfood Bistro
◄» 페드로스 스트리트푸드 비스트로

레드니체 성 앞에서 인기몰이를 하던 푸드트럭을 그대로 미쿨로프 골목에 옮겨왔다. 푸드트럭 음식답게 가볍게 손에 들고 먹기 좋은 메뉴 위주인데, 통통한 소시지 위에 토핑이 듬뿍 올라간 핫도그와 풀드 포크가 넘칠만큼 가득한 버거, 그리고 눈으로만 봐도 바삭하고 신선해 보이는 감자튀김은 남녀노소할 것 없이 즐기는 인기 메뉴다. 널찍한 매장에는 좌석과 함께 스탠딩 테이블이 있어 한껏 자유로운 푸드트럭의 감성을 느낄 수 있다.

📍 Brněnská 8/3, Mikulov 🏃 미쿨로프 광장에서 도보 2분
🕐 화~일요일 12:00~20:00 📞 704 891 000

풍요로운 타파스와 함께라면 낮술도 얼마든지! ⑦

KUK Bistro ◄» 쿡 비스트로

광장에서 염소 성 방향으로 걸어가면 와인 비스트로가 꽤 많이 등장한다. 우리나라는 살짝 어두운 인테리어에 분위기 있는 와인 바가 조금 더 흔한데, 이곳은 대낮부터 야외 테이블에서 와인을 마시는 사람이 흔하다. 미쿨로프가 워낙 화이트 와인으로 유명하다 보니, 진득하고 묵직한 레드 와인보다는 시원한 화이트 와인을 낮시간에 즐기는 분위기다. 그중에서도 KUK Bistro는 다양한 와인과 핑거푸드를 찾는 손님들로 아담한 공간이 늘 북적인다. 특히 올리브와 치즈, 훈제 연어 등 7가지 안주거리와 디핑이 제공되는 타파스 플레이트는 테이블마다 없는 곳이 없다. 서비스도 좋고, 대부분의 메뉴가 특별히 조리 시간이 필요한 게 아니라서 금방 서빙이 되는 점도 맘에 든다.

📍 Kostelní nám. 13, Mikulov 🏃 미쿨로프 광장에서 염소 성 방향으로 도보 1분
🕐 일~목요일 08:00~21:00, 금~토요일 08:00~22:00 📞 728 332 485

Chokolito ◀)) 호콜리토

발티체 성 안에 있는 초콜릿 가게다. 분위기도, 맛도 고급스러운 수제 초콜릿이
가득한데 가격이 너무 저렴해 놀라울 정도다. 갖가지 맛과 모양의 낱개 초콜릿인
프랄린은 11Kč부터 고를 수 있으니 우리나라에 비하면 꽤 저렴하다. 원하는 맛
을 여러 개 골라 예쁜 상자에 포장할 수도 있고, 정교하게 만든 곰돌이나 캐릭터

📍 Zámek 1, Valtice
🚶 성 가장 안쪽에 위치
🕐 매일 10:00~17:00 📞 605 286 816
🏠 www.cokoladovnavaltice.cz

초콜릿도 비싸지 않아서 더운 계절만 아
니라면 선물로 구매하기에 손색이 없다.
자리에 앉아 핫초콜릿이나 커피를 마실
수도 있으니 쌀쌀한 날씨에 굳은 몸을 녹
이고 싶다면 매콤한 스파이스가 들어간
칠리 핫초콜릿의 매콤쌉쌀한 맛에 도전
해 보자.

Vinotéka na Zámku
◀)) 비노테카 나 잠쿠

발티체 성 국립 와인살롱이 문을 닫은 시간이거나 와인살롱에서 시음을 하고 싶
진 않지만 검증된 와인을 구매하고 싶다면 국립 와인살롱 입구 1층에 있는 이 와
인숍에 들러보자. VOC발티체 인증 와인을 독점으로 공급하는 이곳에서는 발티
체에서 인정하는 7곳의 로컬 와이너리 제품을 판매하고 있으며 오스트리아 리
히텐슈타인 프린스리 와이너리 제품을 유일하게 선보이는 곳이기도 하다. 널찍
한 공간에는 발티체 성을 다녀간 유명인사들이 사용했던 와인 오프너를 전시해
두었고, 시음도 가능하다.

📍 Zámek 1, Valtice
🚶 국립 와인살롱으로 내려가는 계단 바로 옆
🕐 4~5월 금~일요일 11:00~17:00, 6월 수~
일요일 10:00~17:00, 7~8월 매일 10:00~
18:00, 9월 수~일요일 10:00~17:00,
10~11월 13일 금~일요일 11:00~17:00
❌ 11월 13일~3월 📞 778 743 754

모라비아에서 들러볼 만한 **와이너리**

발티체 성 국립 와인살롱이나 시내 곳곳의
레스토랑에서 얼마든지 모라비아의
훌륭한 와인을 즐길 수 있지만,
이곳까지 왔다면 직접 와이너리에
들르는 경험을 놓치지 말자.
체코는 여타 와인 산지와 다르게 소규모로
운영되는 와이너리가 워낙 많기 때문에
앞서 소개한 레스토랑이나 바에서
입에 맞는 와인을 찾았다면 그 와인을
생산하는 곳을 직접 검색해서
찾아가봐도 좋다. 그래도 아직은 감이 오지
않는다면 이곳에 들러보는 건 어떨까.

수상 경력이 어마어마한 와인계의 모범생

Vinařství Sonberk ◀) 비나르슈스트비 손베르크

연간 3~15만 병의 와인을 생산하는 손베르크 와이너리는 중부 유럽 내 최고의 화이트 와인을 생산하는 곳으로, 화려한 수상내역을 자랑한다. 디켄터월드와인어워드의 베스트 드라이 아로마틱 부문에서 플래티넘 메달을 받았고, 국립 와인살롱에서 매년 선정하는 최고의 체코 와인 100선에 포함되고 있으며, 체코에서 가장 유명한 국제와인대회인 프라하 와인 트로피의 결선에 출전하며 두 번이나 우승한 이력이 있다. 손베르크의 프리미엄 와인 5종 시음 코스는 195Kč로, 테라스에 앉아 눈앞에 펼쳐진 포도밭을 감상하며 마시는 화이트 와인이 일품이다. 레드니체/미쿨로프에서 차로 약 30분 거리에 위치해 있다.

◉ Sonberk 393, 691 27 Popice 🏃 미쿨로프에서 차로 20분 소요, 레드니체에서 차로 25분 소요 🕐 3~10월 매일 10:00~18:00(6~9월 금,토요일은 20:00까지 연장 운영), 11~2월 매일 10:00~17:00 📞 777 630 434 🏠 www.sonberk.cz/en

유럽에서 제일 오래된 포도밭
Šobes ◀) 쇼베스

모라비아에 있는 유일한 국립공원인 포디이(Podyji)에는 기원전 1500~1800년에 포도를 재배한 흔적이 남아있는 유럽에서 가장 오래된 포도밭이 있다. 세계적으로 유명한 와인을 생산하고 있는 프랑스의 론 지역과도 몹시 유사한 조건을 갖추고 있는데 햇볕을 제대로 받을 수 있는 완만한 경사면과 포도밭 주위를 흐르는 디예 강, 일교차가 큰 기후, 산성인 점토와 돌이 많은 지형은 포도가 자라기에 완벽한 조건이라는 평가를 받는다. 현재 이곳을 소유하고 있는 ZNOVÍN의 대표 와인은 리슬링, 피노누아 등이다. 포도밭 자체는 1년 내내 개방되어 있지만, 테이스팅은 4월부터 9월까지만 진행한다.

◉ Národní park Podyjí, Šobes, 669 02 Podmolí ⚡ 즈노이모 시내에서 차로 20분 소요 ◷ 4~5월 및 9월 토~일요일 및 공휴일 09:00~18:00, 6~8월 매일 09:00~18:00 ☎ 515 266 620 ⌂ www.znovin.cz/en/vineyards-sobes-in-podyji-national-park

와이너리에서 묵을 수 있는 뜻깊은 경험
Vinařství Obelisk
◀) 비나르슈트비 오벨리스크

오벨리스크 와이너리는 국립 와인살롱으로 유명한 발티체 성에서 도보 30분, 차로는 10분 남짓 걸리는 현대적 감각의 모던한 와이너리다. 리히텐슈타인 가문의 고급 와인 양조 전통을 따르고 있으며, VOC Valtice 인증을 받은 8개 와이너리 중 하나로 전통과 품질을 모두 인정받고 있다. 숙박 시설도 갖추고 있는데 현대적이고 깔끔해서 만족도가 높고, 세련된 건물과 아름다운 포도밭이 있어 결혼식 등 각종 행사 장소로도 사랑받는다. 하지만 그만큼 객실이 빠르게 마감되니 서둘러 예약하는 편이 좋다.

◉ Celňák 1212 691 42 Valtice ⚡ 발티체 역에서 555번 버스를 타고 Valtice, kasárna에서 하차, 총 11분 소요 ◷ 행사 일정에 따라 개방 시간이 월별로 홈페이지에 공지됨 ☎ 548 998 850 ⌂ www.vinarstviobelisk.cz/en

차는 없지만 와이너리는 가고 싶어
Vinařství Annovino 🔊 비나르슈스트비 안노비노

약 15년 정도의 역사를 가진 현대적인 와이너리로 대규모 기업형으로 운영하고 있다. 2022년 최고의 와인 결승에 오를 만큼 품질도 인정받고 있다. 레드니체 도시 진입 직전에 위치하고 있어 미쿨로브에서 레드니체로 넘어가면서 무료로 개방하고 있는 와이너리 부지에 잠시 들러 포도밭 경치를 보는 것만으로도 힐링이 되는 곳이다. 연중무휴로 운영되는데다 레드니체 성에서 도보로 방문할 수 있는 와이너리여서 렌터카가 없는 여행자에게도 가볼 만하고, 운전자라면 차를 두고 마음 편히 시음하고 다시 시내로 돌아오기도 쉽다. 미리 예약하면 와인 양조 과정을 체험하는 프로그램에도 참여할 수 있다.

📍 Nejdecká 714, 691 44 Lednice 🏃 레드니체 궁에서 도보 20분, 또는 레드니체 역에서 570번 버스를 타고 hospodářské. družstvo에서 하차 🕐 월~목요일 10:00~17:00, 금~토요일 10:00~21:00, 일요일 10:00~16:00 📞 724 165 961 🏠 annovino.cz

---

좀 더 쉽고 편하게 와인을 즐기는 방법

체코는 이탈리아나 프랑스, 스페인처럼 대규모 와이너리가 흔하지 않다보니 개별적으로 투어를 예약할 수 있는 시스템을 갖춘 와이너리가 한정적이다. 그래서 보통 여행자가 선택할 수 있는 가장 무난한 방법은 체코 국립와인협회에서 주최하는 9월 와인 테이스팅 페스티벌에 참여하는 것이다. 예약없이 현지에 도착해 즉석에서 방문할 수 있어서 편하다. 이밖에도 해마다 9~10월이면 프라하와 모라비아 각 도시에서 열리는 와인 축제를 방문할 수 있다. 렌터카는 없지만 짧은 시간에 남모라비아의 와인을 맛보고 싶다면 여행사의 투어 패키지를 이용하는 것도 한 방법이다. 저렴한 가격은 아니어도 전용 차량으로 가이드의 설명과 함께 주요 관광지와 와이너리를 들를 수 있다.

🏠 www.winetoursmoravia.com/en
🏠 tastepraha.com/tour/moravia-winery(한국인 가이드 동반)

와인의 성지 미쿨로프의 대형 와이너리
Vinařství Volařík
🔊 비나르슈스트비 볼라르지크

미쿨로프에서 제일 큰 와이너리로 미쿨로프 시내에서 도보로 10분 밖에 걸리지 않아 편하게 방문할 수 있다. 화이트 와인과 로제, 스파클링 와인을 생산하고 있으며 발티체 국립 와인살롱의 챔피온을 세 번이나 달성하는 등 수많은 수상 경력을 지녔다. 와이너리에서 진행하는 시음은 별도의 예약 없이도 가능하며, 테라스에서 미쿨로프 성의 아름다운 전망을 감상할 수 있다.

📍 K Vápence 1811/2a
🏃 미쿨로프 광장에서 도보 10분
🕐 월~목요일 08:00~16:00, 금요일 08:00~17:00, 토요일 10:00~18:00, 일요일 09:00~13:00
📞 519 513 553 🏠 www.vinarstvivolarik.cz

햇볕이 가장 잘 드는 땅

즈노이모

Znojmo

지도를 펼쳐 보면 가느다란 선 하나를 사이에 두고 오스트리아와 나란히 국경을 맞댄 도시 즈노이모. 13세기부터 커다란 군사 요새로써 무역을 비롯한 특권을 부여 받았지만 세계 1, 2차 대전을 거치며 체코슬로바키아의 영토였다가 독일에 속하기도 하면서 많은 타격을 입고 시달렸던 역사가 있다. 비록 지리적으로는 이리 저리 시달리는 다소 피곤한 시간을 보냈으나, 햇빛만큼은 체코에서 가장 풍부한 땅으로 유명하다. 온화한 기후와 충분한 일조량 덕에 포도와 오이는 즈노이모의 명물이 되었다. 또 이러한 기후와 지형 덕분에 유럽에서 가장 오래된 포도밭인 쇼베스는 와인 테마 여행자에겐 꼭 들러야 할 곳 중 하나로 꼽힌다.

프라하에서 어떻게 가야할까?

- **기차** 직행은 없지만 프라하 중앙역에서 Břeclav 역까지 간 뒤 열차를 환승해 즈노이모 중앙역까지 도착하는 데 대략 3시간 10분 정도 소요된다.

- **버스** 프라하 플로렌스 역에서 플릭스 또는 레지오젯 버스로 3시간이 소요된다. 브르노에서 즈노이모로 떠난다면 브르노 중앙역에서 108번 버스로 1시간 가량 걸린다.

즈노이모를 여행하는 법

즈노이모 기차역이나 버스터미널에서 내려 10분 정도 걸으면 마사리코보 광장이 나오는데, 구시가지의 초입이라고 생각하면 된다. 이곳부터 주요 볼거리가 시작되니, 광장을 기점 삼아 동선을 잡으면 편리하다. 즈노이모는 어느 계절에 가도 좋지만 포도 수확제가 열리는 9월에 가면 볼거리가 많다. 수확제는 이곳이 아니어도 여기저기서 열리지만, 남모라비아에서 두 번째로 큰 도시인 즈노이모의 성대한 포도 수확제는 코로나 바이러스가 창궐하기 전만 해도 매년 수만 명이 찾는 성대한 축제로, 바로 이 도시에서 열린다. 축제의 하이라이트는 룩셈부르크 왕인 요한의 행차를 재현한 퍼레이드다.

즈노이모 추천 코스

예상 소요 시간
약 3시간 30분

○ 즈노이모 버스터미널
　도보 13분
○ 마사리코보 광장의 **구시청사 타워**
　도보 1분
○ 전쟁에서 즈노이모를 지켜낸 또 하나의 세계를 만나는 **지하도시 투어**
　도보 5분
○ 절벽 끝에 홀로 선 아름다움, **성 미쿨라셰 성당**
　도보 3분
○ 두 눈 가득 펼쳐진 전망을 볼 수 있는 **즈노이모 성과 성벽 전망대**

구시청사 타워

지하도시 투어

즈노이모 성

즈노이모

파수꾼의 게으름을
경계하던 시계탑 ⋯⋯⋯ ①
구시청사 타워
Znojmo Town Hall Tower
Radniční Věž 🔊 라드니치니 베시

1260년대 초에 세워진 시청이 1444년 화재로 타버리면서, 시청을 재건하는 동안 새롭게 지어진 탑이다. 상부에 커다란 시계 때문에 처음부터 시계탑으로 지은 건 아닐까 생각하게 되는데, 이 탑의 가장 중요한 역할은 마을과 도시 주변을 감시하는 것이었다. 탑의 꼭대기 전망대에 올라서면 주변을 둘러싼 평지와 산맥은 물론이고, 아주 맑은 날에는 알프스의 봉우리까지 눈에 들어와서 위험을 감지하는 중요한 역할을 수행할 수 있었다. 1924년까지 존재했던 탑의 파수꾼들이 임무를 게을리하지 않도록 규칙적으로 보고하려면 시간을 알아야 했기에 시계를 설치하게 되었는데, 아무래도 광장 한복판에 우뚝 선 탑이다 보니 마을 사람들에게도 시계는 큰 도움이 되었다. 이제는 관광객이 즈노이모를 눈에 담는 전망대로 쓰이지만, 아쉽게도 2022년 5월부터 2023년 가을까지 새로운 보수를 진행하고 있어 직접 올라가는 것은 불가능한 상태다.

📍 Obroková 1/12 🏃 즈노이모 역에서 도보 13분, 마사리코보 광장 북쪽에 위치
📞 739 389 094 🏠 www.znojemskabeseda.cz/turismus/radnicni-vez

©www.znojemskabeseda.cz

스웨덴군도 깜깜 속은
땅 아래 거대한 세계 ……②

지하도시 투어 Znojmo Underground

Znojemské Podzemí 🔊 즈노옘스케 포드제미

체코 각지에 지하도시를 둘러보는 관광상품이 있지만, 즈노이모의 지하도시는 총 길이가 약 27km에 달하며 지하 4층까지 이어지는 어마어마한 규모를 자랑한다. 중세 시대 무역의 관문이기도 했던 즈노이모에서는 와인과 농산물을 보관하기 위해 집집마다 지하 공간을 만들었고, 서로 연결해 두었다. 하지만 지하도시가 정말 중요하게 쓰였던 건 전쟁이 즈노이모를 덮쳤던 시기다. 30년 전쟁 때 거리에 사람이 흔적도 없어 Dead City라고 여긴 스웨덴군은 이곳에 마음 놓고 하루 묵었다가 밤이 되자 지하에 숨어있던 시민군에게 전멸당했다고 한다. 이곳에는 시민들이 지상에서의 삶을 지하에서도 유지할 수 있는 다양한 시설이 있었는데, 지하수는 배수로를 따라 곳곳으로 흘러 식수로 쓰였고, 지하 4층을 수직으로 연결하는 엘리베이터식 굴뚝도 있었으며, 2차 대전 때 쓰였던 고문실과 감옥의 흔적까지 고스란히 남아있다.

워낙 미로처럼 복잡한데다 좁고 위험한 구간이 많아 가이드와 함께하는 투어로만 둘러볼 수 있는데, 가운과 장비를 착용하고 한 시간 가량 거대한 미로 같은 지하 곳곳을 누비는 체험을 할 수 있다. 투어는 크게 두 종류로, 노약자도 무난하게 참여할 수 있는 공간으로 구성되어 있는 클래식 투어와 진정한 지하도시를 맛보고 싶은 사람들을 위한 아드레날린 투어가 있다. 아드레날린 투어에서는 66cm 높이의 틈을 기어가고, 좁은 틈새로 몸을 비틀고 물 웅덩이를 건너 사다리를 오르는 터프한 코스가 당신을 기다린다. 하지만 원한다고 누구나 할 수 있는 건 아니다. 어린이는 보호자 동반 하에만 입장이 가능하며, 매표소 옆 세 가지 프레임에 몸이 통과하느냐에 따라 들어갈 수 있는 루트가 달라진다.

📍 Obroková 10 🚶 구시청사 타워 바로 옆에 위치
🕐 4, 10월 매일 10:00~17:00, 5, 9월 매일 09:00~17:00, 6~8월 매일 09:00~18:00, 11~3월 월~토요일 10:00~17:00, 일요일 10:00~14:00
💰 클래식 투어 성인 130Kč, 학생 및 시니어 80Kč,
아드레날린 투어 요금 별도 📞 515 221 342
🏠 www.znojemskabeseda.cz/turismus/znojemske-podzemi

하염없이 바라봐도
질리지 않을 파노라마 뷰 ⸱⸱⸱⸱⸱⸱ ③
즈노이모 성과 성벽
Znojmo Castle
Znojemský Hrad 🔊 즈노옘스키 흐라트

프르제미슬 왕가의 흔적이 남은 이곳은 그다지 큰 성은 아니지만, 지리적 위치 때문에 보헤미아에서 오스트리아로 여행을 가던 체코 군주가 종종 들러 휴식을 취했고 수많은 외교 협상이 이루어지기도 한 역사의 장이다. 하지만 17세기 말에는 절반이 폐허가 되어 성 앞 부분을 마을 사람들이 구입해 양조장을 세웠고, 19세기에는 막사와 군 병원으로 사용되었다. 1922년에는 즈노이모 시에서 이곳을 박물관으로 개조해 지금까지도 즈노이모의 역사를 담은 전시장 역할을 하고 있다. 성으로 들어가기 전, 아마도 먼저 눈길을 사로잡는 건 성벽을 따라 펼쳐진 파노라마 뷰일 것이다. 만약 즈노이모에서 단 한 시간만 주어진다면 가야 할 곳은 바로 여기라고 할 만큼, 성벽에서 보는 즈노이모는 그야말로 환상이다. 탁 트인 성벽 아래에 흐르는 디에 강과 댐, 마을이 펼쳐진 모습이 장관인데, 즈노이모에서 가장 아름다운 건축물이라 할 수 있는 성 미쿨라셰 성당과 푸른 하늘, 싱그러운 풍경을 한눈에 담을 수 있는 완벽한 장소다.

📍 Hradní 84 🚶 성 미쿨라셰 성당에서 성벽길을 따라 2분 가량 걷다가 즈노이모 양조장이 보이면 좌회전, 우측에 성 입구 위치 🕐 2~4월 토~일요일 09:00~17:00, 5~9월 화~일요일 09:00~17:00, 10월 토~일요일 09:00~17:00 *성벽은 상시 개방
🎟 성인 100Kč, 학생 및 시니어 70Kč 📞 515 282 211
🏠 www.muzeumznojmo.cz/Znojemský-hrad

성벽의 끝, 바라만 봐도 설레는 아름다운 성당 ······ ④

성 미쿨라셰 성당 St. Nicholas' Deanery Church Chrám sv. Mikuláše ◀ 흐람 스바테호 미쿨라셰

광장의 구시청사 탑과 더불어 즈노이모의 랜드마크로 손꼽히는 명물이다. 1103년경 이 성당에 관한 첫 기록이 존재한다고 하니 1000년에 가까운 역사가 깃든 유적이기도 하다. 상인들의 수호성인인 성 니콜라스에게 봉헌된 이곳이 지금의 모습을 갖춘 것은 체코의 전설적인 황제 카를 4세가 모라비아의 후작이던 시절 성당 건립을 후원하면서부터다. 초기 고딕 양식으로 지어진 성당은 하늘을 뚫을 듯 날카롭고 압도적인 모습의 다른 성당과는 다르게 노을과 유난히 잘 어울리는 주황빛 지붕과 크림색 벽면이 어우러져 있다. 특히 겨울에 지붕에 하얀 눈이 소복히 내려앉은 모습은 너무나도 서정적이고 낭만적이다. 밝은 빛과 섬세한 조각으로 가득한 성당 내부의 독특한 고딕 양식 프레스코화는 방문객들의 시선과 발걸음을 또다시 사로잡는 볼거리다.

📍 Mikulášské nám. 50/3
🏃 마사리코보 광장에서 도보 5분
🕐 매일 09:00~19:00 📞 515 224 694
🏠 www.farnostznojmo.cz

이런 절경에 술이 빠질 수 없지 ······ ①

Enotéka Znojemských Vín
◀ 에노테카 즈노옘스키흐 빈

최고의 전망을 볼 수 있는 즈노이모 성벽에 위치한 이곳에서는 무려 70가지의 와인을 맛볼 수 있다. 체코에서 자판기 시스템을 갖춘 와인숍으로는 가장 규모가 큰 곳으로 시즌에 따라 라인업이 변경되곤 하는데, 발티체 국립 와인살롱의 100대 와인으로 선정된 즈노이모 지역 와인이 포함되기도 한다. 카운터에서 선불카드에 원하는 금액을 충전한 뒤에는 맛보고 싶은 와인을 골라 카드를 자판기에 갖다대면 된다. 'By the Glass' 시스템을 갖춘 와인 자판기에서는 한 모금인 20㎖부터 50㎖, 100㎖ 중 원하는 양을 골라 가격을 결제하는 셀프서비스를 이용할 수 있고, 조금씩 맛보다 맘에 드는 와인이 생겼다면 아예 한 병을 결제할 수도 있다. 와인에 곁들일 수 있는 가벼운 디저트 종류도 구매할 수 있으니 가게 앞 테라스에 자리를 잡고 멋진 뷰를 감상하며 와인을 즐겨 보자.

📍 Hradní 2 🏃 즈노이모 성 입구에서 도보 1분 🕐 일~수요일
10:00~20:00, 목요일 10:00~22:00, 금~토요일 10:00~24:00
📞 702 203 232 🏠 www.vinotrh.cz/enoteka

담백한 립과 오동통한 소시지 ····· ②

Hospůdka Maxwilliam
🔊 호스푸트카 막스빌리암

모라비아의 크로메르지시에 위치한 막시밀리안 양조장에서 공수해 오는 맥주를 메인으로 내놓는 곳으로, 라이트 라거와 비엔나 라거, 캐러멜향이 감도는 세미 다크 맥주를 마실 수 있다. 맥주 외에도 다양한 술이 빼곡한 주류 리스트와는 달리 음식 메뉴는 매우 단출하다. 안주라고 하는 게 더 적합할 꼴레뇨와 립, 소시지가 음식 메뉴의 전부지만 세 가지 모두 맛만큼은 훌륭하다. 기본으로 제공되는 시큼한 호밀빵은 갓구워 따뜻하고 촉촉해 음식이 나오기도 전에 자꾸 뜯어먹게 된다. 음식을 주문하면 30코루나에 함께 주문할 수 있는 소스 플레이트에는 지역 특산물인 오이와 고추 피클, 그리고 우리가 소스로만 알고 있는 홀스래디시 채가 나오는데 고기의 묵직한 맛을 단숨에 지우고 입안을 개운하게 해주니 꼭 함께 주문할 것을 추천한다.

📍 U Brány 435/1 🚶 마사리코보 광장에서 도보 3분 🕐 월~목요일 15:00~22:00, 금요일 15:00~24:00, 토요일 14:00~24:00, 일요일 14:00~20:00 📞 603 892 962 🏠 www.hospudkaubrany.cz/napojovy-listek

이탈리안이면 어때,
와인에 딱인 걸 ····· ③

La Casa Navarra
🔊 라 카사 나바라

남부 모라비아 지역의 와인과 맥주를 취급하는 이탈리안 레스토랑이다. 2000병 이상의 와인을 보유하고 있어 남부 모라비아에 있는 작은 양조장부터 대규모 양조장에 있는 거의 모든 와인을 맛볼 수 있다. 식사 메뉴도 와인과 잘 어울릴 만한 음식이 많은데, 특히 세몰리나 밀로 직접 반죽한 면에 파마산 치즈를 소복하게 쌓아주는 파스타와 수제 뇨끼는 양도 많고 맛도 좋은 인기 메뉴다. 실내도 좋지만, 예쁘게 꾸며 놓은 테라스 자리도 분위기가 좋아서 화창한 날이면 실내보다 먼저 채워진다. 가격은 대체로 저렴한 편이라 디저트까지 풀코스로 든든하고 여유롭게 즐길 수 있다.

📍 10, Kovářská 309 🚶 마사리코보 광장에서 도보 3분 🕐 일~금요일 11:00~22:00, 토요일 11:00~23:00 📞 739 202 815 🏠 www.lacasanavarra.cz

작지만 울림이 있는 소도시,
텔치 Telc

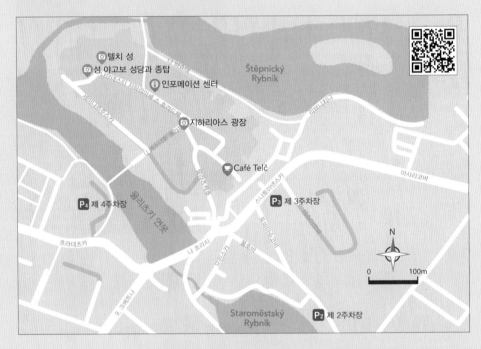

렌터카로 즈노이모에 들렀다면 놓치기 아까운 곳이 있다. 바로 '모라비아의 진주'라는 별명을 갖고 있는 텔치다. 진주알처럼 작아서 마음만 먹으면 주요 볼거리는 한 시간 안에도 둘러볼 수 있는데, 광장 양 옆에 늘어선 빛바랜 옛 건물은 빈티지 필터를 씌운 듯 은은한 색감을 띠고 있어, 어디를 찍어도 화보 같다. 그도 그럴 것이, 텔치는 16세기 중세

의 모습을 그대로 간직한 곳이다. 1530년에 도시 전체가 큰 화재로 폐허가 되었는데, 당시 시장이었던 자하리아스가 이곳을 르네상스와 바로크 양식의 도시로 성공적으로 재건하고, 성벽과 세 개의 인공 연못으로 마을을 둘러싼 이후 지금까지 형태가 고스란히 유지되고 있다. 도시 전체가 역사지구로 지정됐고, 1992년에는 유네스코 세계문화유산으로 등재되어 교육 목적으로 체코인들이 발걸음 하는 곳이다.

광장 끝의 작은 골목으로 빠져나가 연못에도 들러 보자. 벤치에 앉아 잠시 숨을 고르면, 오길 참 잘했다 싶은 생각이 들 것이다.

자하리아스 광장 Zacharias of Hradec Square
Náměstí Zachariáše z Hradce ◀) 나메스티 자하리아셰 스 흐라트체

화재로 잿더미가 된 텔치를 성공적
으로 재건한 자하리아스 시장의 이
름을 따 만들어진 광장이다. 좁고 긴
삼각형 모양의 광장을 따라 양옆으
로 늘어선 건물은 수차례 재건을 거
치며 고딕, 르네상스, 바로크 양식 등
다채로운 모습을 하고 있다. 중세부
터 고유의 역할을 하던 집과 관공서
등의 외관이 당시 모습 그대로 남아
있어 건축학적으로도 큰 의미가 있
다고 한다.

◉ nám. Zachariáše z Hradce

텔치 성 Telč Château
Státní Zámek Telč ◀) 스타트니 자메크 텔치

보수 공사가 진행 중이어서 르네상스홀과 성의 정원, 지하
창고 등 총 네 군데로 나누어 진행되던 투어는 현재 1945
년까지 이곳에 살았던 마지막 성주인 Podstatsky의 생활
공간 투어만 가능하다. 성 전체의 아름다움을 감상하는
데는 다소 제약이 있지만 중세의 느낌이 고스란히 남아있
는 성이다.

◉ nám. Zachariáše z Hradce 1
🕐 화~일 10:00~16:00 ❌ 오후 12:00~13:00
🎫 성인 150Kč, 학생 및 시니어 120Kč
📞 567 243 943 🏠 www.zamek-telc.cz

성 야고보 성당과 종탑 Church of St. Jacob
Kostel Svatého Jakuba Staršího
◀) 코스텔 스바테호 야쿠바 스타르시호

60m 높이의 종탑에는 야곱과 마리아라는 두 개의 종이 보
존돼 있다. 험난하기로는 둘째가라면 서러울 만큼 가파르고
좁은 나무 계단이 장벽으로 다가올 수 있지만, 텔치 역사지
구의 끄트머리에 있는 만큼 멋진 뷰를 볼 수 있다. 152개의
계단을 따라 올라가면 연못으로 둘러싸인 아름다운 마을 전
경이 한눈에 쏘옥 들어온다.

◉ nám. Jana Kypty 72, Vnitřní Město
🕐 5월, 9월 토, 일요일13:00~17:00 / 6월 화~토요일 10:00~17:00,
일요일13:00~17:00 / 7·8월 월~토요일 10:00~18:00, 일요일
13:00~18:00 🎫 종탑 30Kč 📞 604 985 398

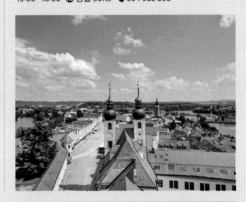

PART 5

실전에
강한
여행 준비

🖱️ 한눈에 보는 여행 준비

D-120
여행 정보 수집하기

가이드북을 천천히 훑어보면서 프라하 여행에 대한 정보를 습득한다. 어떤 계절이 좋은지, 꼭 보고싶은 행사는 언제인지, 원하는 것을 보려면 어느 정도의 일정이 충분할지 생각해본다.

D-110
여권 발급하기

해외여행에 신용카드와 여권만 있으면 된다는 우스갯소리가 있을 만큼, 여권은 출국하는 데 없어서는 안 될 신분증이다. 체코는 여권의 유효 기간이 예상 체류기간+3개월 이상이어야 입국이 가능하다.

D-100
구체적인 일정 및 예산 짜기

수집한 정보를 토대로, 어떤 여행을 하고 싶은지 콘셉트를 잡아 일정을 정한다. 주변 도시까지 둘러볼 경우 일정을 조금 더 넉넉히 생각하는 것이 좋다. 비용의 가장 큰 부분은 항공권과 숙소가 차지하며, 이를 제외하고 식대와 교통비, 입장료 등을 포함한 일일 예산을 계산해 여행 일 수를 곱하면 대략적인 예산이 나온다.

D-90
항공권 구입하기

항공권은 보통 3~4개월 전 구매가 일반적인데, 황금 연휴나 성수기에는 생각보다 빠르게 매진이 될 수 있다. 경유 항공권의 경우 경유 시간이 너무 촉박하면 연착 등의 이슈로 일정에 차질이 생기는 경우도 간혹 있다. 만약의 상황을 대비해 환불 및 변경 규정도 꼼꼼히 체크해야 한다.

D-60
숙소 예약하기

호스텔 다인실부터 고급 호텔까지 다양한 옵션이 있으니 각각의 특징을 고려하여 내게 맞는 곳을 정한다. 여행 목표가 최대한 많은 숙소를 경험하는 것이 아닌 바에야, 한두 군데만 이용하는 것이 여러모로 편하다. 비수기라면 현지에서 예약해도 괜찮지만, 성수기 또는 축제 시즌에 프라하를 찾을 예정이라면 미리 예약해 두는 것이 좋다.

D-30
투어, 입장권, 교통 예약하기

관심있는 투어나 체험, 공연 등의 정보를 미리 알아본 후 예약해 두고, 소도시 및 근교 국가로 이동할 계획이 있다면 미리 교통 티켓이나 렌터카를 예약한다.

D-10
각종 증명서 준비, 환전하기

여행자보험은 필수다. 또한 국제학생증 소지자에게는 최대 50%까지 할인을 제공하는 관광지도 있으니 학생이라면 잊지 말고 챙기자.
차를 렌트할 계획이 있다면 국제운전면허증을 발급해야 한다.
환전의 경우, 환율을 지켜보며 더 낮아지기를 기다리느라 마지막까지 미루는 경우가 있는데 며칠간의 환율 변동으로 생기는 차액이 사실상 계산해보면 대단한 금액은 아니다. 매일매일 맘 졸이며 환율을 검색하고 어제보다 1~2원 오른 환율을 보며 속 쓰려 하느니, 차라리 수수료 우대를 받을 수 있는 방법을 찾아 미리 해두는 것이 마음 편하다.

D-5
면세점 쇼핑, 유심 준비하기

면세 쇼핑 계획이 있다면 타임 세일과 적립금을 적극 활용하고, 현지에서 쓸 유심 또는 와이파이 기기나 로밍을 신청해 둔다.

D-3
짐 꾸리기

기내에서 필요한 짐과 부칠 짐을 구분해서 빠짐없이 챙긴다. 준비물 체크리스트를 보며 빠진 물건이 없는지 살피고, 날씨를 참고해서 옷과 소지품을 챙겨둔다. 상비약과 각종 증명서의 사본 및 사진 파일도 잊지 말고 챙겨 두자.

D-day
출입국하기

모든 준비가 끝났다면 프라하로 떠나자!

D-120
여행 정보 수집하기

정보를 수집하기에 가장 만만한 것은 포털사이트에 '프라하 여행'을 검색하거나 프라하 맛집, 프라하 기념품 등의 키워드로 내가 원하는 정보를 찾아내는 것이다. 그렇지만 처음부터 이런 식으로 정보를 수집하면 지나치게 많은 내용이 쏟아져 나와 오히려 혼란스러울 수 있다. 또 블로그의 데이터가 최신이 아닐 수도 있고, 주관적인 후기가 많아서 검색 결과만으로는 정확한 정보를 파악하기 쉽지 않다. 그러므로 가이드북, 여행 잡지나 관광청 정보 등을 참고해서 어느 정도 기본적인 내용을 머릿속에 입력한 다음에 그중 관심있는 테마나 스폿부터 차근차근 세부사항을 검색하면 훨씬 체계적으로 유용한 정보를 선별할 수 있다.

① **가이드북** 가장 전통적인 방법으로, 포괄적이면서도 확실한 정보가 담겨있어 많은 사람들이 애용한다. 여행을 가기로 마음먹었지만 준비를 어디서부터 어떻게 해야할지 도저히 감이 오지 않을 때는 가이드북만한 것이 없다. 목차를 따라가며 페이지를 넘기다 보면 여행지에 대한 개괄적인 내용부터 세부적인 내용까지 어느 정도 머릿속에 그림이 그려진다.

② **체코 관광청** 관광청에서 직접 운영하는 웹사이트에는 프라하는 물론, 체코 각 도시의 관광 정보가 가득하다. 매력적인 여행지는 물론 꼭 맛보면 좋을 음식 추천, 여행 관련 공지 및 팁이 잘 정리되어 있다. 특히 체코 관광청 한국사무소의 공식 네이버 블로그에서는 방문 또는 택배로 체코 지도와 명소 등의 안내 브로슈어를 제공하는 서비스를 운영하며, 인스타그램을 팔로우하면 생생한 체코의 모습을 볼 수 있어 좋다.
  🏠 체코 관광청 www.czechtourism.com/travel-info
  🏠 체코 관광청 한국사무소 블로그 blog.naver.com/cztseoul

③ **여행 잡지** 남들 다 가는 관광지와 관광객용 식당을 피하고 나만의 색을 입히고 싶다면 여행 잡지의 기사를 찾아보는 것이 큰 도움이 된다. 각 분야의 전문가들이 자신의 시각으로 바라보며 쓴 심도 있는 기사는 우리의 여행에 테마를 만들고 한층 더 풍요롭게 만들어 준다. 웹사이트에서는 간단한 검색만으로 과월호에 담긴 내용까지 볼 수 있어 유용하다.

④ **온라인 커뮤니티** 저마다의 여행기가 담긴 블로그나 여행자들이 정보를 공유하는 인터넷 커뮤니티에는 생생한 정보가 가득하다. 나와 비슷한 성향인 여행자, 비슷한 콘셉트로 여행한 이야기를 참고하면 예산을 짜는 것은 물론, 구체적인 일정을 그리는 데 도움이 된다. 커뮤니티에 가입하면 갑자기 벌어지는 시위나 파업, 관광지의 이슈 등 다양한 정보를 실시간으로 확인할 수 있다.

⑤ **스마트폰** 스마트폰 앱과 캡처 기능, 메모를 이용하여 잘 정리해두면 나만의 서브 가이드북으로 활용할 수 있다. 여행을 떠나기 전 구글맵에 내가 방문하고 싶은 식당 또는 관광지에 깃발 표시를 해두면 여행 중 내가 있는 위치에서 생각 외의 여유가 주어지거나 변수가 생겼을 때 손쉽게 주변을 파악할 수 있다. 또한 구글맵의 관광지 및 레스토랑 평점, 트립어드바이저나 트리플, 마이리얼트립 등 여행 어플리케이션을 통해 다른 사람들의 일정이나 숙소 및 레스토랑과 투어에 대한 정보와 국내외 관광객 및 현지인의 다양한 코멘트를 빠르게 찾아 활용할 수 있다.

⑥ **SNS** 떠나기 전 어떤 옷을 챙겨야 할지 고민될 때 애용하는 방법이다. 일기예보를 아무리 들여다 봐도 기후가 우리나라와는 달라 단순히 온도만으로는 상황 파악이 쉽지 않을 때, 지금 이 순간 그곳에 있는 사람들이 실시간으로 업로드하는 사진 속 복장을 보면 힌트를 얻을 수 있다. 또한 최근에는 식당이나 상점 등에서 인스타그램같은 SNS를 직접 운영하며 갑작스런 휴무나 영업 관련 공지사항을 공유하니 눈여겨보는 것이 좋다.

D-110
여권 발급하기

다른 모든 준비가 완벽해도 여권에 문제가 있다면 출국은 물거품이 된다. 여권은 국제적으로 통용되는 신분증이므로 잘 보관해야 하며, 분실하면 곤란한 상황에 처하므로 각별한 주의가 필요하다. 항공권을 발급할 때부터 여권번호 입력이 필수이므로, 여권 준비는 본격적인 여행 준비의 시작이라고 봐도 과언이 아니다.

여권을 발급하려면 여권용 사진 1장과 신분증, 발급 비용을 들고 직접 신청해야 한다 (재발급 신청은 온라인으로도 가능하다). 사진은 반드시 6개월 이내 촬영한 것이어야 하며 일반 증명사진과 다르게 규정이 까다로우므로 미리 여권용 사진 규정을 확인한 뒤 촬영해야 허탕치지 않는다. 구청 여권과에서 여권발급신청서를 작성하면 신청인에 따라 5~10년짜리 여권을 발급받을 수 있다. 18~37세의 병역 미필 남성은 국외여행 허가서도 필요하다. 여권 발급에는 넉넉하게 1주일 가량이 필요하니 미리 준비해 두자. 기존에 여권을 발급받았더라도 만료일까지 남은 기간이 출국일로부터 6개월 남짓이라면, 기간을 연장하거나 새로 발급받아야 하므로 꼼꼼히 살피도록 한다.

D-100
구체적인 일정 및 예산 짜기

가서 얼마를 쓰게 될지 대체 어떻게 계산해야 할까. 당연히 예산이야 넉넉할 수록 좋지만, 보통의 여행자라면 한정된 예산으로 최고의 여행을 만들고 싶기 마련이다. 사람마다 여행스타일이 다르고, 누군가는 종일 빵만 먹더라도 숙소 만큼은 위치 좋고 깨끗한 호텔을 선호하는 반면, 어차피 숙소에선 잠만 자면 되니 호스텔의 10인실에서 자더라도 그곳의 미식을 다 경험해보겠다는 사람도 분명 존재한다. 기본적으로 체코의 물가는 유럽치곤 싼 편이지만, 관광객을 상대로 하는 곳은 프라하 시민들이 주로 가는 곳에 비하면 다소 물가가 높을 수 있어 체감하는 물가는 우리나라와 비슷할 수도 있다.

여행에 드는 가장 큰 비용은 일반적으로 항공권과 숙소에서 발생한다. 굵직한 입장료나 교통비를 미리 확인하고, 남은 예산을 여행 날짜만큼 나누면 하루에 기타 경비로 얼마쯤 쓸 수 있는지 계산하기 쉽다. 만약을 생각해 경비는 여유롭게 계산해 두는 편이 좋다. 시내가 크지 않은 프라하에서는 관광지 위주로만 다닌다면 도보로도 충분해서 교통비 부담은 덜하다. 그러니 일일 예산은 하루치 식비와 간식비, 기념품 및 입장료 정도다. 프라하의 레스토랑, 카페의 가격은 다른 유럽 국가에 비하면 저렴하지만, 그래도 보통 식당에서 가벼운 메인 요리와 음료를 주문하면 2만 원 정도는 나온다.

D-90
항공권 구입하기

항공권은 출국 시기가 정해지면 슬슬 알아보는 것이 좋다. 스카이스캐너 등 항공권 가격비교 사이트에 틈틈이 들어가서 대략적인 가격선을 파악하고 비교하다가 이 정도면 괜찮겠다 싶은 가격에 표를 구했다면, 출발할 때까지 다시는 가격 확인을 하지 않는 것이 정신건강에 이롭다.

7월 말~8월 초의 극성수기 또는 명절이나 공휴일 전후 황금 연휴에 여행을 계획하고 있다면, 최저가가 나올 때까지 버티지 말고 표가 보일 때 바로 결제하는 것이 좋다. 다른 시즌은 몰라도 이때는 티켓이 있다면 우선 확보하는 것이 안전하다.

코로나로 막혔던 하늘길이 다시 열리며 해외여행객도 점차 증가하는 추세지만, 아직 항공사를 비롯해 여행업계가 완전히 정상화 된 것은 아닌 데다 우크라이나 전쟁의 영향으로 항공권 가격이 예전보다 많이 올랐다. 한푼이라도 돈을 아끼기 위해 환불이 불가능하거나 환불수수료가 높은 항공권을 선택한다면 갑작스럽게 출국 어렵거나 일정을 바꿔야 할 경우 크게 손해를 볼 수 있다. 2020년 COVID-19라는 예측 불가능한 변수로 항공편이 줄지어 취소되던 때, 출국 전 취소 시 남은 기간에 따라 조금이라도 환불을 받을 수 있는 티켓을 구매한 사람들은 환불 절차가 번거롭고 오래 걸려도 어느정도 환불을 받았지만, 대행사를 통해 최저가 티켓을 구매한 사람 중에는 거의 전액을 포기할 만큼 손해를 본 케이스가 많았다. 저렴한 항공권에는 다 이유가 있다는 것을 절대 잊지 말고, 혹시라도 변동의 여지가 있다면 조금 더 비싸더라도 환불 피해가 적은 방법을 택하는 것이 마음 편하다.

직항이 아닌 경유 항공권을 구매한다면, 환승 공항에서 경유 시간이 충분히 여유로운지 확인해야 한다. 특히 경유를 하면서 짐을 찾았다가 다시 부치고 수속을 진행해야 할 경우에는 생각보다 많은 시간이 소요되므로, 미리 검색을 통해 각 공항마다 상황을 파악한 후 예상 시간을 고려하는 편이 좋다. 또한 스톱오버에 대한 정책이나 한밤중 또는 새벽에 공항에서 5~6시간을 대기해야 한다면 공항에서 쉴 곳이 있는지 확

인해 보는 것도 필수다. 유럽의 저가항공으로 경유하는 항공편도 있으나, 수화물 규정 등을 고려하면 오히려 그다지 이득이 없는 경우도 있으니 규정을 꼼꼼히 체크하자. 귀한 연차를 소진해야하는 직장인이라면 시간을 아낄 수 있는 직항이 최고지만, 헝가리나 오스트리아 등 주변국의 도시를 방문할 계획이 있다면 스톱오버를 적당히 이용하면 오히려 이동 경비를 줄이는 데 도움이 된다. 이 경우에는 스톱오버를 하는 시간 동안 공항 밖으로 나가는 것이 가능한지 반드시 확인하도록 한다.

항공권 검색 시 참고할 만한 사이트
- 🏠 스카이스캐너 www.skyscanner.co.kr
- 🏠 익스피디아 www.expedia.co.kr
- 🏠 네이버항공권 flight.naver.com
- 🏠 땡처리닷컴 www.ttang.com

D-60
숙소 예약하기

호텔, 호스텔, 레지던스, 에어비앤비, 한인민박 등 다양한 옵션이 있다. 숙소별 특징을 파악한 후 예산에 맞게, 본인의 여행 스타일에 맞는 곳을 고르도록 한다. 숙소를 고를 때는 특히 리뷰와 사진들을 꼼꼼히 봐야 한다. 숙소에서 피로를 잘 해소해야 일정에 차질이 생기지 않고, 외출하는 동안 짐을 두기에도 안전한 곳이어야 안정된 마음으로 여행을 즐길 수 있기 때문이다. 구글이나 부킹닷컴, 호텔스닷컴, 아고다 등 다양한 플랫폼의 평점과 후기를 체크해 보면 장점과 단점을 미리 파악할 수 있다.

호텔은 숙소 중엔 가장 비싼 축에 속하지만, 기본적으로 안전하고 서비스도 좋은 편이다. 신혼여행이나 특별한 경험을 위해 프라하를 찾았다면 고풍스러운 호텔에서 특별한 시간을 보내는 것도 좋은 선택이다. 특히 이탈리아나 프랑스 등 물가가 비싼 나라에 있다가 프라하에 잠시 들른다면 프라하에서만큼은 호텔에 묵는 것도 크게 부담되는 선택은 아니다. 좋은 호텔은 보통 입지도 좋은 편이어서 예산만 충분하다면 추천한다.

호스텔은 다인실부터 1인실까지 다양한 옵션이 있고, 간단한 요리를 하거나 가벼운 조식을 제공하는 곳이 많아 경비를 최소화하는 게 중요한 배낭여행자의 사랑을 받는 숙소다. 비슷한 예산으로 여행하는 다양한 국가의 여행객이 많이 모이니 정보를 공유하기엔 좋으나 신원이 확실하지 않은 사람들과 한 방을 쓴다는 것이 다소 난감한 것도 사실이다. 무엇보다도 저마다 다른 생활패턴과 문화를 가진 각국의 여행자가 모인 곳이기에 잠귀가 밝은 편이라면 편안하게 휴식을 취하기는 어렵고, 보안도 취약한 편이다. 호스텔을 갈 예정이라면 몇인실인지, 혼성 숙박인지, 청결도(특히 베드버그)는 어떠한지, 화장실은 방 내/외부에 있는지, 스태프들이 문제 발생 시 적절히 대처하는지 등을 후기로 꼼꼼히 체크한 후 예약하도록 한다.

에어비앤비는 유럽에서 더욱 활발하게 사용되는 플랫폼이다. 집주인이 거주하면서 다락방이나 빈 방을 공유하는 경우도 있고, 아파트나 집을 에어비앤비 전용으로 관리하는 호스트도 종종 있다. 에어비앤비 호스트가 같은 집에 사는 것이 아니라면 처음 입실할 때 키를 받는 타이밍과 장소를 분명하게 체크해야 한다. 에어비앤비는 장기 거주시 조금 더 혜택을 받을 수 있어, 한 달 살기를 계획하는 여행자라면 가장 좋은 옵션이 될 수 있다. 특히 주요 관광지 위주의 여행이 아니라 현지인처럼 살아보고 싶거나, 현지인과의 경험에 포커스를 둔 여행이라면 최고의 선택이 될 것이다. 관광객이 바글바글한 중심가에서 벗어나 현지인과 뒤섞여 조깅을 하고, 동네 카페나 빵집 또는 바에서 시간을 보내며 정말 외국에 온 기분

을 온몸으로 느낄 수 있다. 다만 관광지 근처는 값이 매우 비싸고, 대부분은 시내 외곽 주거지에 위치한 경우가 많아, 일정이 짧은 여행객이라면 반드시 주변에 트램이나 전철역이 가까운지 확인해보도록 한다. 에어비앤비에 표시된 슈퍼호스트의 숙소는 위치며 편의시설, 친절도, 청결도 등이 검증된 편이나, 반드시 그러하지는 않으니 후기 검색은 필수다. 또한 체크아웃 후 누구의 과실인지 분명치 않은 것으로 트집을 잡아 보상금을 요구하는 경우도 간혹 있으므로 처음 입실할 때 꼼꼼하게 문제가 될 만한 요소가 있는지 체크하고 사진으로 남겨서 집주인과 내용을 공유하는 것이 추후 논란의 여지가 없다.

한인민박은 해외에서도 한국 음식을 먹을 수 있다는 점과 소통이 수월하고 숙소에서 한국인 동행을 쉽게 구할 수 있다는 등의 장점 때문에 해외여행이 처음인 사람들이 많이 택하는 옵션이다. 낯선 외지에서 어쨌든 같은 나라 사람에게 조금이나마 의지할 수 있다는 기대를 품을 수 있기에 이러한 장점을 십분 활용해 운영하고 여행을 좋은 추억으로 남기도록 도와주는 곳이 대다수지만, 모든 한인민박이 반드시 그렇지는 않다는 점을 꼭 기억하자. 일반적인 숙박시설과는 다른, 다소 부당해 보이는 자체적인 환불 규정을 적용하거나 아예 규정이 없어 불가피하게 예약을 취소하게 될 경우에도 예약금 반환에 어려움을 겪게 될 수 있는데 심지어 보호받을 방법도 없는 경우가 대부분이니 예약금을 입금하기 전에 신중해야 한다. 또한 다른 숙소 대비 제공되는 환경에 비해 가격이 다소 높을 수 있다. 무엇보다도 한국인끼리 너무 많은 시간을 보내다 보면 굳이 비용과 시간을 들여 프라하에 온 의미가 퇴색되지는 않을지 본인의 여행 목적을 다시 한 번 생각해 보고 아쉬움이 없다면 예약을 진행하는 것이 좋다. 한인민박을 선택했다면, 여행 커뮤니티나 포털을 꼼꼼히 검색해 이벤트성 후기가 아닌 진정한 코멘트를 참고하는 것이 이롭다.

숙소 예약 시 참고할 만한 사이트
- 🏠 호텔스닷컴 kr.hotels.com
- 🏠 에어비앤비 www.airbnb.co.kr
- 🏠 부킹닷컴 www.booking.com
- 🏠 호텔스컴바인 www.hotelscombined.co.kr

D-30
투어, 입장권, 교통 예약하기

유럽 여행이 처음이라면, 또는 프라하에 머물 시간이 짧다면 시내 투어를 이용해 보자. 전문 가이드가 안내하는 효율적인 코스를 따라가며, 혼자였다면 그냥 지나쳤을지도 모를 유서 깊은 장소나 작품에 대한 설명을 들을 수 있다. 여행 초반에 반나절 투어 등을 잘 활용하면 아주 유용하다. 가이드가 투어 중간에 알려주는 소소한 팁들이 이후 일정에 큰 도움이 되고, 현지에서 오래 살았던 가이드가 알려주는 숨겨진 뷰포인트나 맛집 정보는 귀담아 들을 만하다. 특히 길치들에게 추천하는데, 가이드를 따라 시내를 한 바퀴 돌며 거리를 눈에 담고 나면 나중에 혼자 길을 나서도 길을 잃을 염려가 적다.

박물관이나 소도시 투어도 꽤 추천할 만하다. 무엇보다도 박물관이나 미술관은 전문가의 큐레이팅이 더해질 때 감동이 훨씬 커진다. 체스키 크룸로프나 기타 소도시를 꼭 가고 싶지만 아무래도 번거로움이 앞서 망설여진다면, 전용 차량으로 이동하는 투어가 딱이다.

많은 여행사에서는 이러한 투어상품 외에도 프라하 성 입장권이나 공연티켓을 판매하고 있다. 현지에서 구매하는 것도 어려운 일은 아니지만, 성수기에 조금이라도 줄서는 시간을 줄이고 싶다면, 입장권을 구매하는 줄을 건너뛰는 것만으로도 많은 시간을 절약할 수 있다. 음악회나 발레, 오페라 등은 현지인에게도 사랑받는 문화생활이니 계획이 있다면 예매를 서둘러야 한다.

소도시를 방문하거나, 체코 인근 국가로 이동할 계획이 있다면 교통편은 미리 예약하는 것이 속편하다. 특히 기차의 경우는 미리 구매하면 조금 더 저렴하기도 하고, 축제가 열릴 예정이라면 이미 만석이 되어 원하는 일정에 맞게 오는 것이 어려워진다. 사이트나 앱에서 영어로도 예약이 가능하니 사전에 체크하자.

투어 예약 시 참고할 만한 사이트
🏠 유로자전거나라 www.eurobike.kr/index.php   🏠 프라하 팁투어 cafe.naver.com›ruexp
🏠 테이스트프라하 www.tastepraha.com   🏠 마이리얼트립 www.myrealtrip.com

D-10
각종 증명서 준비, 환전하기

여행자보험   체코는 원칙적으로 여행자보험이 필수인 국가다. 여러 손해보험사에서 보상 한도와 기간에 따라 다양한 옵션을 보여주는데, 체코 외국인체류법에 따라 체코를 여행하는 모든 여행자는 체류 기간 동안 유효하고, 사망/ 사고/ 상해/ 질병/ 본국송환의 다섯 항목을 포함하며 상해/ 질병 해외 의료비와 본국송환(특별비용) 보장 비용이 최소 30,000유로 이상으로 명시된 영문 보험 증서를 반드시 소지해야 한다. 여행자보험은 여행이 끝나면 자동으로 소멸되며, 추후 분실이나 질병, 상해 등으로 보험료를 청구할 때는 이를 입증할 수 있는 서류를 제출해야 하므로 혹시라도 귀국 후 보험 청구할 일이 생긴다면 증빙 자료를 꼭 챙겨야 한다.

국제운전면허증   차를 렌트할 계획이 있다면 국제운전면허증은 필수다. 가까운 운전면시험장의 국제운전면허증 창구 또는 일부 경찰서 민원실에서 신청하면 되는데, 오후 2시 이전에 신청하면 당일 발급이 가능하다. 유효기간은 발행일로부터 1년이다.

환전   환전에는 크게 세 가지 방법이 있다. 우선 우리나라에서 처음부터 체코 코루나로 환전을 하거나, 유로화 환전을 한 후 현지에서 다시 코루나로 환전을 하는 것, 마지막으로는 해외사용이 가능한 카드를 발급받아 현지

ATM에서 인출하는 것이다. 사실상 코루나를 보유하고 있는 시중은행이 그다지 많지 않아 첫 번째 방법은 거의 쓰이지 않고, 두 번째 한국에서 유로화로 환전한 후 체코에 도착해 환전소에서 코루나로 일부를 바꾸는 방법은 다소 번거롭거니와 수수료를 이중으로 내야한다. 마지막, 해외 인출이 가능한 카드로 현지에서 인출하는 방법은 큰 현금을 소지할 부담이 없어 좋지만 ATM에 따라 수수료가 천차만별이니 주의해야 한다.

환전을 한다면 환전 사기에 유의해야 한다. 특히 체코 화폐가 낯선 여행객을 정신없게 만들어 몇 장을 빼고 주거나, 환전 수수료를 턱없이 부풀리는 경우도 있으니 수수료가 조금 더 높긴 하지만 가능하면 안전한 은행에서 환전하는 것을 추천한다. 또한 너무 큰 단위의 화폐는 받아주지 않는 상점도 있으니 웬만하면 다양한 권종으로 받도록 한다. 프라하는 공항 환전소가 오히려 악명이 높으니, 시내로 들어와 환전할 것을 추천한다.

해외 사용이 가능한 체크카드는 요즘 특히나 많이 쓰이는데, 웬만한 카페나 레스토랑에서는 거의 사용이 가능하다. 카드를 사용할 경우에는 카드사에 요청해 원화결제를 미리 차단해야 수수료가 이중으로 붙지 않는다. 간혹 카드를 도용당하거나 모르는 사이에 불법 복제되어, 귀국한 이후 어마어마한 액수가 갑자기 결제되는 경우가 있다. 이 때는 바로 카드사에 연락을 취하도록 하고, 웬만하면 여행을 다녀와서는 카드를 재발급 받는 편이 안전하다.

- 컨택리스 카드 사용이 보편화되어 있으니 자판기나 주차 요금 등을 결제할 때를 대비해 컨택리스 카드를 준비하면 좋다. 하지만 간혹 스캔 사기를 당했다는 안타까운 후기가 있다는 사실을 참고하자.
- 수수료가 저렴한 카드가 꼭 천하무적은 아니다. 몇몇 레스토랑이나 노점, 소도시에서는 현금만 받는 경우도 있고 카드에 문제가 생길 수도 있으니 이에 대비해 소량이라도 현금은 준비하자.
- 공항에서 시내로 나갈 비용이 필요하다면 환전소보다는 은행 ATM을 이용하면 수수료가 저렴하다. Euronet이나 Moneta라고 적힌 ATM은 피하고, KB나 CSOB, CESKA등 은행 브랜드의 ATM을 이용하면 된다.

D-5
면세점 쇼핑, 유심 준비하기

면세 쇼핑 항공권을 구매하면 놓칠 수 없는 것, 바로 면세 쇼핑이다. 면세점에 따라 출국1~2개월 전부터 구매가 가능하다. 오프라인 면세점에서 다양한 물건을 볼 수도 있지만, 모바일 앱이나 웹사이트에서는 혜택이 많고 취급 상품의 폭도 넓다. 코로나 이전에 비하면 재고가 부족하고 빠진 브랜드가 많아 아쉬움이 많지만, 적립금과 타임세일을 적절히 이용하면 저렴한 쇼핑이 가능하다.

유심과 로밍, 포켓와이파이 스마트폰으로 길도 찾고 예약도 하고 맛집 후기도 봐야하고 심지어는 택시도 부르는 이 시대에 무선인터넷이 있다면 두려울 게 없다. 출국 전 유심을 구매해서 도착 후 끼우거나, 일행과 함께 사용할 수 있는 포켓와이파이를 미리 대여하면 어디서든 자유롭게 원하는 정보를 검색할 수 있다. 포켓와이파이는 1/N의 가격으로 이용할 수 있어 저렴하지만, 방전되면 인터넷이 끊기기도 하고, 일행과 걷다가 사이가 벌어지면 사용할 수 없다는 단점이 있다. 개인적으로는 조금 비용이 들더라도 유심을 사용하는 것이 훨씬 편리했는데, 이 때는 반드시 국내에서 사용했던 유심칩을 잃어버리지 않도록 여권 안쪽에 살짝 붙여두면 한국에 도착하자마자 쉽게 찾아 끼울 수 있어 편리하다.
최근에는 실물칩 교체 없이 QR코드 스캔 후 다운로드하면 5분만에 개통이 완료되는 e-Sim의 사용도 늘고 있는데, 기존 유심을 잃어버릴 염려가 없고 유심 배송 기간을 기다릴 필요도 없는데다 한국에서 걸려오는 전화나 문자메시지는 그대로 확인이 가능하다는 장점이 있다.

D-3
짐 꾸리기

체크리스트를 미리 만들어두고 필요한 것은 빠짐없이 챙길 수 있도록 한다. 현지에서 조달할 수 있는 물건은 굳이 가져갈 필요가 없다. 특히 세면도구는 체코에서 기념품으로도 많이들 사는 제품이 있으니 현지에서 테스트 겸 사용해보고 좋다면 추가로 구매하면 된다. 그동안 모아 둔 화장품 샘플은 몇 개 챙겨가면 기내에서나 도착한 직후에 유용하게 쓸 수 있다.
짐을 꾸릴 때, 기내에서 필요한 짐은 작은 가방에 따로 챙겨 두도록 한다. 여권과 돈 등의 귀중품은 물론 건조한 기내에서 사용하기 좋은 인공눈물이나 립밤, 보습제는 반드시 100㎖ 이하의 용기로 챙기고, 투명한 지퍼백에 담아둬야 한다. 그 밖에

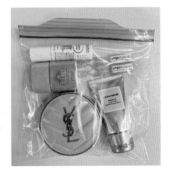

도 기내용 짐에는 가이드북과 휴대전화 충전기, 갈아입을 편한 옷을 챙긴다. 보조배터리는 부치는 짐에 넣을 수 없으니 기내에 들고 탑승한다. 특히 개인적으로는 온열안대와 노이즈캔슬링 기능이 있는 이어폰을 꼭 챙기는데, 불편한 좌석에서 스르륵 잠드는 데 이만한 게 없다.

추천하고 싶은 항목!

① **손난로 겸용 보조배터리** 굳이 새로 살 필요는 없지만, 여행을 위해 보조배터리를 구매할 예정이라면 추천한다. 너무 저렴한 제품은 화상 등의 위험이 있으니 안전성이 검증된 제품으로 구입하면 갑자기 춥거나 한겨울 여행, 무리한 일정으로 몸이 으슬으슬할 때 요긴하게 쓰인다.

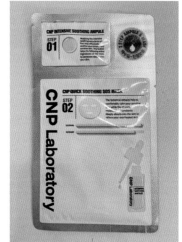

② **마스크팩** 빡빡한 일정에 지쳐 귀찮거나 땡볕에 하루 종일 자극 받은 얼굴에 마스크팩 한 장 올려주면 세상 만사가 편하다. 숙소를 옮겨야 해서 화장품 샘플을 뜯기 애매할 때도 팩 한 장 올려주면 간단하다.

③ **파스** 큰 짐을 이리저리 끌고, 하루 종일 기차나 비행기에 90도로 앉아있다 보면 여기저기가 쑤시기 마련인데, 이때 파스만큼 기특한 것도 없다. 하지만 가장 만족스러운 사용법은 묵직하고 뻐근한 다리에 붙였을 때다. 잠들기 전 종아리와 발바닥에 붙여두고 푹 자고 나면 다시 또 몇만 보 쯤은 끄떡없는 다리로 변신한다.

④ **옷핀** 도난 방지를 위해 작은 자물쇠를 많이 달고 다니는데, 매번 가방을 열어 지갑 등의 물건을 꺼낼 때마다 자물쇠를 열고 닫기란 몹시 귀찮다. 지퍼 고리 바로 옆에 옷핀을 달아 막아 두면 그다지 눈에 띄지도, 무겁지도 않을 뿐더러 쉽게 열리지 않는다.

⑤ **샤워캡** 어디선가 놀러갔다가 챙겨온 어매니티 중 샤워캡이 있다면 꺼내보자. 신발의 밑창끼리 맞닿게 해 샤워캡에 쏙 넣으면 캐리어에 옷과 함께 두어도 찝찝하지 않고 슬림하게 쏙 들어간다.

⑥ **손톱깎이** 없으면 의외로 허전한 손톱깎이는 외국에서 급하게 사려면 쓸데없는 지출인 기분도 들고, 우리나라 제품처럼 날이 야무지지도 않다. 피곤해서 손톱 아래 일어난 거스러미를 제거할 때도, 풍요로운 단백질 섭취로 쑥쑥 자라난 손발톱을 깎기에도 좋지만 가위 대신 새로 산 물건의 가격표를 떼거나 잘 찢어지지 않는 비닐을 살짝 찢어 절취선을 만드는 등 다양하게 쓰인다.

D-day
출입국하기

인천공항 출국

인천국제공항을 통해 출국하는 경우 항공편에 따라 터미널1과 2로 나뉜다. 두 터미널 간의 거리는 도보로 불가능한 수준이기 때문에 티켓을 꼼꼼히 확인해야 한다. 국제선을 이용할 때는 출발시간 3시간 전에는 공항에 도착해야 웬만한 변수가 있더라도 여유롭게 탑승할 수 있다. 3시간이 엄청 넉넉해 보이지만, 성수기라면 이보다 좀 더 일찍 도착하는 것을 목표로 삼는 게 안전하다.

① **공항에 도착하면** 탑승 수속은 보통 2~3시간 전부터 시작되므로, 카운터에 너무 일찍 도착해도 수속을 시작하지 않을 수 있다. 성수기나 연휴 때는 조금 더 빨리 오픈될 수 있으니 우선 출국장에 들어서면 전광판에서 카운터 번호와 탑승편을 확인한 후 해당 항공사의 대기라인에 서서 안내에 따라 카운터로 가면 된다. 여권과 프린트한 전자티켓을 내밀면 실물 탑승권으로 교환이 가능하며, 기내에 들고 탈 것 외에 부칠 짐은 여기서 보내면 된다. 허용되는 무게 이상의 수하물을 보내면 추가 요금을 내야 하므로 미리 제한 무게를 체크해서 짐을 챙겨야 한다. 수속이 끝나면 탑승권에 Baggage Claim(수하물 교환표)를 붙여주는데 여권과 함께 잘 두고 비행이 끝난 후 짐을 찾을 때까지 보관해 두자.

② **보안검색 및 출국심사** 짐을 부치고 나면 보안검색대를 통과해야 출국 심사를 받을 수 있다. 보안검색대에서는 기내에 싣고 갈 짐을 엑스레이에 통과시켜 금지된 물품이 없는지 확인하고, 금속탐지기로 몸을 검사한다. 가방 안의 노트북이나 태블릿, 주머니의 모든 소지품을 바구니에 꺼내두고 겉옷과 신발도 모두 검색대에 통과시켜야 해 꽤 혼잡하므로, 시간이 여유롭더라도 일단 보안검색을 빠르게 마치는 것이 좋다. 이곳에선 마시고 있던 물도 100㎖가 넘는 용기에 들어있다면 모두 폐기해야 하니, 물은 미리 마시거나 버린 후 빈 통만 챙겼다가 안에서 새로 사거나 음수대에서 다시 채우면 된다. 출국심사는 생각보다 간단하다. 우리나라는 자동출국심사가 보편화되어 있어 미리 신청만 해두면 긴 줄을 설 필요없이 수속을 마칠 수 있다.

③ **비행기 탑승하기** 모든 수속을 마치고 라운지에서 한숨 돌리거나 면세점을 둘러보고 미리 신청했던 면세품을 수령한 후, 시간에 맞춰 탑승권에 적힌 게이트로 향해야 한다. 탑승 시간은 보통 이륙 30분 전이고, 출발 15분 전에는 탑승이 마감된다. 늦으면 짐을 둘 곳이 없거나 최악의 경우 비행기를 놓칠 수 있으니, 수속을 마치면 탑승시간과 게이트부터 잘 확인하고 탑승 시간을 엄수하자. 특히 외항사를 이용해 탑승동으로 이동한다면, 조금 더 여유를 두고 게이트에 가 있어야 한다. 탑승동에도 라운지와 면세점이 있으니 그쪽에 가서 쉬어도 된다. 단, 일단 트레인을 탄 이후에는 절대 다시 메인터미널로 돌아올 수 없으므로 면세품 수령 위치가 메인터미널이라면 먼저 처리하고 이동해야 한다는 것을 기억해야 한다.

체코 입국

체코는 따로 입국신고서를 작성할 필요가 없다. 비행기가 완전히 착륙하고 데이터를 사용해도 된다는 안내방송이 나오면, 준비해 뒀던 유심을 넣고 전원을 켜거나 포켓와이파이를 켜면 된다.

① **입국심사** 우리나라에서 출국심사를 거친 것처럼, 체코에서는 입국심사를 통과해야 한다. 간단하게 얼굴과 여권 정보를 확인하고 입국 확인 도장을 받지만, 혹시 방문 목적을 묻거나 숙소 이름, 귀국 일정을 물어보기도 하니 간단하게 영어로 답변을 준비하면 된다.

② **짐 찾기** 입국심사대를 지나 Baggage Claim이라고 쓰인 곳에서 짐을 찾는다. 편명과 출발지를 잘 확인하고 대기했다가 컨베이어벨트에 본인 짐이 앞으로 지나가면 찾으면 된다. 혹시 모든 사람들이 수하물을 다 찾아갈 동안 내 짐만 도착하지 않았거나 캐리어가 파손되었다면 항공권에 붙어있는 클레임 태그와 여권, 탑승권을 챙겨 환불 분실 창구로 간다.

③ **세관 신고 및 검역** 짐을 찾아 출구로 나가다 보면 세관 직원들을 지나쳐야 한다. 따로 신고할 품목이 없다면 그대로 지나가면 된다.

④ **시내로 이동** 이제 공항 문을 나서면 설레는 체코 여행이 시작된다. 공항 1터미널과 2터미널은 이어져 있는데 그리 멀지 않아 도보로 이동이 가능하다. 환전 대신 체코 코루나를 인출할 계획이라면 1터미널에서 2터미널로 가는 길에 있는 ATM을 이용하면 수수료가 저렴하다. 2터미널에는 대형 슈퍼마켓인 빌라가 있으니 급히 필요한 물건이 있다면 이곳에서 구입할 수 있다.

PS.
여행 트러블 대책

1. 질병과 사고

평소엔 건강했던 사람이라도 낯선 곳에서 긴장하면 아플 수 있고 부상을 입을 수도 있다. 한정된 일정을 여행으로 채우기에도 빠듯하지만, 그럴수록 빠르게 조치를 취해야 남은 시간을 더 알차게 보낼 수 있다. 챙겨간 상비약이 없거나 약으론 해결할 수 없는 문제라면 병원으로 가야한다. 언어 때문에 걱정된다면 숙소 주인에게 도움을 청해보고, 체코 대사관에서 소개하는 유료 관광통역사에게 연락할 수도 있다. 여행자 보험에 가입되어 있다면 의사의 진단서와 진료비 영수증으로 추후 보험금을 청구할 수 있으니 꼭 제때 치료를 받자.

2. 환전 사기

환전 사기는 대책을 세우기가 사실상 어렵다. 말도 잘 통하지 않을 뿐더러, 증거도 없는 경우가 많기 때문에 신고를 한다 해도 작정하고 속이는 사기꾼은 능숙하게 시치미를 뗄 것이다. 그러니 환전은 다소 귀찮더라도 은행이나 정식 환전소에서 하는 것이 좋다.

① **환전소 외 불법 환전** 불법 환전을 하는 사람이 접근했을 때 환율이 좋다고 해서 덥썩 따라가거나 돈을 꺼내는 것은 절대로 하지 말아야한다. 정신없게 만들어 일명 밑장빼기를 하거나 현재는 통용되지 않는 구지폐 또는 위조지폐나 화폐 가치가 낮은 다른 나라의 돈을 주고 떠나버릴 수도 있다.

② **환전소를 이용할 때** 환전소에서도 드물지만 환전사기를 당하는 경우가 있다. 사실 환율은 생각해보면 그렇게 큰 차이가 나지 않으므로, 지나치게 낮은 환율에 환호하기보다는 한번쯤 의심하는 것이 좋으며 처음부터 너무 많은 액수를 환전하지 말고 일단 본인이 계산 가능한 액수를 적당히 환전한 후 조금씩 바꾸는 것도 한 방법이다.

③ **소액권으로 바꿔주겠다는 사기** 환전을 무사히 마쳤
는데 또다른 사기꾼이 접근할 때가 있다. 바로 환전한
고액권을 소액 지폐로 바꿔주겠다는 유형이다. 고액권
을 받아주는 곳이 거의 없기 때문에 여행자에겐 솔깃한
제안일 수 있지만 절대로 넘어가면 안 된다. 이들이 건
네주는 돈은 사실 체코 화폐가 아니라 생김새만 비슷
하고 화폐가치는 비교할 수 없이 낮은 벨라루스 화폐다.
외국 화폐에 낯선 여행자를 제대로 노린 속임수다. 고액
권은 대형 마트에서 사용하고 거스름돈을 잘 챙겨 받거
나 큰 지출이 필요한 곳에서 쓰는 게 좋다.

3. 인종차별

체코는 과거 공산권 국가였던 분위기 때문
인지 사람들이 다소 무뚝뚝한 경향이 있는
데, 이를 동양인에 대한 불친절이라고 오해
하는 경우도 있다. 하지만 인종차별은 단순
한 무뚝뚝함과는 전혀 다르다. 동양인에 대
해 차별적인 발언을 하거나 최악의 경우 폭
행을 가하는 사람도 있는데, 체코는 치안이
좋은 나라에 속하지만 이는 어디까지나 '모
르는 일'이다. 비율이 어떻든 간에 내가 당하
면 100%, 당하지 않으면 0%인 것이니 모두
가 안전하다고 입을 모아도 나에게도 꼭 아
무 일도 없으리란 보장은 없다.

건들건들한 사람이나 겉멋 든 청소년이 특
히나 인종차별의 가해자일 경우가 많은데,
이외에도 겉보기엔 멀쩡한 사람이 의식수준
은 바닥일 수 있다는 것은 기억해두자. 이런
사람들은 만만한 상대를 향해 무시나 조롱
으로 자신들의 우월함을 증명하려 하며, 이
것이 타 인종을 겨냥했을 때 인종차별적인
발언과 행위가 된다. 차별적 발언이나 행동에 상처를 받고 겁을 먹어 움츠러드는 것은 사실 낯선 곳에서
뜻하지 않은 공격을 당한 우리에겐 당연한 반응이지만, 도리어 그들이 상대를 잘 골라 한방 먹였다는 우쭐
함을 심어주게 된다. 따라서 본인이 인종차별을 당하거나 부당한 대우를 받았다면 가능한 한 너의 부당함
에 내가 매우 불쾌하다는 것을 알리는 편이 좋다. Racism은 세계적으로 지탄받는 행위이므로, 공개적으
로 지적을 받으면 대부분의 인종차별주의자는 예상치 못한 반응에 당황하며 자리를 피한다.
하지만 세상 어디에나 논리나 이성이 통하지 않는 무례한 사람들이 있기 마련이다. 주변에 아무도 없고 인
적이 드문 곳이라면 큰 싸움을 벌였다가는 오히려 곤란한 상황에 처할 수도 있고, 특히 무례한 사람이 술

한잔에 객기를 부리며 동양인을 공격할 수도 있다. 이미 술에 취한 사람은 자극해봐야 말도 통하지 않거니와 더 큰 싸움으로 번질 수 있으니 본인의 안전과 이후의 즐거운 여행을 위해 차라리 몸을 피하고 가능하다면 신고하는 편이 여러모로 이롭다. 나 역시 혼자 여러 차례 여행해 본 여성 여행자로서 이런 말을 한다는 것이 몹시 아쉽지만, 여자 혼자라면 굳이 늦은 시간에 거친 분위기의 술집이나 외진 곳은 피하는 게 상책이다. 이성을 잃은 자들에게 홀로 앉아있는 동양 여자 이방인은 최약체다. 차라리 관광객이 많은 바를 찾거나, 이때만큼은 믿을만한 동행을 찾는 것이 오히려 낫다. 여행의 낭만과 추억, 불의에 굽히지 않는 태도도 중요하지만 무엇보다도 안전하게 귀국하는 것이 최우선이라는 것을 명심하자.

4. 도난·소매치기

관광객이 많은 장소나 기차역 근처, 마트 계산대 등 혼잡한 곳은 소매치기에게 가장 매력적인 곳이다. 여행자가 이색적인 광경에 한눈을 파는 사이, 그들은 번개같은 속도로 소지품에 손을 댄다. 가방은 무조건 앞으로 메어 손을 얹어 두고, 지갑이나 휴대폰은 주머니보다는 지퍼가 있는 가방 속에 넣어둔다. 지퍼 고리와 가방의 한 부분을 옷핀으로 고정해 두면 쉽게 열리지 않는다. 소매치기는 빠르게 소리없이 본인의 목적을 달성해야 하므로, 자물쇠나 옷핀 등 어느정도 대비를 한 사람보다는 접근하기 쉬운 사람을 타겟으로 삼는다. 따라서 이러한 장치는 소매치기가 일차적으로 거르는 대상으로 만들어 줄 가능성이 높다. 사진을 찍더라도 카메라나 휴대전화에 끈을 연결해 두면 갑자기 낚아채 가는 소매치기를 방지하기 좋다.

평소에는 물건을 잘 잃어버리지 않는 사람도 낯선 환경에 있다 보면 당황하기 마련이다. 내 경우, 첫 유럽여행 때 마트에서 계산을 하는데 화폐가 낯설어 거스름돈이 맞는지 계산하다가 휴대전화를 잠시 손에서 내려둔 사실 조차 잊고 그대로 가버릴 뻔한 적이 있다. 하지만 휴대전화 고리와 가방을 끈으로 묶어두어 발걸음을 옮기는 동시에 휴대전화가 따라와 무사히 잃어버리지 않을 수 있었다. 만약 그런 안전장치를 하지 않은 채 그대로 자리를 떠났다면, 휴대전화와 함께 여행에서 찍은 소중한 사진들과 중요한 자료 등 수많은 것들이 소리없이 사라지게 되었을 것이다. 평소의 본인을 믿기보다는 철저한 대비를 하는 편이 여행을 즐거운 추억으로 남기는 비결이다.

혹시 정말 모든 현금과 카드, 휴대전화까지 도난당해 당장 숙박비와 식비조차 없다면 대사관에서 지원하는 신속해외송금제도가 있다. 국내의 지인이 외교부 계좌로 입금하면 대사관에서 현금으로 지급받을 수 있으니 너무 절망하지 않아도 된다.

5. 카드 분실·불법 복제

카드를 잃어버렸다면, 모든 짐을 샅샅이 뒤져도 없다면 빨리 분실 신고를 해야한다. 분실이나 도난당한 사실을 인지하고도 신고가 늦었다면 그 책임을 일부 부담해야 할 수도 있기 때문이다. 국제전화로 한국 카드사에 연락해야 하고, 카드번호를 모르더라도 주민등록번호로 진행이 가능하다. 만일을 대비해 본인이 사용하는 카드회사의 분실신고 접수 번호는 미리 파악해 두자.

불법 복제는 현지에서보다는 귀국 후 발견하게 되는 경우가 조금 더 많은 편이다. 한국에 온 지 며칠이나 됐는데 갑자기 해외 결제 메시지가 오거나, 수상함을 감지하고 카드회사에서 먼저 연락을 주기도 한다. 이 경우 보통 카드사에서 결제 취소를 요청하는 등 처리를 해주지만, 아무래도 신경 쓰이는 것이 사실이다. 숙소나 대형 상점이 아닌, 뭔가 미심쩍은 곳에서 결제를 한다면 가급적 현금으로 지불하는 게 속 편하다.

6. 여권 분실

모든 트러블 중에서도 가장 골치 아픈 일은 여권 분실이 아닐까. 해외여행 갈 때 다른 건 없어도 여권, 항공권, 신용카드만 있으면 어디든 갈 수 있을만큼 여권은 없어서는 안 될 중요한 소지품이다. 박물관에 가거나 술을 구매할 때 신분을 확인하는 용도로 쓰일 수도 있는데, 이런 경우 원본이 필수가 아니라면 사본을 보여주는 편이 좋다. 여권을 훔쳐서 뭘 하겠냐 싶겠지만, 우리나라 여권은 생각보다 불법 거래 시장에서 높은 가치를 지닌다. 만약 여권을 도난당하거나 잃어버리는 불상사가 생긴다면 빠르게 경찰서에 가서

분실신고서를 작성한 후 대사관을 찾아가야 한다. 구비서류는 신분증(여권사본, 주민등록증), 경찰서 분실신고서, 여권사진 2매, 한국행 e-ticket, 수수료 미화 53달러 또는 이에 상당하는 체코화를 가져가면 3시간 내외로 단수여권을 발급받을 수 있다. 여권사진은 경찰서나 대사관 인근에서 찍을 수 있지만 기왕이면 한국에서 여분을 챙겨가는 것이 좋다.

주 체코 대한민국 대사관
📍 Pelléova 83/15, Praha 6 🚶 지하철 A선 또는 트램으로 Hradcanska에서 하차 후 도보 8분
🕐 월~금요일 09:00~17:00(12:00~13:00 점심시간)
📞 (근무시간 중, 무료) +420)234-090-411 영사콜센터(24시간, 유료) +420)725-352-420
🏠 overseas.mofa.go.kr/cz-ko/index.do

🛏 숙소 리스트

프라하

1. 구시가지

❶ Grand Hotel Praha

구시가 광장 구시청사 천문시계 바로 맞은편에 위치한 호텔이다. 방 위치에 따라 창문만 열어도 천문시계나 프라하성이 보인다는 장점이 있다. 호텔에서 운영하는 카페 모차르트에서는 천문시계를 바라보며 조식을 먹을 수 있다.

📍 Staroměstské nám. 481/22
📞 221 632 556 🏠 www.grandhotelpraha.cz

❷ Charles Bridge Palace

300년 된 역사적이고 앤티크한 느낌의 고풍스러운 호텔이다. 이름에서 알 수 있듯이 카를교 인근인 스메타나 박물관 맞은편에 위치하고 있어 구시가지 주요 관광지들을

도보로 이동할 수 있고 전망도 좋다. 다만 건물 주변에 술집이 있어 다소 시끄러울 수 있다.

📍 Anenské nám. 203/1 📞 222 041 100
🏠 www.charlesbridgepalace.com

❸ Hotel Kings Court Prague

구시가지 여행의 시작점이라고 할 수 있는 팔라디움 백화점 맞은편의 네오 르네상스 스타일 호텔이다. 이전에는 체코 상공회의소로 사용되었던 곳인데, 주변에 트램, 지하철, 기차역이 모두 가깝고 도보로도 이동이 편하다.

📍 U Obecního domu 3 📞 224 222 888
🏠 www.hotelkingscourt.cz

❹ Hotel Paris Prague

공화국 광장에 위치한 이곳은 파리의 화려함을 그대로 옮겨 놓은 듯한 멋진 네오 고딕 양식의 호텔로, 1930년대 아르누보 분위기를 살린 Tony's Café&Bar가 평이 좋다.

공식 홈페이지에서 예약하면 룸 업그레이드와 웰컴 드링크 등 때에 따라 다양한 특전을 제공한다.

📍 U Obecního domu 1　📞 222 195 195
🏠 www.hotel-paris.cz

❺ Hotel Josef

깔끔하고 현대적인 인테리어가 돋보이는 호텔이다. 정성스럽고 맛있는 조식으로 좋은 평가를 받고 있으며, 인기 식당인 로칼 들로우하(Lokál Dlouhá) 지점과 나세마소(Naše Maso)가 근처에 있어 편하다.

📍 Rybná 20　📞 221 700 111　🏠 www.hoteljosef.com

❻ Grand Hotel Bohemia

100년 전통이 있는 고풍스러운 호텔이다. 외관은 다소 낡아 보일 수 있지만 실내는 깔끔하게 관리되고 있으며 발코니가 있는 스위트룸은 프라하의 낭만을 만끽할 수 있는 멋진 뷰를 자랑한다.

📍 Královdorská 4　📞 234 608 111
🏠 www.grandhotelbohemia.cz

❼ Residence Bene

들로우하 거리에 있는 레지던스형 숙소로 주변에 마트와 식당, 트램 정류장이 있어 지내기 편하다. 전자레인지와 소소한 식기가 있어 유용하고, 가벼운 조식도 제공한다.

📍 Dlouhá 48　📞 222 313 171
🏠 www.residence-bene.cz

❽ Hostel Franz Kafka

구시가지 중심에 있는 호스텔로, 저렴한 가격으로 프라하의 중심에 머물 수 있다는 장점이 있다. 4~6인실 도미토리는 여성 전용으로도 운영되고 있으며 프라이버시를 유지할 수 있는 개인실도 있다. 깔끔하게 관리되는 공용 화장실과 세탁실이 있다.

📍 Kaprova 14/13　📞 776 790 049
🏠 www.hostelfranzkafka.com

2. 신시가지

❶ Salvator Superior Apartments

주방, 거실을 겸비한 아파트 형태의 숙소로 신시가지, 구시가지 주요 관광지로 이동하기 편한 곳에 있다. 주방 집

기가 잘 갖춰져 있어 가족과 함께 여행하거나 장기로 투숙하기에 좋다. 다만 체크인 및 체크아웃 때 5분 정도 떨어진 곳에 있는 호텔에 키를 반납해야 한다.

📍 Revoluční 18. Petrská čtvrť
📞 222 312 234　🏠 www.salvatorapartments.cz

❷ Grandior Hotel Praha

시외버스를 탈 수 있는 플로렌스 역과 5분 거리에 있고, 호텔 정문 앞에는 트램 정류장이 있어 근교로 나갈 계획이 있는 여행자에게 추천하는 숙소다. 뷔페 스타일의 조식까지 고려하면 가성비도 훌륭하다.

📍 Na Poříčí 1052/42, Florenc　📞 226 295 111
🏠 www.hotel-grandior.cz

❸ Hilton Prague Old Town

팔라디움 백화점과 공화국 광장 인근 신시가지 중심에 위치한 5성급 호텔이다. 관광지 및 지하철, 트램 등 접근성이 훌륭한 위치이면서도 조용하게 머물 수 있다. 맞은편에는 한국 식품점이 있어 가볍게 이용하기 좋다.

📍 V Celnici 2079/7, Nové Město　📞 221 822 160
🏠 www.hilton.com/en/hotels/prgothi-hilton-prague-old-town

❹ The Grand Mark Prague

프라하 중앙역과도 멀지 않은 곳에 있는 이 호텔은 17세기 주거용 궁전을 개조한 멋진 외관을 자랑한다. 특히 식사를 즐길 수 있는 호텔 정원은 호텔에서의 숙박을 더 낭만적으로 즐길 수 있는 요소다.

📍 Hybernská 12　📞 226 226 111　🏠 www.grandmark.cz

❺ Mosaic House Design Hotel

댄싱하우스에서 7분 거리에 있는 아담한 호텔로, 이 자리에 있던 호스텔을 리모델링해 시설이 깔끔하다. 객실도 깨끗하고 조용해 편안하게 숙박할 수 있다. 특히 분위기 있는 테라스를 갖춘 룸에 대한 평이 좋다.

📍 Odborů 278/4　📞 277 016 880
🏠 www.mosaichouse.com

❻ City Nest Apartments by Prague Residences

스튜디오 형태의 아파트먼트 레지던스다. 간단한 주방 설비를 갖추고 있어 집에 머무는 듯한 편리함을 추구하는

여행자에게 추천하고 싶은 곳이다. 체크인과 체크아웃이
간편하고 엘리베이터가 있어 이동이 편하지만 반 층 정도
계단을 올라야 방에 닿는다.

◉ Vladislavova 16 ☎ 222 743 781
🏠 www.pragueresidences.com/cz/City-Nest-Apartments

⑦ Grandium Hotel Prague

룸이 큼직하고 깔끔해 한국인들에게도 높은 인기를 자랑
하는 프라하 신시가지 내 호텔이다. 5성급 호텔임에도 가
격이 저렴한 편이어서 객실 예약 마감이 빠르다. 바슬라
프 광장 및 프라하 중앙역과 아주 가까운 위치라 이동 면
에서도 우수하다.

◉ Politických vězňů 913/12 ☎ 234 100 100
🏠 www.hotel-grandium.cz

⑧ Hotel Residence Spalena

무료로 사용할 수 있는 세탁기와 인덕션 및 전자레인지
등 주방 시설도 잘 갖춰져 있어서 장기 여행자들에게 추
천하는 숙소다. 트램과 지하철역이 가깝지만 창가 쪽 룸
은 어느 정도 소음이 있는 편이다.

◉ Spálená 99 ☎ 775 564 777
🏠 hotel-residence-spalena.prague-hotels.org

⑨ Dancing House - Tančící dům hotel

관광지와는 조금 거리가 있지만 프라하의 명물인 댄싱하
우스를 온전히 즐길 수 있는 숙소다. 외관에 비해 특별한
점은 없으나 밤마다 창밖으로 보이는 전망이 훌륭하고,
주말에 나플라프카 마켓을 갈 계획이라면 이만한 숙소도
없다.

◉ 6, Jiráskovo nám. 1981 ☎ 720 983 172
🏠 www.dancinghousehotel.com

⑩ Sophie's Hostel

바슬라프 광장에서 멀지 않은 곳에 위치한 호스텔이다.
개인실부터 도미토리까지 다양한 형태의 객실을 제공하
고 있으며 방마다 공용 욕실이 있고 개인 자물쇠로 이용
할 수 있는 사물함이 있어 편리하다. 청결하면서도 여행
자에게 꼭 필요한 시스템이 잘 갖춰져 있어 만족도가 높
다.

◉ Melounova 2 ☎ 210 011 300
🏠 www.sophieshostel.com

⑪ Luma Terra Prague

2022년 8월에 문을 연 신상 호스텔로, 쾌적하게 잘 갖춰
진 시스템 덕에 벌써 입소문을 타고 인기를 누리고 있다.
개인실부터 침대마다 커튼으로 프라이버시를 지켜주는
혼성 및 여성 도미토리까지 골고루 갖추고 있다. 체코 국
립박물관과는 도보로 10분도 채 걸리지 않는다.

◉ Legerova 72, Vinohrady ☎ 771 262 234
🏠 www.lumaterra.cz

3. 프라하 성과 말라스트라나

❶ Vienna House Diplomat Prague

프라하 성 북쪽에 있어 관광지를 오가기에 최적의 위치라
고는 할 수 없지만, 허츠 렌터카 사무실이 호텔 내부에 있
어서 픽업 전이나 리턴 후 묵기에는 아주 편리하다. 공항
에서도 가까운 편이라 출장 및 비즈니스 호텔로 활용도도
높은 편이다.

◉ Evropská 370/15, Praha 6
☎ 296 559 111 🏠 www.viennahouse.com

❷ Mandarin Oriental Prague

최고급 럭셔리 호텔 체인인 만다린 오리엔탈 그룹의 호텔
로 말라스트라나 중심부에 숨겨져 있는 보석 같은 곳이
다. 14세기 수도원을 개조하여 새로 단장하여 아늑하면
서도 세심한 서비스를 받기에 적합한 고급 호텔이다.

◉ Nebovidská 459/1, Malá Strana
☎ 233 088 888 🏠 www.mandarinoriental.com

❸ Alchymist Grand Hotel and Spa

16세기의 화려한 궁전 같은 외관의 고급 호텔로 미국 대
사관 근처에 있어 아늑하고 조용한 편이다. 호텔 내부에
프라하 성 뷰가 보이는 고급 식당 및 카페가 있으며 프라
하 내에서도 유명한 스파/사우나 시설이 있어 여행 후 쌓
인 피로를 해소하기 좋다.

◉ Tržiště 19, Malá Strana
☎ 257 286 011 🏠 alchymisthotel.com

❹ Hotel Pod Věží

구시가지에서 카를교를 건너자마자 나오는 말라스트라
나의 시작점에 위치한 부티크 호텔이다. 프라하 성과 네루
도바 거리 등을 도보로 편하게 다닐 수 있고 관광객이 가

장 많이 오가는 곳 중 하나라 늦은 시간에도 주변을 산책하기에 부담이 없다.

📍 Mostecká 58/2, Malá Strana
📞 257 532 041 🏠 www.podvezi.com

❺ Residence U Mecenáše

말라스트라나의 중심인 성 미쿨라셰 성당 바로 맞은편의 유서 깊은 건물에 있는 아파트먼트형 숙소다. 깔끔하고 아늑한 분위기와 친절한 리셉션 덕분에 기분이 좋아지는 곳이다. 아래 층에 있는 동일한 이름의 레스토랑 또한 인기가 좋다.

📍 Malostranské nám. 261/10, Malá Strana
📞 220 515 789 🏠 www.umecenase.com

❻ Old Royal Post Hotel

레넌 벽과 가까운 곳에 있는 숙소다. 호텔이지만 조리 시설과 세탁기까지 갖추어 머물기 편리하고, 방도 꽤 넓은 편이다. 우체국이 있던 건물을 개조한 곳으로 말라스트라나 곳곳을 도보로 이동하기에 아주 좋은 위치다.

📍 Maltézské náměstí 1/480/8, Malá Strana
📞 727 916 783 🏠 www.oldroyalpost.com

❼ Malostranská Residence

프라하 성과 말라스트라나를 여행하기에 최적의 위치인데다, 이를 더 돋보이게 하는 친절한 직원들이 있는 곳이다. 내집처럼 잘 꾸며진 주방과 세탁 시설이 있어 장기간 여행하다 재정비가 필요한 상황이라면 더없이 만족할 만한 숙소다.

📍 24, Malostranské nám. 38, Malá Strana
📞 734 756 888 🏠 www.malostranskaresidence.com

❽ Aria Hotel Prague

미국 대사관 근처의 한적하고 안전한 곳에 위치한 고급 호텔이다. 호텔 뒤편으로는 아름다운 바로크식 공원인 브르트보브스카 정원이 이어진다. 또한 호텔 루프톱 테라스에서 바라보는 프라하 성과 시내의 전경이 압권이다.

📍 Tržiště 9, Malá Strana
📞 225 334 111 🏠 www.ariahotel.net

4. 스미호프

❶ OREA Hotel Angelo Praha

안델 역 근처에 있는 캐주얼한 호텔이다. 대형 쇼핑몰인 노비 스미호프와 각종 물품을 구비하기 쉬운 테스코가 있어 소도시 또는 유럽 다른 지역으로 이동할 계획이 있다면 재정비 및 기차나 장거리 버스를 이용하기 편리하다.

📍 1G, Radlická 3216, Smíchov, Praha 5
📞 234 802 301 🏠 www.oreaangelo.cz

❷ Brunetti Design Apartment

4인까지 쓸 수 있는 널찍한 방을 갖춘 아파트먼트로 건물 지하에는 무료 주차장도 있다. 안델 역까지는 도보로 5분도 채 걸리지 않고, 나플라브카 마켓까지도 금세 닿는다. 영어로 소통이 원활하고 디지털 도어락이 갖춰져 있어 체크인도 수월하다.

📍 Jindřicha Plachty 530/18, Anděl
📞 603 954 685   🏠 www.elisbrunetti.cz

❸ Andel Apartment

안델 역 맞은편에 위치한 아파트먼트로 트램 정류장이 바로 앞에 있다. 방이 넓고 가성비가 좋지만 아파트 바로 아래에 바가 있어 주말 밤에는 조금 시끄럽고 어수선할 수 있다.

📍 Nádražní 60/114, Smíchov, Praha 5
📞 257 215 679   🏠 www.andelapartments.cz

5. 홀레쇼비체

❶ Mama Shelter Praha

프라하 중심가에서 벗어나 여유롭게 현대적인 분위기의 홀레쇼비체를 즐길 수 있는 숙소다. 바로 앞에는 트램 정류장이 있어 관광지로 이동하기에도 나쁘지 않고, 주변에 NGP 미술관을 비롯해 멋진 감각의 카페와 레스토랑이 골목마다 숨어있어 나만의 스폿을 찾는 재미가 있다.

📍 Veletržní 1502/20, Holešovice, Praha 7
📞 225 117 111   🏠 mamashelter.com

❷ Plaza Prague Hotel

프라하의 유명 관광지는 복잡하고 어수선해서 꺼려진다면, 아늑하면서도 여유를 즐길 수 있는 이곳을 추천한다. 관광지와는 거리가 있지만 트램으로 금세 이동이 가능하며, 호텔 주변에서는 현지인 위주의 커뮤니티와 다양한 문화 예술, 식당 및 나이트라이프를 즐길 수 있다.

📍 Ortenovo nám. 1086/22, Holešovice, Praha 7
📞 771 173 667   🏠 www.plazahotel.cz

❸ Wellness Hotel Extol Inn

DOX 현대미술관과 프라하 마켓 인근에 위치한 숙소로 깔끔한 객실과 무료로 이용할 수 있는 주차장을 갖추고 있다. 친절하고 적극적으로 도움을 주는 직원들과 다양한

옵션을 갖춘 조식에 대한 평이 좋다.

📍 Přístavní 340/2, Holešovice, Praha 7
📞 605 254 330   🏠 www.extolinn.cz

❹ Sir Toby's Hostel

홀레쇼비체 내 트렌디한 구역에 위치한 가성비 좋은 호스텔로, 투숙객 연령층이 상대적으로 젊은 편이다. 지하에 멋진 바가 있어서 자연스럽게 다른 투숙객들과 친해질 수 있다. 12인실은 저렴하지만 3층 침대가 갖춰져 있어 오르내리기 쉽지 않다는 단점이 있다.

📍 Dělnická 24, Holešovice, Praha 7
📞 210 011 600   🏠 www.sirtobys.com

보헤미아

1. 쿠트나 호라

1 Apartmány Dačický

쿠트나 호라 중심부에 위치한 아파트먼트로 다양한 룸 타입을 갖추고 있다. 지역 전통음식으로 유명한 Dacicky 식당 옆에 위치해 있다. 성 바바라 성당까지 도보 10분이면 이동할 수 있고, 주변에는 아기자기한 상점들이 많아 거점을 두고 여행하기 편하다.

📍 Komenského nám. 25
📞 602 760 222 🏠 ubytovani.dacicky.com

2 Apartmán Starý farhof

집처럼 아늑하고 포근한 느낌의 아파트먼트 숙소로 친절한 주인에 대한 평이 특히 좋다. 쿠트라 호라 시내와 성 바바라 성당의 웅장한 모습을 방에서 볼 수 있다.

📍 Jakubská 2, Vnitřní Město
📞 739 840 336 🏠 www.staryfarhof.cz

3 Hotel U Vlasskeho Dvora

주변에 기념품 상점과 아기자기한 식당, 그리고 카페들이 즐비한 곳에 있는 클래식한 느낌의 숙소다. 위치가 좋고 깨끗하지만 엘리베이터가 없어서 짐이 많다면 꽤 힘이 들수 있다. 호텔 내부에 위치한 레스토랑 또한 인기가 좋다.

📍 Harlíčkovo nám. 513 📞 771 226 021
🏠 www.hotelykh.cz

2. 체스키 크룸로프

1 Pension Kristian

체스키 크룸로프 번화가 안쪽 골목에 위치한 B&B 숙소로, 이발사의 다리 근처에 있어 주요 관광지들을 둘러보기 편리하다. 현대적으로 리모델링을 마친 깔끔한 내부 시설과 언제든지 즐길 수 있는 커피머신이 있어 여행을 하다 잠시 돌아와 휴식을 취하기에도 좋다.

📍 Masná 134, Český Krumlov
📞 777 103 983 🏠 pensionkristian.cz

2 1st Republic Villa

체스키 크룸로프 주요 관광지 인근에 위치한 빌라 형태의 숙소다. 창문을 열면 동화같이 예쁜 체스키 크룸로프 성이 보이는 방이 특히 아름답다. 전용 주차장이 있어 편리하고, 직접 주문하면 즉석에서 만들어 주는 아침식사는 웬만한 레스토랑보다 훌륭하다.

📍 Kaplická 222, Horní Brána, Český Krumlov
📞 777 321 617 🏠 www.1strepublicvilla.cz

3 Monastery Garden

아름다운 인테리어와 최신식 시설을 갖춘 아늑한 호텔이다. 체스키 크룸로프 성탑 및 수도원과도 멀지 않아 여행하기에 편리하고, 정성이 가득한 조식으로 즐거운 아침을 시작할 수 있는 곳이다.

📍 Klášterní 49, Český Krumlov
📞 771 161 444 🏠 www.monasterygarden.cz

3. 플젠

1 Vienna House Easy Pilsen

필스너 우르켈 양조장 바로 맞은편에 있는 깔끔하고 현대적인 느낌의 호텔이다. 플젠 기차역과도 가까워서 기차로 플젠을 오가는 여행자에겐 이만한 숙소가 없다. 다만 호텔 주변으로 큰 도로가 있어 미리 조용한 쪽의 객실을 요청할 것을 추천한다.

📍 6, U Prazdroje 2720, Východní Předměstí, Plzeň 3
📞 378 016 111 🏠 www.viennahouse.com

2 Hotel Continental Plzeň

플젠의 구시가 중심인 공화국 광장에서 멀지 않은 곳에

위치한 로마네스크 양식의 호텔로 1895년에 지어져 긴 역사를 자랑한다. 외관은 다소 낡았지만 깨끗하고 잘 관리된 객실과 친절한 직원들이 반겨주는 곳이다. 공화국 광장 및 주요 관광지도 모두 도보로 이동하기 좋다.

📍 Zbrojnická 312/8, 312/8, Plzeň 3
📞 377 235 292 🏠 www.hotelcontinental.cz

❸ Hotel Rango

오랜 역사를 지닌 건물에서 가족 대대로 운영하고 있는 호텔로, 2022년 리모델링을 거쳐 쾌적하고 깔끔하게 휴식을 취할 수 있다. 16세기 아치형 지하실을 개조하여 운영하고 있는 레스토랑에서는 합리적인 가격으로 깔끔하고 만족스러운 식사를 즐길 수 있다.

📍 Pražská 10, Plzeň 3
📞 377 221 188 🏠 www.rango.cz

❹ Hotel Purkmistr

필스너 우르켈 양조장과는 버스로 약 20분 가량 떨어진 곳에 있지만, 자체 맥주 양조장과 펍, 레스토랑에 비어 스파까지 갖춘 4성급 호텔이다. 혼자여도 2인 요금을 모두 지불해야 했던 프라하의 비어 스파와는 달리, 이곳에서는 혼자 스파를 즐길 경우 1100Kč라는 금액으로 만족감을 느낄 수 있다.

📍 Selská náves 21/2, Černice, Plzeň 8
📞 377 994 311 🏠 www.purkmistr.cz/en/hotel

4. 카를로비 바리

❶ Hotel Imperial

온천, 휴양지의 도시로 유명한 카를로비 바리를 대표하는 5성급 호텔로 거대한 궁전 느낌의 화려한 외관을 자랑한다. 호텔 내부에 온천과 수영장, 복합 휘트니스 등 다양한 레저시설을 갖추고 있어 진정한 럭셔리 웰니스를 경험할 수 있으나 에어컨이 없다는 점은 아쉽다.

📍 Libušina 1212/18, Karlovy Vary
📞 353 203 113 🏠 www.spa-hotel-imperial.cz

❷ Grand hotel Pupp

1701년 개관한 300년의 오랜 역사를 자랑하는 카를로비 바리의 랜드마크 호텔로 영화 〈그랜드 부다페스트 호텔〉의 모티브가 된 호텔이자 〈007 카지노 로열〉의 촬영지였

다는 사실 덕분에 더욱 인기가 많다. 다만 유명세에 비해 서비스에 대한 평은 다소 엇갈린다.

📍 Mírové nám. 2, 360 01, Karlovy Vary
📞 353 109 631 🏠 www.pupp.cz

❸ Hotel Savoy Westend

총 5채의 아르누보 스타일 빌라로 구성되어 있는 고급 호텔이다. 테플라 강 안쪽의 호텔 밀집 지역에 위치해 있어 콜로나다를 오가기 편할 뿐 아니라 메디컬 스파 센터와 연결이 되어 있어 스파 트리트먼트를 경험할 수도 있다.

📍 Petra Velikého 583/16, Karlovy Vary
📞 359 018 811 🏠 savoywestend.cz

❹ Vila Anton

온천 지대로 들어서기 전 시내 중심부에 있는 가성비 좋은 펜션형 숙소다. 버스터미널과 가까워 이동이 편리하고, 무료 주차를 할 수 있다. 주방 설비를 갖추고 있으며 가벼운 조식도 제공된다.

📍 Ondříčkova 851/8, Karlovy Vary
📞 602 873 157 🏠 vila-anton.worhot.com

모라비아

1. 올로모우츠

❶ Long Story Short Hostel & Café

성 바츨라프 대성당 인근에 있는 호스텔로, 과거 요새로 쓰이던 건물을 개조했다. 천장이 높고 방이 널찍해서 호스텔임에도 웬만한 호텔만큼이나 쾌적하게 머물 수 있고, 호스텔에서 운영하는 레스토랑과 카페에 대한 평도 매우 좋다.

📍 Koželužská 945, Olomouc
📞 606 090 469 🏠 www.longstoryshort.cz

❷ Miss Sophie's Olomouc - Boutique Hotel

올로모우츠 관광지 중심부에 있는 작지만 세련된 호텔이다. 세심한 부분까지 신경 쓴 인테리어가 돋보이는 객실 중에서도 지붕 바로 아래의 다락방은 특별한 분위기를

즐길 수 있지만, 엘리베이터는 없어서 직접 계단으로 짐을 옮겨야 한다.

📍 Denisova 33, Olomouc
📞 587 203 509 🏠 miss-sophies.com

❸ NH Collection Olomouc Congress

올로모우츠 구시가지와는 도보로 약 10분 가량 떨어진 곳에 있는 조용한 호텔이다. 깔끔하고 시설이 좋은 곳에서 숙박을 원하는 여행자라면 좋은 옵션이 될 수 있다. 특히 조식 뷔페가 풍성해서 투숙객들의 만족도가 높다.

📍 Legionářská 21, Olomouc
📞 585 575 111 🏠 www.nh-hotels.com

2. 브르노

❶ Grandezza Hotel Luxury Palace

구시가지 양배추시장 광장 한켠에 있는 브르노의 대표 랜드마크 호텔이다. 궁전처럼 고풍스럽고 우아한 외관을 자랑하며, 광장이 한눈에 들어오는 전망도 훌륭하다. 구시가지 중심부에 있어 주요 스폿으로 이동하기에도 아주 편리한데, 이러한 조건에도 가격이 크게 부담스럽지 않다.

📍 2, Zelný trh 314 📞 542 106 010
🏠 www.grandezzahotel.cz

❷ Hotel Barceló Brno Palace

구시가지 한복판에 위치한 고급스러운 호텔이다. 대리석으로 꾸민 화려하고 시원스러운 로비가 있고, 세심하고 친절한 서비스를 제공한다. 트램 정류장이 바로 맞은편에 있어 이동이 편리하고, 애견 친화 호텔이라 개를 동반한 투숙객도 제법 있는 편이다.

📍 Šilingrovo nám. 2, Brno-střed
📞 532 156 777 🏠 www.barcelo.com

❸ Grandhotel Brno

브르노 중앙역과 가까운 곳에 있는 100년 이상의 역사를 간직한 호텔이다. 위치 및 서비스 대비 가성비가 좋고, 리노베이션을 마친 방은 컨디션이 조금 더 쾌적하다. 트램과 기차, 큰 도로 옆이라 다소 어수선하고 소음도 있는 편이니 예민한 편이라면 피하는 것이 낫다.

📍 Benešova 605/18, Brno-střed
📞 542 510 100 🏠 grandhotelbrno.cz

④ Bunker 10-Z

과거 2차 세계 대전 때 폭격을 대비하기 위해 만든 방공호였는데, 현재는 호텔과 카페로 쓰이며 군복을 입고 내부를 체험할 수 있는 투어도 제공한다. 내부는 좁고 공용 욕실을 사용해야 하는 불편함이 있지만, 특이하고 색다른 경험을 원한다면 고려해 볼 만한 숙소다.

 Husova, Brno-střed
 542 210 622 www.10-z.cz/en

⑤ Hotel Jacob Brno

마사릭 대학 근처의 비교적 저렴한 호텔로 자유 광장까지는 불과 200m밖에 떨어져 있지 않은 곳이다. 호텔 주변에는 늦은 밤까지 영업을 하는 레스토랑 및 바가 많아서 브르노의 젊고 역동적인 나이트 라이프를 즐기고자 하는 여행자에게 적합하다.

 Jakubské nám. 129/7, Brno-město
 542 210 466 www.jacobbrno.cz

3. 레드니체/발티체/미쿨로프

① Penzion Pohoda

도보로 10분이면 레드니체 궁에 갈 수 있는 아늑한 레드니체 펜션이다. 모든 방에서 주방 시설과 잘 가꾼 정원을 이용할 수 있고, 투숙객에게는 자전거 대여 서비스를 유료로 제공하고 있어서 근처 와이너리까지 라이딩을 즐길 수 있다.

 Čechova 450, Lednice 720 672 121
 www.pohodalednice.cz

② Resort Lednice - Eisgrub

레드니체 궁 정원 바로 맞은편에 있는 현대식의 아파트형 숙소다. 1층에는 슈퍼마켓 체인인 COOP가 있어서 필요한 것들을 사기 좋다. 숙소 바로 앞에는 미쿨로프나 발티체로 갈 수 있는 버스정류장이 있고, 주변에 레스토랑이 즐비한 지역이라 여러모로 편리하다.

 Břeclavská 368, Lednice
 607 123 115 resortlednice.cz

③ Anton Florian, Zámecký hotel Valtice

국립와인살롱과 지하와인셀러로 유명한 발티체성 내 위치한 고급 호텔이다. 성 본관과 이어지는 바로 옆 건물을 호텔로 활용하고 있어 마치 고풍스러운 샤토에서 숙박을 하는 듯한 경험을 할 수 있다. 가격은 발티체의 다른 숙소에 비하면 높은 편이지만 와인 애호가 및 특별한 경험을 해보고 싶은 여행객들로 늘 인기가 많다.

 Zámek 1, Valtice 778 771 336
 www.zameckyhotelvaltice.cz

④ Penzion Castello

발티체 성과 멀지 않은 곳에 있는 숙소로 아늑한 테라스를 갖추고 있으며 전용 주차장을 이용할 수 있다. 나무와 벽돌로 꾸민 인테리어는 소박한 유럽 별장에 있는 느낌을 준다. 투숙객이 이용할 수 있는 바비큐 시설도 있어 와인과 함께 근사한 식사를 할 수 있다.

 Sobotní 122, Valtice 775 219 580
 www.penzioncastello.cz

⑤ Městský penzion Mikulov

최근 리모델링을 마치고 널찍하고 깔끔한 객실로 단장한 미쿨로프 광장 인근 게스트하우스다. 셀프 체크인이 가능해 편리하고, 2층 방 발코니에서는 미쿨로프의 랜드마크 중 하나인 성스러운 언덕과 아름다운 전망을 볼 수 있지만 엘리베이터가 없는 게 흠이다.

 Česká 6, Mikulov 725 061 930
 www.penzion.mikulov.cz

⑥ Pension Baltazar

미쿨로프 성 주변의 여유롭고 한적한 유대인 지구에 있는 작은 펜션형 호텔이다. 미쿨로프 주요 관광지 이동이 매우 편리하고 식당, 카페, 와인 바가 주변에 많다. 외관만큼이나 아담하고 예쁜 정원이 있어 로맨틱한 숙소를 꿈꾸는 여행자에게 적합하다.

 Husova 308/44, Mikulov 720 611 712
 www.pensionbaltazar.cz

4. 즈노이모

① Hotel Mariel

Mariánské 광장에 위치해 있는 호텔로 즈노이모 성을 비롯한 주요 관광지로 이동하기 편리하다. 또한 호텔 입구에 있는 레스토랑도 즈노이모의 와인과 음식을 즐기기 좋은 곳으로 소문이 나 있다. 체크인할 때 와인 한 병을 무료로 제공하고 있으며, 비교적 넓은 전용 주차장이 있어 렌터카 이용 시 편리하다.

📍 Mariánské nám. 10
📞 515 223 869　🏠 hotelmariel.cz

❷ Hotel Lahofer

즈노이모 구시청사 인근에 있는 이 호텔은 14세기에 유대인이 살던 게토를 개조한 건물이다. 즈노이모 성까지는 도보로 5분이면 갈 수 있고, 호텔에서 운용하는 전용 와이너리가 있어서 와인 테이스팅과 구매가 가능하고 자체 와인과 함께 음식을 즐길 수 있는 레스토랑도 있다.

📍 Veselá 149/13, Znojmo
📞 601 215 214　🏠 www.hotel-lahofer.cz

❸ Penzion Zlatý vůl

즈노이모 관광지와 접근성이 뛰어나면서도 골목 안쪽에 있어 조용하고 한적하다. 깨끗하고 넓은 객실과 풍성한 조식이 있어 숙박객의 만족도가 높다. 하루에 30Kč로 외부 주차장을 이용할 수 있다.

📍 Vlkova 143, Znojmo　📞 222 539 539
🏠 zlaty.tripcombined.com

찾아보기

찾아보기

쇼핑

MEMO